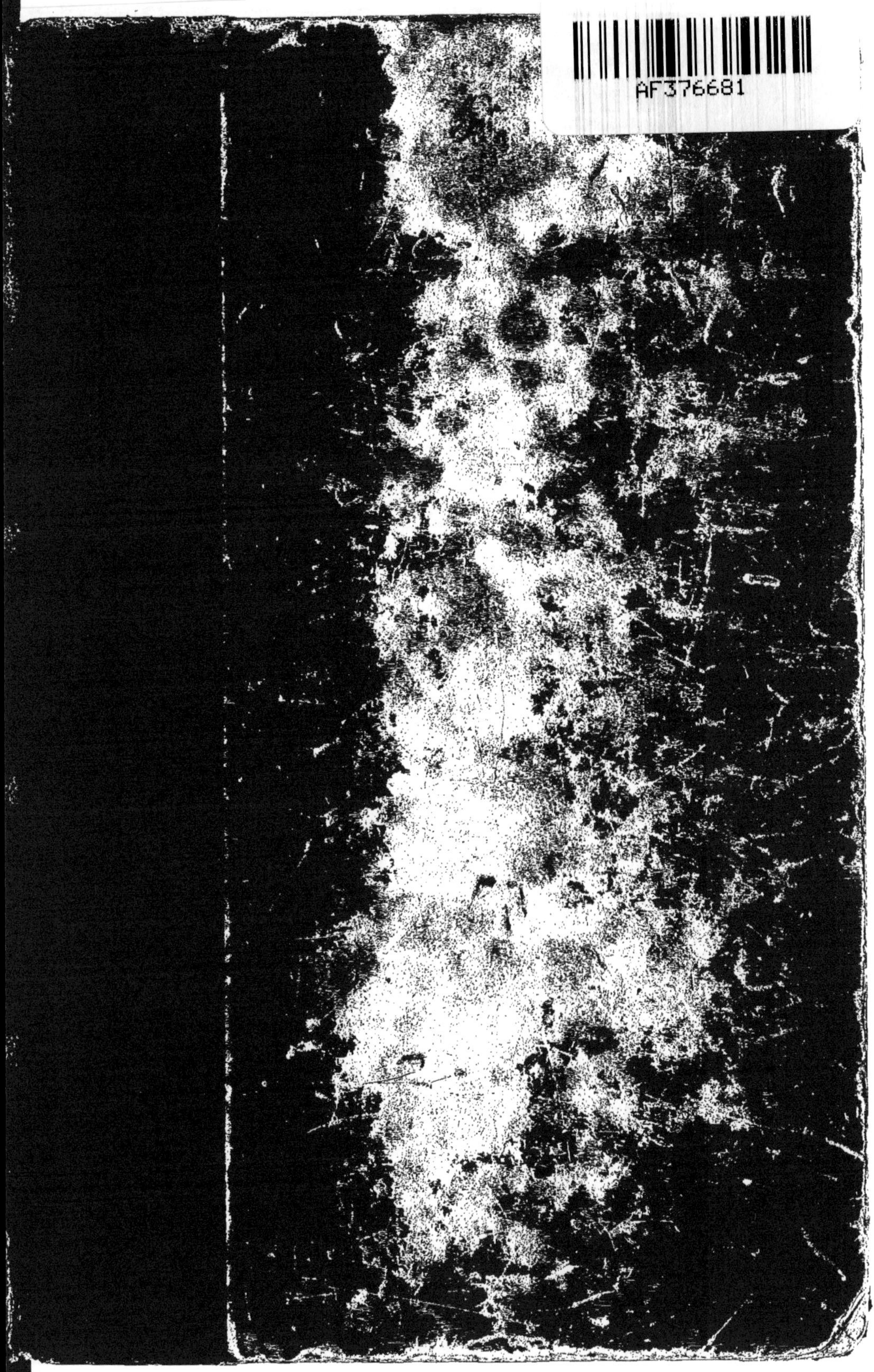

HISTOIRE

DE

LA CHASSE

EN FRANCE.

HISTOIRE

DE

LA CHASSE

EN FRANCE

DEPUIS LES TEMPS LES PLUS RECULÉS JUSQU'A LA RÉVOLUTION

PAR

Le baron DUNOYER DE NOIRMONT.

Et nules gens en tout le mont
Si volontiers Kacier ne vont
Ne en rivière com François
Et orent fet tousjours ançois.

(*Chronique de* PHILIPPE MOUSKE.)

TOME TROISIÈME

LOUVETERIE. — FAUCONNERIE.
CHASSE A TIR. — CHASSES DIVERSES.

PARIS

IMPRIMERIE ET LIBRAIRIE DE Mme Ve BOUCHARD-HUZARD,

RUE DE L'ÉPERON, 5.

—

1868

LIVRE VI.

LA LOUVETERIE.

—◇◇◇—

De toutes nos grandes chasses, celle du loup est la seule qui ait un caractère d'utilité publique.

C'est grâce à cette circonstance qu'elle possède des lois, des règlements, des usages spéciaux. Tandis que l'ancienne législation sur la chasse, ou plutôt contre la chasse, semble n'avoir d'autre but que de protéger le gibier, celle qui régit la chasse du loup impose comme un devoir la destruction de cette bête malfaisante, et crée, pour le poursuivre et l'exterminer, un corps de fonctionnaires investi de priviléges dont quelques-uns ont subsisté jusqu'à présent.

Ces considérations nous ont paru de nature à mériter pour la louveterie une place à part dans cet ouvrage.

Sous ce nom, nous comprenons tout ce qui concerne la destruction des loups : institutions et méthodes de chasse.

CHAPITRE PREMIER.

Histoire, lois et règlements.

Si, de nos jours, quelques-uns de nos départements sont encore infestés par les loups, on peut imaginer facilement quelles étaient les dévastations commises par ces bêtes féroces, lorsqu'une grande partie du territoire était couverte de forêts, et que les populations clair-semées ne possédaient pas, pour se défendre, les armes à feu dont chaque paysan est actuellement pourvu.

Les terribles ravages que ces cruels animaux exerçaient alors prenaient souvent les proportions d'une calamité publique.

C'était surtout après les longues guerres civiles et étrangères, les épidémies et les disettes, qu'on voyait les loups, accoutumés à la chair humaine, porter la terreur parmi les populations et compléter l'œuvre désastreuse du fer, de la peste et de la famine.

C'est ainsi qu'au xe siècle, pendant et après les incursions des Normands, la France fut horriblement dévastée par les loups (1). De même, pendant ces affreuses guerres du xve siècle, où l'on voyait les Armagnacs, les Bourguignons et les Anglais lutter à qui laisserait en France le plus de sang et de ruines, les loups étaient devenus si hardis, qu'ils pénétraient jusque dans les villes, dévoraient les femmes et les enfants, déterraient les morts dans les cimetières et enlevaient en *saillant* les jambons qu'on pendait aux portes des maisons (2).

Quelques années plus tard, ce fut bien pis, les loups s'étaient tellement habitués au carnage que, pendant la dernière semaine de septembre 1439, ils étranglèrent et mangèrent quatorze personnes, *que grants*, *que petits*, entre Montmartre et la porte Saint-Antoine, dans les vignes et dans les marais, « et s'ils trouvoient un troupeau de bestes, ils assailloient le berger et laissoient les bestes. » Un de ces loups, plus hardi et plus féroce que les autres, était connu sous le nom de *Courtault*, parce qu'il avait perdu sa queue à la bataille. On parlait de lui comme on fait *du larron de bois ou d'un cruel capitaine*, et l'on disait aux gens qui sortaient de la ville : « *Gardez-vous de Courtault.* » Ce loup *terrible* et *or-*

---

(1) *Fœdè vexatam*, *Annal. S. Bertin. ap.* Ducange, v° *Luparii.* Vers la même époque, les Sarrasins cantonnés en Provence avaient si cruellement ravagé le pays, que le séjour de l'homme, dit une vieille charte, était devenu le repaire des bêtes féroces. (Reinaud, *Invasions des Sarrasins en France.*)

(2) *Journal d'un bourgeois de Paris.* Année 1421.

rible fut pourchassé à outrance et tué enfin la vigile de saint Martin. Il fut mis dans une brouette, la gueule béante, et promené dans tout Paris, *et laissoient les gens toutes choses à faire, fust boire, fust manger*, pour aller voir Courtault. Ceux qui l'avaient tué firent plus de 10 francs de *cueillette* (1).

En 1440, l'Orléanais fut en proie aux fureurs des loups qui dévorèrent des enfants et des adultes aux portes de sa capitale (2).

A la fin de ce malheureux xvᵉ siècle (1482) *regnoient* au pays Messin plusieurs loups *dévorans* et *dangereux*. Le plus féroce de tous, qui avait tué à lui seul, disait-on, trente à quarante personnes, fut inutilement poursuivi par des levées en masse de paysans armés de *faulz, massües, picques, espieux, arbolestres, collevrines et aultres bastons*. Personne n'osait plus aller aux champs sans armes, « et par cry publicque fait en Mets le dairien (dernier) jour de juillet, fut huchié que quiconque le polroit panre (prendre), la cité lui donroit cent solz, et en plusieurs villaiges promirent de donner l'ung vingt sols, aultres trente solz, et autres quarante solz. » Malgré l'appât de ces récompenses, le loup échappait toujours.

Il fut enfin mis à mort par un *audacieux compagnon*, nommé Pierson de Bar. Ce brave chasseur,

---

(1) Il s'agit ici de francs d'or. — *Journal d'un bourgeois de Paris.* Année 1439.

(2) Lottin, *Recherches sur Orléans*, cité dans l'opuscule intitulé : *Les loups dans la Beauce*, par A. Lecocq, Chartres, 1860.

ayant fait traîner une charogne près de l'abbaye Saint-Symphorien, en un lieu que le loup fréquentait, s'y embusqua dans un pressoir à vin et blessa la bête endiablée d'un trait d'arbalète au côté, mais il ne put l'achever d'un *épieu de braconnier* qu'il portait, qu'après une terrible lutte corps à corps. Outre la récompense promise, et beaucoup de sommes et denrées recueillies dans les villages, l'intrépide Pierson fut fait et ordonné *soldair à cheval* aux gages de la ville de Metz « où il passa sa vie honnestement et luy fut mué son surnom, et fut appelé Pierson le loup (1). »

En 1502, sous le règne de Louis XII, le pays ayant été ravagé, non par la guerre, mais par une épidémie qui sévissait surtout dans les campagnes du Bourbonnais, de la Saintonge, de l'Anjou, de la Touraine et de l'Orléanais, les pauvres gens qui s'enfuyaient dans les bois, éperdus de terreur, pour échapper à la contagion, y mouraient de faim ou étaient dévorés par les loups qui se multiplièrent tellement que le Roi et les seigneurs, chacun dans ses domaines, durent ordonner de grandes chasses pour exterminer ces bêtes féroces (2).

La deuxième année du règne de Henri II (1548), année de guerre et de rébellion, « un loup *cervier* (3) et autres bestes cruelles sortirent de la fo-

---

(1) Voir un extrait de la chronique de Philippe de Vigneulles dans le *Journal des Chasseurs*, 8ᵉ année.

(2) *Hist. du XVIᵉ S.*, par le bibliophile Jacob.

(3) Ce mot de *loup cervier*, synonyme de lynx, est souvent em-

rest d'Orléans, lesquelles se répandirent par le pays de France, de sorte que, pour les exterminer, les paysans se mirent en armes (1). »

Pendant les guerres de religion, les loups se répandirent de tous côtés, et dans les montagnes du Gévaudan, province fatalement destinée à leur servir de proie, ils devinrent si nombreux qu'ils forcèrent, dit-on, une armée royale à quitter ses cantonnements (2). En 1585, « la Reyne vint à Chartres, le 8 septembre, passer la feste de la Nativité ; elle y fit une neuvaine à laquelle le peuple joignit ses dévotions, à cause de la cherté du bled et de la course de quantité de bestes féroces qui venoient jusque dans la ville dévorer toutes sortes de personnes (3). »

Le 12 août 1595, un loup, ayant traversé la Seine à la nage, vint dévorer un enfant sur la place de Grève, « chose prodigieuse et de mauvais présage, » dit Pierre de l'Estoile en son journal.

En 1597, Monseigneur Guillaume Le Blanc, évêque de Grasse et de Vence, se crut obligé d'adresser un mandement à ses ouailles *touchant l'affliction qu'ils enduroient des loups en leurs personnes* (4).

---

ployé par les anciens auteurs pour désigner un loup ordinaire, remarquable par sa taille et sa férocité.

(1) *Les loups dans la Beauce.*

(2) *Thrésor d'histoires admirables et mémorables de nostre temps*, etc., mises en lumière par S. Goulart, Genève, 1620.

(3) Pintard, *Hist. chron. de Chartres.* — *Les loups dans la Beauce.*

(4) Imprimé à Tournon en 1598.

Ce fut surtout la Bretagne qui eut à souffrir des loups pendant cette désastreuse période.

Après les guerres de la Ligue, qui y avaient été plus atroces que partout ailleurs, les loups, s'étant habitués à se gorger de chair humaine, *trouvèrent cette curée si appétissante*, que pendant sept ou huit ans ils attaquèrent les hommes, *même armés*, pénétrèrent dans les villes, y enlevèrent les femmes et les enfants. « Aux jours de marché, les venderesses et regrattières, qui se levoient matin pour prendre leurs places, les ont souvent rencontrés, et ils emportoient la plupart des chiens qu'ils trouvoient dans la rüe. »

C'était par les chiens qu'ils avaient commencé leurs attaques dans les villages, « comme si par leur instinct naturel ils eussent projeté qu'ayant tué les gardes ils auroient bon marché des choses gardées. »

Lorsqu'il y avait en un village quelque *mauvais chien et de défense*, ils savaient fort bien envoyer un des leurs qui le provoquait au combat et l'attirait vers l'embuscade où se tenaient ses compagnons. On remarqua aussi qu'ils sautaient à la gorge de leurs victimes humaines pour les empêcher de crier, et qu'ils savaient les dépouiller de leurs habits pour les dévorer. « Telles ruses mirent dans l'esprit du simple peuple une opinion que ce n'estoient point loups naturels, mais que c'estoient des soldats desjà trespassés qui estoient ressuscités par la permission de Dieu pour affliger les vivants et les morts, et communément parmi le peuple les appeloient-ils en leur breton : *tut-bleiz*, c'est-à-dire gens-loups (1). »

En 1598, année où fut conclue la paix de Vervins, « la guerre estant finie entre les hommes, commença celle des loups contre eux, après lesquels ils s'acharnèrent si fort par une juste fureur et vengeance de Dieu, qu'ils lessoient ordinairement les bestes pour se ruer sur les hommes, et, contre leur naturel, abandonnoient les moutons pour se ruer sur le berger et le manger et estrangler au milieu de son troupeau, comme il advint au berger de la ferme de l'abbaye de Clairvaux, près la ville de Bar-sur-Aulbe (2). » Le même loup tua le lendemain une fille de seize ans qui gardait des dindons, sans toucher aucun de ses oiseaux. Autour de Paris, dansl'Ile-de-France, en Normandie et surtout en Brie, Champagne et Bassigny, on n'entendait plus parler que d'hommes, femmes et enfants que les loups venaient attaquer jusque dans leurs maisons. A Bar-sur-Aube, un soldat, grand et robuste, revenu récemment de la guerre, quoique porteur de ses armes, fut dévoré avec son père dans leur vigne où l'on ne trouva le lendemain que leurs ossements. « Prodiges espouvantables, dit Lestoile, et qui advertissent les hommes de s'amander et de retourner à Dieu (3). »

---

(1) *Histoire de la Ligue en Cornouaille*, par le chanoine Moreau. Édit. de Mesmeu. — *Tud-bleiz* est le nom bas-breton des loups-garous qu'on nomme aussi *bleiz garv* ou loups cruels, d'où le nom de *bisclavaret* que leur donne Marie de France.

(2) *Journal inédit de Pierre de l'Estoile* (1598-1602) publié par M. Halphen, Paris, 1862.

(3) *Journal de l'Estoile.*

Le 8 février 1600, le Roi se vit obligé de permettre aux fermiers et receveurs de l'abbaye de Saint-Avyd-lez-Chasteaudun, « de tirer de l'harquebuze aux loups, regnards, bléreaux, oiseaux de rivière et autre gibier non défendu, et ce..... nonobstant les deffences sur ce faictes (1).

A la suite de ces mêmes guerres de la Ligue, la province d'Artois, alors sous la domination des Espagnols, fut également infestée par les loups, qui dévoraient tous les jours hommes, femmes et enfants (2).

Après la mort de Louis XIII, qui prenait grande attention à faire détruire les animaux nuisibles, on vit reparaître des loups en telle quantité, que dans la seule province du Gâtinais ils tuèrent plus de trois cents personnes de tout sexe et de tout âge (3).

Les loups tiennent aussi une place parmi les fléaux que déchaînèrent sur la Lorraine les longues et sanglantes guerres de son duc Charles IV contre les ar-

---

(1) Brevet de Henri IV, reproduit en *fac-simile* dans l'ouvrage de M. Lecocq (*Les loups dans la Beauce*). — L'article VIe de l'ordonnance de 1600 sur la chasse porte « que depuis les guerres dernières le nombre des loups est tellement cru et augmenté en ce royaume qu'il apporte beaucoup de perte et dommage à nos pauvres sujets. »

(2) *La noble et furieuse chasse du loup, composée par Robert Monthois, Arthisien*, Ath. 1642. Cet ouvrage rarissime a été réimprimé en 1863 par Mme Ve Bouchard-Huzard.

(3) Salnove. — Cet auteur raconte qu'à une époque qu'il ne précise pas, mais qui doit être la fin du règne de Louis XIII ou le commencement du règne suivant, il vit un jour 14 loups sortir en deux bandes d'un *buisson* voisin de Dangu (Vexin normand) où il chassait avec des lévriers.

mées de Louis XIII et de Louis XIV. Plusieurs villages restèrent tellement déserts, que les loups s'établirent dans les maisons. Non-seulement ils déterraient les cadavres, mais ils pénétraient dans les chaumières restées habitées et enlevaient les femmes et les enfants (1). Lorsque le duc fut rentré dans ses États (1661), il fit donner la chasse à ces animaux féroces avec une telle activité, qu'en un hiver on tua jusqu'à 315 loups dans un rayon de 3 lieues autour de Nancy (2).

Au commencement de l'année 1651, pendant les guerres de la Fronde, des bandes de loups venaient jusqu'à Étampes, où des femmes malades et des enfants furent dévorés (3).

Une fille de quinze ans fut *terrassée et esgorgée* aux portes de Chartres par un loup qui lui mangea la joue à quatre heures après midi, en juin 1653 (4).

On lit dans une lettre adressée par le marquis de Seignelay à l'intendant de Creil : « le Roy a esté adverty que ceste beste qui mange les enfans a encore paru à Pontgouin (5). Sur quoy S. M. m'ordonne de faire assembler les habitants de quatre ou cinq paroisses des environs pour tascher de la tuer (6). »

---

(1) *Histoire de la réunion de la Lorraine à la France*, par M. le comte d'Haussonville, t. I.

(2) *Mémoires* du marquis de Beauvau. Cologne, 1699.

(3) *Mémoires* de Dubuisson Aubenay.

(4) *Les loups dans la Beauce.* — Extrait du registre des décès de la paroisse de Saint-Chéron-lès-Chartres.

(5) Village de la Beauce.

(6) Depping. *Correspond. administ. sous Louis XIV*, cité par M. Le-

Peut-être ce loup de Pontgouin était-il le même que celui qui dévora entièrement, sauf la tête, une petite fille de trois ans à Boulonville en octobre 1691, ou que *la beste vulgairement appelée la beste de Bailleau l'Evesque* qui *égorgea* à Saint-Maurice-les-Chartres, le 18 mars 1693, la femme Lubine Lementier (1).

Un ordre adressé à Phelipeaux, le 1er décembre 1692, lui enjoint de faire faire une battue aux environs de Montlhéry pour tuer des loups *qui mangent des enfants* (2).

Vers la même époque, on prit vivante une bête féroce d'une forme extraordinaire « qui devoroit dans le Gastinois autant de femmes et d'enfans qu'elle en pouvoit rencontrer. » Ceux qui s'en étaient emparés obtinrent un brevet autorisant à la faire voir en public (3).

En juillet 1697, après la paix de Ryswick, les milices de l'Orléanais étant rentrées dans leurs foyers, les magistrats en profitèrent pour faire des battues générales contre les loups qui en plein jour venaient attaquer des femmes et des enfants aux portes d'Orléans. Plus de 200 loups furent détruits dans ces battues (4).

---

eocq. Cette lettre est datée du 9 novembre 1692. Il y a là une erreur manifeste, Seignelay étant mort le 3 novembre 1690. (Dangeau.)

(1) *Les loups dans la Beauce.* Extraits des registres de décès.

(2) *Les loups dans la Beauce.*

(3) *Ibidem.*

(4) *Ibidem.* Il y avait eu, dès l'année précédente, de grands ravages de loups dans le Morvan. (*Description géographique de l'élection de Vezelay avec un dénombrement des peuples, etc.*, fait au mois de janvier 1696. cité dans *la jeunesse de Vauban.*)

En 1698, M. de Miromesnil, intendant du Maine, adressa au ministère un rapport sur les ravages faits par les loups dans sa province (1).

Le maire et les échevins d'Orléans furent encore obligés, en 1700, de faire faire une battue dans la forêt pour donner la chasse à des loups qui dévoraient les hommes (2).

En 1712, au plus fort de la guerre de la Succession d'Espagne, un nouveau débordement de loups fit de grands ravages dans l'Orléanais. L'équipage de la Louveterie y fut envoyé et les peuples furent autorisés à prendre les armes et à faire de grandes battues (3).

Il est à remarquer que cette invasion de loups suivit de près la mort du grand Dauphin (14 avril 1711) qui avait purgé les forêts de ces bêtes féroces dans un rayon assez étendu autour de Paris.

Pendant les premières années du règne de Louis XV, la Beauce (4), le Vendomois et la Champagne furent encore cruellement ravagés. Le grand Louvetier et la Louveterie Royale durent, en 1740,

---

(1) *La Jeunesse de Vauban.*

(2) *Ibidem.*

(3) Saint-Simon, t. X. — Dangeau, t. XIV. — Le 1er août de la même année, M. de Banville, intendant de la généralité d'Orléans, ordonna que les gens de la campagne, à l'issue de la messe, s'assemblassent en grand nombre avec fusils et autres armes *faisant grand bruit* pour aller tuer les loups ou du moins les éloigner de habitations. (*Les loups dans la Beauce.*)

(4) En 1738, 1739 et 1740, cette malheureuse province fut en proie à des bandes de loups. L'un d'eux, d'une taille énorme, tua plusieurs personnes dans la paroisse de Gasville, près Chartres. (*Ibidem.*)

venir à Chartres pour exécuter, dans les environs, des battues qui furent couronnées de succès (1).

Après les campagnes de Flandre (1744-1747), des hommes furent assaillis jusqu'aux portes de Metz (2).

Vers la même époque se montrèrent encore le grand loup du Soissonnais et le loup monstrueux des environs de Versailles, qui tous deux furent pris par l'équipage de la Louveterie Royale (3). En 1750 et 1753, la Lorraine fut encore infestée par des loups enragés.

Ce fut à partir de l'année 1763 (4), lorsque la paix de Paris eut mis fin à la guerre de Sept ans, que la France fut le plus horriblement dévastée par ces bêtes féroces. Le Lyonnais et les environs de Meung-sur-Loire furent d'abord le théâtre de leurs déprédations. Puis, au mois de juin 1764, on vit apparaître cette terrible *bête du Gévaudan* qui, par l'effroi qu'elle répandit dans trois provinces et les efforts inouïs qu'il fallut faire pour sa destruction, absorba pendant plus d'un an l'attention de la France entière (5).

---

(1) *Ibidem.* Lépinois, *Histoire de Chartres*, t. II.

(2) De Lisle de Moncel. — *Méthodes et projets pour parvenir à la destruction des loups.* Paris, 1768.

(3) Le grand loup de Versailles fut tué par le chevalier Antoine. Le Roi fit peindre sa prise par Oudry et donna à M. Antoine une copie de ce tableau. L'original est aujourd'hui au musée du Louvre, et la reproduction à Fontainebleau. Un de ces tableaux fut exposé en 1746.

(4) M. Lavallée (*Chasse à courre*, ch. VII) remarque avec beaucoup de raison que ce débordement de loups se trouva suivre immédiatement la fameuse épizootie qui fit périr plus de la moitié des meutes que l'on entretenait en France.

(5) Voir Magné de Marolles, De Lisle de Moncel, et pour de plus amples détails, le consciencieux travail de M. B. Révoil, publié dans

Ce loup anthropophage, que sa taille extraordinaire et sa férocité firent prendre pendant longtemps pour un animal d'une espèce inconnue, ou pour une hyène échappée d'une ménagerie (1), fut signalé pour la première fois dans les bois de Mercoire, près de la petite ville de Langogne, en Gévaudan. Pendant près de dix-huit mois, il répandit une terreur inouïe dans cette province, en Bourgogne et en Auvergne, dévorant de toutes parts des femmes et les enfants. Toute la population des campagnes, guidée par les gentilshommes du pays et soutenue par un détachement de dragons, se mit, sans succès, à la poursuite de la bête. En vain l'évêque de Mende ordonna des prières publiques et fit exposer le saint sacrement dans sa cathédrale, comme au temps des plus grandes calamités, en vain les États de Languedoc votèrent au vainqueur du monstre une récompense de

---

le *Journal des chasseurs*, 4ᵉ année, d'après les manuscrits de la Bibliothèque impériale. Voir aussi un article de M. Mary Lafon dans les *Mœurs et coutumes de la vieille France.*

(1) La bête du Gévaudan était positivement un grand loup, comme nous le verrons constaté par le témoignage exprès du chevalier Antoine, excellent juge en pareille matière. L'hyène rayée, la seule espèce d'hyène qui eût encore été amenée vivante en Europe, est trop lâche pour oser jamais attaquer l'homme. (Voir la *Chasse au lion*, par Jules Gérard et tous les naturalistes modernes.) Le *Mercure* de janvier 1765, sans se prononcer sur la nature de la bête, en donne une description passablement fantastique. « Il est beaucoup plus haut qu'un loup, il est bas du devant et ses pattes sont armées de griffes. Il a le poil rougeâtre, la tête fort grosse, longue, finissant en museau de lévrier ; les oreilles petites, droites comme des cornes ; le poitrail large et un peu gris, le dos rayé de noir, et une gueule énorme, armée de dents si tranchantes, qu'il a séparé plusieurs têtes du corps comme pourrait le faire un rasoir. »

2,400 livres à laquelle le Roi promit d'ajouter 6,000 livres sur sa cassette. La culture des terres fut abandonnée, les paysans ne se hasardaient plus à sortir qu'en troupe et armés ; les foires et les marchés étaient déserts, et les troupeaux, qu'on n'osait plus mener au pâturage, mouraient de faim dans les étables.

Un fameux louvetier de Normandie, M. d'Enneval, envoyé sur les lieux pour avoir raison de ce fléau, échoua complétement, après avoir blessé l'amour-propre des chasseurs du pays, qui l'accusèrent d'avoir proposé des moyens ridicules et d'avoir manqué de fermeté un jour qu'il s'était trouvé en présence de la bête (1).

Après plus de cinquante battues générales, auxquelles avaient pris part les habitants de vingt, de quarante et même de cent paroisses, les malheureux ne savaient plus à quel saint se vouer, beaucoup d'entre eux croyaient la bête invulnérable et n'étaient pas éloignés de la prendre pour un diable incarné.

Le roi prit alors le parti de confier la mission de détruire la bête du Gévaudan à un des meilleurs officiers de sa vénerie, M. Antoine, chevalier de Saint-Louis, porte-arquebuse de S. M. et lieutenant de ses

---

(1) S'il fallait en croire une lettre écrite par l'abbé de Vienne, conseiller honoraire de Grand-Chambre, et chanoine comte de Brioude, M. d'Enneval aurait proposé « d'attacher, entre deux piliers fort courts, de gros moutons coiffés en femmes, dressés sur leurs pattes de derrière, » supposant que la bête, particulièrement acharnée contre le sexe féminin, viendrait se jeter sur ces moutons déguisés et se laisserait tirer à bout portant par des chasseurs embusqués. (Mary-Lafon).

Il est invraisemblable qu'un louvetier aussi expérimenté ait proposé des moyens de ce genre.

chasses. Cet intrépide louvetier, fort de l'expérience de plus de cinquante années, partit le 8 juin 1765 avec l'équipage de la Louveterie, assisté d'un détachement de gardes choisis parmi ceux des capitaineries de Saint-Germain et Versailles. Les ducs d'Orléans et de Penthièvre, ainsi que le prince de Conti, joignirent à l'expédition quelques-uns de leurs meilleurs gardes-chasse.

Pendant deux mois, la bête sut encore se soustraire aux expéditions combinées par l'intrépide vétéran. On tua plusieurs loups qui avaient très-probablement pris part aux méfaits attribués par l'opinion à un seul animal (1), mais le plus redouté échappait toujours.

Enfin, le 20 septembre, le chevalier Antoine, averti que la bête avait été vue dans les bois de l'abbaye royale de Chazes, y envoya des valets de limier et les chiens de la Louveterie royale pour la détourner. Une battue fut aussitôt commandée, les gardes du Roi et quarante tireurs de Langeac fouillèrent le bois, et M. Antoine se porta dans un défilé. « Tout à coup il vit venir à lui, dans un sentier, le grand loup qui lui présentoit le côté droit et tournoit la tête pour le regarder ; sur-le-champ il lui tira par derrière un coup de tromblon qui étoit chargé de cinq dés de poudre, de trente-cinq postes à loup et d'une balle

---

(1) C'est ainsi que s'expliquerait une tradition fort accréditée dans le Vexin qui veut que la bête du Gévaudan ait été tuée par un sieur Hérisson, garde de la forêt de Lyons, où ses descendants exercent encore les mêmes fonctions, et qui aurait fait partie de l'expédition du chevalier Antoine.

de calibre. Ce coup jeta par terre cette bête furieuse, lui creva l'œil et les postes la frappèrent au côté droit et à l'épaule. Cependant la bête se releva, courut sur lui en tournant, et M. Antoine, qui n'avoit pas eu le temps de recharger son arme, appela du secours. Un nommé Rainhard, garde de Monseigneur le duc d'Orléans, arriva à temps, il tira sa carabine sur cette bête et la frappa par derrière. Elle fit alors vingt pas dans la plaine et tomba morte. »

« On a reconnu que c'étoit un loup. Il avoit 32 pouces de hauteur après sa mort, 5 pieds 7 pouces 1/2 de longueur et 3 pieds de circonférence; il pesoit 150 livres (1). »

Le formidable animal, reconnu pour la bête du Gévaudan par tous ceux qui le virent, fut empaillé et embaumé à Clermont, puis porté à Paris par M. Antoine de Beauterne, fils du brave porte-arquebuse, qui eut l'honneur de le présenter au Roi.

Ce monstre avait tué 83 personnes. Il en avait blessé 25 ou 30. L'ensemble des sommes payées pour arriver à sa destruction s'éleva à 29,614 livres (2).

A peine était-on débarrassé de la bête du Gévaudan, que d'autres loups dangereux reparurent dans le Soissonnais (3), et dans les environs de Sainte-Menehould et de Saint-Mihiel; plusieurs personnes

---

(1) Lettre de M. de Boulainvilliers au Roi, citée par M. Révoil.

(2) Un manuscrit in-folio, conservé à la Bibliothèque, contient tous les comptes de dépense.

(3) Entre autres, un loup enragé qui fit périr, à lui seul, près de soixante personnes. (De Lisle de Moncel.)

furent dévorées, et d'autres infortunés, blessés par des loups enragés, périrent des suites de leurs morsures (1). L'Alsace et la Lorraine eurent surtout à souffrir les ravages de bandes nombreuses de loups, supposés de race étrangère, qui s'étaient jetés sur nos frontières à la suite des armées belligérantes. Un loup furieux vint porter l'effroi jusqu'aux portes de Verdun et fut tué sur les glacis de cette ville par M. de Lisle de Moncel, assisté des officiers du régiment de Navarre (2). Cet habile louvetier présenta alors au Roi un mémoire touchant la destruction des loups, et fut chargé de faire l'expérience des moyens qu'il proposait (3). Il lui fallut plusieurs années de chasses continuelles pour débarrasser le pays de ces hôtes malfaisants. Au commencement de l'hiver de 1766 ils pénétrèrent jusque dans les faubourgs d'Épernay ; l'année suivante, ils ravagèrent les environs de Toul et de Commercy.

Les autres provinces ne furent pas à l'abri des ravages des loups à la même époque. Dans le pays d'Aunis, dix ou douze personnes périrent de la rage

---

(1) Un chirurgien des environs de Sainte-Menehould qui accourait à cheval au secours des victimes fut démonté et blessé dangereusement par un de ces terribles animaux. (De Lisle de Moncel.)

(2) Ce loup ayant paru à 7 heures du matin fut tué à 10 ; dans cet intervalle, il avait donné la mort à cinq ou six personnes et en avait blessé une douzaine.

(3) Ce mémoire, revu et augmenté par l'auteur, fut imprimé en 1768. (*Mémoire sur l'utilité et la manière de détruire les loups dans le royaume.*) Une seconde édition parut en 1770. De Moncel publia ensuite : *Méthodes et projets pour parvenir à la destruction des loups.* Paris, 1768, et *Résultats des expériences*, etc., 1771.

après avoir été mordues par un loup aux portes de la Rochelle ; les femmes de la campagne n'osaient plus aller au marché ni travailler dans les champs (1).

En 1767 un loup énorme, digne successeur de la bête du Gévaudan, jeta la terreur dans les montagnes de l'Auvergne. Il fut tué par un nommé Chastel dans une chasse dirigée par le marquis d'Apchier (2).

Le bas Poitou fut encore dévasté en 1771 par un loup d'une force et d'une audace peu communes que M. Boutellier de Beauregard, fameux louvetier du pays, prit avec la meute du marquis de la Rochejaquelein (3). L'équipage de M. de la Rochefoucauld détruisit de son côté dans la Saintonge un loup des plus monstrueux qui dévorait les bergers (4). Un autre loup, dont la taille ne le cédait presque en rien à celle de la bête du Gévaudan, fut tué en 1788 dans le voisinage d'Angoulême (5).

Dès les premiers temps de la monarchie, des mesures avaient été prises pour prévenir et réprimer la

Institution des louvetiers.

---

(1) De Lisle de Moncel.

(2) Ce loup était d'une grandeur extraordinaire. Sa tête avait 11 p. (0,30) de longueur. Le poil de son col était d'un gris roussâtre rayé de noir, il avait sur le poitrail une grande marque blanche en forme de cœur. (Voir le procès-verbal de sa destruction dans de Lisle de Moncel.)

(3) De Lisle de Moncel, *Résultats des expériences*, etc.

(4) Le diocèse de Châlons-sur-Marne fut aussi infesté de loups en 1773.

(5) Il avait plus de 3 pieds (1 m.) de haut, sa longueur était de 5 p. 1 p. (1 m. 65), et il pesait 151 livres (75 k. 50). Les dents étaient énormes et son poil avait une couleur brune plus foncée que ne l'ont ordinairement les animaux de cette espèce. (Sonnini, note de l'article *loup* dans Buffon, édit. de l'an VIII.)

fureur des loups. Les lois germaniques accordaient des récompenses à ceux qui réussissaient à détruire quelques-unes de ces bêtes féroces (1). Charlemagne ordonna à ses comtes d'établir chacun dans son gouvernement deux louvetiers *(luparii)* (2) pour leur faire la guerre.

Le fameux capitulaire *De Villis* enjoint aux officiers chargés de surveiller l'administration des fermes royales de tenir leur maître au courant des destructions de loups qui auront été faites, de lui envoyer les fourrures des loups tués, d'avoir soin, au mois de mai, de faire poursuivre les louveteaux et de les prendre soit avec des poudres empoisonnées et des crochets, soit avec des chiens et des fosses.

Les premiers Capétiens avaient des louvetiers attachés à leur maison, et payaient des primes pour chaque tête de loup (3). Nos rois instituèrent plus tard des *chasse-leus* ou louvetiers royaux dans les principales forêts de leur domaine (4).

Les pays habituellement infestés par les loups fu-

---

(1) Loi des Burgondes, dite *loi Gombette,* tit. XLVI.

(2) Ducange, v° *Luparii.*

(3) Voir les comptes de Philippe-Auguste (1202) dans Brussel (*Usage des fiefs*) et ceux des baillis de France pour les années 1305 et 1306, cités par Ducange (v° *Luparii*). Le *Journal du Trésor* de l'année 1297 constate une dépense de 60 sols pour 12 louveteaux pris. Celui de 1312 contient l'article suivant : « *Petrus le Mengnicier pro 4 lupellis captis per eum in forestâ Halalæ et reddilis vivis in camera denariorum tunc ibidem,* XX *sol.* »

(4) Dans une charte originale de Nicolas de Choiseul (1331), ce gentilhomme est qualifié de *Chaceleu nostre Sire le Roy en sa forest de Bréval.* (Ducange, *ubi sup.*)

rent soumis à une sorte de taille dont le produit était affecté aux dépenses nécessitées par la chasse de ces animaux (1).

Charles V exonéra, en 1377, de cet impôt les habitants de Fontenay-sous-Bois. Un arrêt de 1559 oblige ceux de Villenauxe à payer l'ancienne taxe de 2 deniers parisis pour chaque loup et de 4 deniers pour la louve.

Dans quelques localités, les paysans étaient soumis à l'obligation de chasser eux-mêmes les animaux nuisibles par corvée. Charles V, par un édit daté du manoir de Plaisance, exonéra les habitants de Nogent-sur-Marne de la charge de poursuivre les loups, sangliers et autres bêtes nuisibles dans la forêt de Bondy (2).

Au xviᵉ siècle, des *sergents louvetiers* étaient chargés de la destruction des loups.

François Iᵉʳ créa des charges de lieutenants de louveterie dans chaque province, les officiers étaient soumis à l'autorité du Louvetier royal, devenu grand Louvetier de France (3).

---

(1) Un édit du mois d'avril 1400 (avant Pâques) fait défense aux gardes forestiers d'exiger aucune redevance des habitants d'Evreux, sous prétexte de les défendre contre les loups. (*Les loups dans la Beauce.*)

(2) Moyennant une redevance de 3 charretées de foin pour le service du Roi à Vincennes. (*Notice hist. sur Nogent-sur-Marne*, par le Mⁱˢ de Perreuse. Paris, 1854.)

(3) Les lieutenants de Louveterie avaient le droit de *faire porter les couleurs de Sa Majesté*, de chasser de toutes manières les animaux nuisibles tant dedans que dehors les forêts, bois et buissons de Sa Majesté que de ceux des princes, seigneurs, gentilshommes, ecclésiastiques.

. Une ordonnance de janvier 1583 enjoint de plus aux grands maîtres des eaux et forêts, à leurs lieutenants, aux maîtres particuliers et autres officiers, de faire assembler trois fois l'an, à raison d'un homme par feu, des gens de leur ressort avec armes et chiens pour chasser les loups. L'article 27 de l'ordonnance de mai 1597 reprend les sergents louvetiers de leur négligence et leur ordonne de faire, de trois mois en trois mois, devant les maîtres particuliers et gruyers, le rapport des prises qu'ils auront faites, à peine de privation des droits et priviléges de leur office, et de cet office lui-même en cas de récidive.

Ces dispositions sont confirmées et étendues par les ordonnances de 1600 et 1601. Le rapport doit être fait de quinzaine en quinzaine. Ces ordonnances *admonestent*, en outre, tous seigneurs, hauts justiciers et seigneurs de fiefs, de faire assembler, de trois mois en trois mois et plus souvent encore selon le besoin qu'il en sera, aux temps et jours plus propres et commodes, leurs *paysans et rentiers* et chasser avec chiens, arquebuses et autres armes aux loups, renards, *bédouaux* (blaireaux), loutres et autres bêtes nuisibles (1).

Ces *huées* se faisaient par ordre du juge, sur réqui-

---

communes et autres ses sujets, de rassembler à cet effet un homme par feu de chaque paroisse de son *département*, et de lever par feu, 2 lieues à la ronde de l'endroit où la prise aurait été faite, une somme de 2 deniers parisis par loup et louveteau et 4 deniers par louve et louvette (10 à 20 centimes, monnaie actuelle).

(1) L'ord. de 1607, qui défend le port des armes à feu, exempte de cette défense les officiers de la louveterie.

sition du procureur fiscal, qui indiquait un jour ordinairement férié, après le service divin.

Le procureur fiscal ou autre officier de justice devait assister à la chasse qui était commandée par le seigneur de la paroisse ou par un gentilhomme du pays. Au rendez-vous, le garde de la terre faisait l'appel et pointait les absents. Le commandant faisait placer les tireurs et les traqueurs, et donnait le signal de l'attaque en tirant un coup de fusil ou de pistolet. Après la chasse on faisait un contre-appel, et les absents étaient condamnés à une amende (1).

Il paraît que les lieutenants de louveterie et même des *particuliers* prenant indûment ce titre abusèrent des mesures prescrites par les ordonnances en obligeant les laboureurs à quitter leurs travaux pour chasser les loups, exigeant de grosses amendes de ceux qui manquaient à l'appel et imposant aux communes des sommes considérables comme primes pour des loups tués. Ils se permettaient même *d'établir sous eux* des paysans qu'ils autorisaient à porter des fusils et à chasser au préjudice des ordonnances. Par

---

(1) Dans l'Artois et la Flandre française, où l'ancienne législation des Pays-Bas était restée en vigueur, la chasse du loup et du renard était permise, tant en hiver sur la neige qu'en toute autre saison, en vertu d'un *placard* de 1613. Ces chasses devaient être *dressées* en présence ou par consentement des commis ayant de ce la charge ordinaire, ou des vassaux qui ont privilége et pouvoir de chasser avec meutes de chiens, trompe et bonne troupe de gens pour faire la huée. « A laquelle fin, les commis ou ayant de ce charge feront annuellement le tour du loup, chascun en sa province, et seront tenues les communautés et villages leur fournir les dépens de bouche, et non plus. » (Merlin, v° *Chasse.*)

deux arrêts du conseil d'État en date du 3 juin 1671 et du 16 janvier 1677, il fut fait défense à tous lieutenants de louveterie et autres se disant officiers d'icelle de faire aucune publication de chasse aux loups sans le consentement de deux gentilshommes de leur *département,* nommés par les commissaires départis dans leur province. Les loups tués seront représentés aux dits gentilshommes qui délivreront des certificats, sur lesquels les commissaires feront la taxe des frais faits pour la prise des loups (1). Cette taxe sera imposée sur les villages des environs à raison de 2 sols par paroisse (2).

La vieille France a donné le jour à une foule de louvetiers illustres, dont nous avons déjà eu l'occasion de nommer quelques-uns.

Les noms des grands destructeurs de loups de l'époque féodale ne sont point parvenus jusqu'à nous (3). Le plus ancien des héros de la louveterie qui ait su échapper à l'oubli, grâce aux soins qu'il a pris de transmettre lui-même ses titres à la postérité, est Jean de Clamorgan, auteur du premier traité spécial sur la chasse du loup.

Ce brave gentilhomme, dans les intervalles de ses campagnes de mer, fit aux loups, pendant cinquante

---

(1) *Code des chasses,* t. II. Ces abus avaient lieu surtout en Picardie et en Champagne.

(2) Environ 25 centimes.

(3) On peut seulement présumer que les louvetiers royaux et grands louvetiers de France furent choisis dans l'origine parmi les plus éminents des chasseurs de loups.

ans, une guerre acharnée. Il enseigna le premier l'art de former les limiers pour détourner le loup, et sut dresser des chiens courants excellents pour cette chasse. Son équipage, très-modeste comme proportions, détruisait plus de loups que tous les autres (1).

Claude de l'Isle, seigneur d'Andresy, de Puiseux, de Boisemont et de Courdemanche (2), est un des premiers qui eurent après Clamorgan un bon équipage de loup (3). Cet équipage, qui consistait originairement en une petite meute de chiens courants avec quelques laisses de lévriers, devint à la fin du XVIe siècle le noyau de celui de la grande louveterie.

Ce fut dans un esprit d'humanité que Louis Gruau, curé de Sauges, publia la *Nouvelle invention de chasse pour prendre et oster les loups de France* (1613). Il y mit lui-même la main et se vante, avec ses piéges et engins divers, d'en avoir détruit 67 dans sa paroisse pendant un temps assez court.

C'est à Louis XIII enfant que Gruau dédie son ouvrage. Arrivé à l'âge d'homme, ce Roi devint un louvetier aussi habile que zélé, et détruisit des quantités considérables de loups (4), en les prenant, soit avec des chiens courants et des lévriers, soit dans les panneaux et dans les toiles.

____

(1) Voir la *Chasse du loup* de Clamorgan.

(2) Ou *Courdimanche*; toutes ces localités sont situées dans le Vexin français, aux environs de Poissy et de Pontoise.

(3) Gaffet de la Briffardière le qualifie même mal à propos d'*inventeur de cette espèce de chasse*.

(4) Salnove dit que ce *grand Roy* excellait à bien choisir l'accourre et y placer les lévriers pour prendre le loup.

Nous pouvons revendiquer comme nôtre le fameux destructeur de loups Robert Monthois, puisque l'Artois, son pays natal, venait d'être conquis par les armées françaises lorsque son livre parut à Ath (1).

Ce vaillant louvetier,vieux capitaine des bandes espagnoles, chassa pendant quarante ans, et prit quelquefois plus de 60 loups dans une année, et jusqu'à 4 ou 5 en un jour. « Je ne cognois personne vivante qui ait fait mourir plus de loups que moi, » dit-il avec un juste orgueil à la fin de son ouvrage (2).

Quoique Saint-Simon ait essayé de jeter des doutes sur la sincérité de la passion qu'éprouvait pour la chasse du loup le Dauphin, fils de Louis XIV, ce prince a prouvé par ses actes qu'il était bien réellement un des plus grands louvetiers qui aient jamais existé. Sans préjudice des autres chasses, il chassait le loup constamment, soit avec ce brillant équipage qui n'eut jamais son égal, soit avec ceux du Roi, du duc de Vendôme ou du comte de Toulouse. Sans se laisser rebuter par l'insuccès, trop fréquent, de ces chasses ingrates, par l'intempérie des saisons ni par les fatigues excessives auxquelles il s'exposait continuellement, Monseigneur courait sans cesse de Versailles à Marcoussy, à Fontainebleau, à Rambouillet, à Anet, crevant ses chevaux, rompant ses chiens à la nuit noire, rentrant à

· (1) 1642.

(2) Robert Monthois chassait les loups soit à course de lévriers, soit en battue ou au carnage avec l'arquebuse, soit avec des panneaux et des piéges.

11 heures du soir après des retraites de 10 lieues, recru, mouillé, mourant de faim ou allant à l'aventure chercher un gîte, château ou chaumière (1).

Il courut le loup quatre-vingt-seize fois dans une année (1686) (2). Six ans après les débuts de sa louveterie, il avait presque détruit l'espèce dans les environs de Paris (3).

Nous avons vu Monseigneur arrêté par son père dans les tentatives par trop rudes qu'il faisait pour aguerrir à ses chasses de loup son fils aîné, le duc de Bourgogne ; il ne paraît pas que ce jeune prince y ait pris un goût très-passionné ; il n'en fut pas de même de son frère, le duc de Berry, chasseur enragé, comme nous avons déjà eu occasion de le constater (4). Après avoir fait, un jeudi de l'année 1707, une chute terrible qui lui fit rendre du sang en abondance, il voulut, à toute force, aller le samedi suivant à la chasse au loup (5). Le lundi il se trouva fort mal et ne put retourner à la chasse, et le vendredi suivant il était mort (6).

---

(1) Sur la composition de l'équipage de loup de Monseigneur et ses chasses les plus remarquables, voir les notes A et B à la fin de ce volume.

(2) En septembre 1686, étant à Anet, chez le duc de Vendôme, il courut le loup six fois en huit jours.

(3) *Mercure de janvier* 1688.

(4) En 1713, le duc de Berry alla chasser le loup avec les chiens de M. de Maillebois et le tua. (Dangeau, t. XIV.)

(5) *Correspondance inédite* de la princesse Palatine. Un paysan le voyant passer dit qu'il fallait que les princes eussent les os plus durs que les autres, car il l'avait vu le jeudi précédent recevoir un coup dont trois paysans seraient crevés.

(6) *Ibidem*.

Pendant que Monseigneur chassait en grand appareil les loups des forêts royales, un pauvre gentilhomme de province, nommé Saint-Victor, en détruisait autant que lui avec un très-modeste équipage qui ne payait pas de mine. « Les chevaux paroissoient des rosses, mais de grand prix pour la course ; ils n'avoient pas 2 onces de graisse ; les chiens de même, et lui (1). »

Saint-Victor chassait le loup *par dévotion*. Jusqu'à l'âge de 84 ans, ce type curieux du louvetier modèle courut le pays avec sa meute et ses gens, *sans avoir d'autre asyle que son équipage et les lieux qu'il louoit pour s'y établir*. « Il vivoit là comme dans un camp, avec ses domestiques. Quand il lui restoit du revenu à la fin de l'année, il le partageoit avec eux. Il a été cent fois en Angleterre, tant pour voir ses amis ou acheter des chevaux et des chiens. »

Saint-Victor, lorsque sa vue fut devenue trop mauvaise pour lui permettre de chasser encore (2), vendit son équipage au comte de Toulouse. Après la mort de ce prince (3), il fut dispersé.

Le chevalier Antoine, qui eut la gloire de triompher de la bête de Gévaudan, comptait cinquante ans de

---

(1) *Mémoires* du marquis d'Argenson, t. I. « J'ay ouï dire à M. le Dauphin que, la première fois qu'il chassa le loup avec lui, il lui sembla qu'il n'avançoit pas. Il falloit passer un vallon et une côte. Il le perdit de vue, et étant au bas de la colline, il aperçut en haut Saint-Victor qui avoit si bien joint le loup qu'il le fouettoit avec son fouet. »

(2) Il mourut en décembre 1737, à l'âge de 97 ans. (*Mémoires* du duc de Luynes.)

(3) Le comte de Toulouse mourut la même année et le même mois que Saint-Victor.

service dans les équipages de chasse du Roi lorsqu'il remporta cette dernière victoire. Pendant ce demi-siècle, il avait fait une guerre incessante aux loups, soit au moyen de battues qu'il savait diriger mieux que personne, soit avec le secours de chiens de force excellents, lévriers d'Irlande et mâtins des Abbruzzes (1). Ces fameux chiens prirent le grand loup du Soissonnais et le loup monstrueux des environs de Versailles, dont Oudry nous a conservé la figure.

Quoiqu'il ait échoué dans sa campagne contre la bête de Gévaudan, le marquis d'Enneval fut un des meilleurs chasseurs de loup de l'ancienne France. Ce gentilhomme normand, grand ami de Leverrier de la Conterie, extermina, au dire de celui-ci, une bande de loups noirs qui ravageaient sa province, et une autre troupe de ces animaux qui attaquait les enfants et *dévorait les femmes grosses* (2). Il détruisit dans sa vie plus de 1,000 loups (3). Sur l'invitation de Louis XV, il prit une part active à la chasse du grand loup du Soissonnais, auquel, suivant une tradition, il aurait donné le coup mortel (4).

Leverrier de la Conterie, lui-même chasseur de loups émérite, cite dans son ouvrage, comme louvetiers de renom, MM. d'Oilliamson et Le Provost, *enne-*

---

(1) Voir ci-dessus. — *Lettre écrite à Fréron.*
(2) Leverrier de la Conterie, édit. de 1763. — De Lisle de Moncel (*Méthode et projets*, etc.)
(3) M. d'Enneval était mort en 1778.
(4) Leverrier de la Conterie. — Mary Lafon, *Coutumes de la vieille France.*

mis décidés des loups, et **M.** Didier, *très-habile chasseur*, *commandant la louveterie du Roi.*

D'autres veneurs de Normandie, également amis et contemporains de M. de la Conterie, sont restés célèbres dans les traditions locales comme grands tueurs de loups, MM. de Saint-Denys, de Roncherolles et de Saint-Sauveur, entre autres (1).

« Condamné par les deux plus célèbres médecins de l'Europe, en 1748, à mourir d'obstructions invétérées ou à faire un exercice de cheval suivi, dit le chevalier de Lisle de Moncel, je résolus de le diriger, du moins, vers un but utile, et c'est l'époque de la guerre très-vive que je déclarai aux bêtes voraces dont il est question dans mon ouvrage. »

Peu d'années après, le brave chevalier et son frère, compagnon assidu de ses chasses, avaient attaché 130 têtes de loups au-dessus du portail de leur manoir.

Chargé, par le gouvernement, de pourchasser les loups qui avaient envahi les trois évêchés, M. de Moncel leur fit une si rude guerre avec le fusil, les fosses, les piéges et le poison, que, pendant les quatre mois de l'hiver de 1765-1766, il détruisit 36 loups et louves.

---

(1) Le comte de Roncherolles, gentilhomme de la maison de Pont-Saint-Pierre, des environs de Vise, habitait le Mesnil-Benoît. Ce veneur, dont nous avons raconté précédemment une magnifique chasse de sanglier faite en 1748, disait à l'âge de 80 ans : « Deux grands sujets de consolation viennent adoucir mes derniers jours, je n'ai pas à me reprocher d'avoir jamais sali ma carabine sur un fauve et j'ai pu encore dernièrement chasser et tuer un vieux loup. (*Les déduits de la chasse du loup*, par M. E. Lemasson. *Journal des chasseurs*, 8e année.)

Il en fit périr 24, dont 7 louves l'hiver suivant, et réussit à en débarrasser le pays, après plusieurs saisons de chasses conduites avec autant d'habileté que de persévérance.

Guy Victor, comte de Vigny, aïeul du poëte, fut un des louvetiers illustres de ce pays de Beauce qui fut si souvent désolé par les loups. « Les chasses au loup de mon grand-père et de mes oncles, les meutes nombreuses qu'ils faisaient partir du Tronchet et de la Gravelle pour dépeupler la Beauce de ses loups...; tout était présent à l'esprit de mon père, et l'est encore au mien. » (1).

Le Poitou et la Saintonge peuvent rivaliser avec la Normandie pour le nombre de louvetiers illustres auxquels ces provinces ont donné le jour. Il suffira de nommer les La Rochefoucauld, les La Rochejaquelein, les Bouteiller de Beauregard, les Larye, les Boiscouteau (2).

Cette race vaillante et énergique des louvetiers de l'Ouest a fourni à l'insurrection royaliste ses plus héroïques combattants.

MM. de la Rochejaquelein étaient fils de louvetiers et grands chasseurs eux-mêmes (3). Charette fut aussi

---

(1) Journal d'Alfred de Vigny.

(2) En 1780, M. de Boiscouteau attaqua dans la forêt de Quatrevaux, près Angoulême, un loup qui le mena jusqu'à Bordeaux. De Moncel cite, sans le nommer, un gentilhomme d'Aunis qui, en 1766, délivra cette province de plus de 20 loups redoutables en moins de trois mois.

(3) En 1772, des louveteaux issus d'un grand loup qui les avait habitués à la chair humaine, ayant fait des dégâts aux environs de Châtillon-sur-Loire, madame la marquise de la Rochejaquelein, en l'absence de son mari, en prit deux et tua le troisième.

un tueur de loups; le comte et le vicomte d'Oilliamson (1) jouèrent un rôle assez important dans la
chouannerie normande. Au nombre des officiers de
Stofflet figure le chevalier de Céris, dont la famille a
donné son nom à une excellente race de chiens de
loups, encore renommée sur les confins du Poitou et
de la Saintonge.

La chasse du loup donna à la cause royale non-
seulement des chefs, mais des soldats habitués au maniement des armes et excellents tireurs : « Quand on
chassait le loup, le curé avertissait les paysans au
prône. Chacun prenait son fusil et se rendait avec joie
au lieu assigné; les chasseurs postaient les tireurs, qui
se conformaient strictement à tout ce qu'on leur or-
donnait; dans la suite on les menait au combat de la
même manière et avec la même docilité (2). »

Le marquis du Hallays, commandant de la vénerie
du comte d'Artois, lorsqu'il termina après soixante ans
de chasse sa glorieuse carrière de veneur, pouvait se
vanter à bon droit d'avoir abattu 1,266 loups dans les
forêts de la Beauce et de la Normandie (3).

Le baron d'Haneucourt, qui mourut en 1841, âgé
de 80 ans, après avoir été commandant de la vénerie

---

(1) Le comte d'Oilliamson, maréchal de camp en 1788, mort très-âgé
en 1830, était sans doute le veneur fameux dont parle Leverrier de la
Conterie.

(2) *Mémoires* de Madame la marquise de la Rochejaquelein.

(3) Blaze, *Chien courant*, t. II. — *La petite Vénerie*, par M. A. d'Houdetot. — Le Couteulx, *Chasse du loup*. — Arrêté pendant la terreur,
le marquis du Hallays fut mis en liberté sur les instances unanimes
des habitants de son département qui réclamaient son secours contre
les loups, devenus très-nuisibles depuis sa captivité.

sous l'empire et la restauration, avait été aussi, dans sa jeunesse, un grand chasseur de loups. Il était arrivé à forcer des grands loups par un système très-ingénieux, qui consistait à les pourchasser à outrance avec le tiers de sa meute. Le reste suivait de loin dans des chariots bien attelés. Le soir venu, on brisait le loup, pour l'attaquer le lendemain matin avec le second tiers, arrivé en voiture, et les chiens fatigués suivaient à leur tour la chasse en poste. Le troisième tiers de la meute chassait le troisième jour, et, si le loup était assez vigoureux pour durer jusqu'au quatrième, on lui donnait la première meute d'attaque qui s'était reposée pendant deux jours dans les fourgons (1).

Langage et littérature. La louveterie avait sa langue à part. Les termes pour loup sont différents de ceux dont on se sert pour cerf, lièvre ou chevreuil, dit Salnove, et *ont de la consonnance avec le sanglier et le renard.* « Quand on en revoit, on doit dire : voicy la *trace* ou *piste* du loup, et les os qui sortent de son pied se doivent appeler *ongles*, et la fiente les *laissées*, et, lorsqu'il marche au pas et d'asseurance, *alleures*, et, quand il court, *fuittes du loup.....*, ce qui se fait par l'effort qu'il fait en courant, et lorsqu'il a gratté, cela s'appelle *galies* ou *déchausseures.....* » Le lieu où il se couche le jour se nomme *liteau*, celui où il se met sur le ventre pendant

---

(1) Voir *la Chasse à courre*, par M. J. Lavallée. L'auteur qui nous donne ce curieux détail dit que M. d'Haneucourt était associé, pour ces chasses, avec M. d'Ivry, et que leur meute était d'un peu plus de 60 chiens. Il ne précise pas l'époque où elles avaient lieu.

la chasse *flatrure*. Quand on le voit par corps, il faut crier *velleloo* ou *vloo*, et *velcy aller* quand on revoit du pied. Pour exciter son limier, le veneur doit lui dire : « Après, l'ami, à route, à li, hou, hou, harlou (1)! »

Quand le loup était donné aux chiens, on criait : « s'en va, s'en va, chiens, harlou, harlou, outre vault (2)! »

Indépendamment des nombreux auteurs qui ont parlé de la chasse du loup en même temps que des autres chasses, les traités spéciaux sur cette matière forment une branche importante de notre littérature cynégétique.

Les principaux ouvrages sur la louveterie sont ceux, déjà cités, de Clamorgan, de Louis Gruau, de Robert Monthois, de Lisle de Moncel, auxquels il faut joindre le poëme latin de Jacques Savary (3) et la *Chasse au loup*, de Habert, en vers français (1624) (4).

---

(1) Ou *harc loup*.

(2) Ces cris s'étaient changés en : *ça va, harlou! la ha ha!* du temps de Leverrier de la Conterie.

(3) *Venationis lupinæ leges*.

(4) Réimprimé par Mme V^c Bouchard-Huzard en 1866.

CHAPITRE II.

Des diverses manières de chasser le loup.

Dans son poëme sur la chasse du loup, Jacques Savary dit avec beaucoup de raison que tous les moyens sont bons pour détruire cette bête féroce : « Ici, nous n'interdisons point l'usage des lévriers, les filets nous plaisent, nous employons avec joie les armes de jet, les épieux, les piéges de toute sorte, les fosses, le poison, les huées d'un peuple assemblé. Cependant, s'il vous convient d'avoir recours aux nobles préceptes de l'art de Diane, vous y trouverez à la fois utilité et plaisir. »

Dans les lettres de *provision* que le grand louvetier conférait à ses lieutenants, il leur était permis et même enjoint « de chasser aux loups, louveteaux, louves et louvettes à cors, cris, filets et autres engins propres et convenables, même avec force de chiens et toutes sortes d'armes, bâtons et piéges. »

Les moyens de destruction employés contre les loups peuvent se diviser en trois catégories principales : chasses à force, chasses à tir, chasses avec piéges et engins de toute espèce.

Très-souvent on combinait ensemble ces différents moyens pour en finir plus promptement avec les bêtes féroces. Ainsi Claude Gauchet raconte des *huées* aux loups, où l'on voit coopérer les traqueurs, les chiens courants, les lévriers et chiens de force, les *panderets* ou panneaux. Les filets et les toiles figurent presque toujours comme moyens auxiliaires dans les chasses de loup avec chiens courants et lévriers jusqu'au xviie siècle.

§ 1. DE LA CHASSE DU LOUP A FORCE.

La chasse du loup avec des lévriers d'attache fut à peu près la seule usitée jusqu'au xvie siècle, pour prendre les vieux loups et les grands louvarts, et ne fut jamais abandonnée jusqu'à la révolution (1).

Cette chasse ne pouvait réussir que dans des bois de médiocre étendue, ou dans des *queues de forêt ;* le loup, attiré avec une traînée dans quelque *buisson* propice, était détourné avec le limier ou simplement *reconnu à l'œil.* Le rapport fait, on postait les lévriers,

Chasse avec les lévriers.

---

(1) Voir Gaston Phœbus qui ne connaît pas d'autre manière de chasser le loup; Clamorgan; Robert Monthois, qui devait ses plus beaux succès à cette méthode de chasse; Salnove ; G. de la Briffardière; Leverrier de la Conterie. Léopold, duc de Lorraine (mort en 1720), détruisit beaucoup de loups avec de grands lévriers dans les plaines entremêlées de petits bois des environs de Nancy. (De Moncel.)

divisés en laisses d'estric, de flanc et de tête, dans une accourre disposée comme pour la chasse du sanglier (1). Dans les directions opposées se mettaient en ligne les *défenses*, gens chargés de faire grand bruit pour empêcher le loup de se dérober (2).

L'animal, mis sur pied à trait de limier ou à la billebaude, après avoir essayé inutilement de fuir du côté des défenses, se lançait dans l'accourre où il était arrêté par les lévriers. Si c'était un grand loup, capable de maltraiter les chiens, les valets lui faisaient mordre un bâton, et un veneur accourant le perçait de l'épieu, de l'épée ou du couteau de chasse. Cette besogne était confiée à un chasseur expérimenté qui savait manier habilement son arme et ne courait point risque de blesser les chiens. L'épée devait être tenue à deux mains, dont l'une conduisait la lame *bien posément* au défaut de l'épaule.

Des mâtins et des *mestifs* étaient quelquefois associés aux lévriers, comme laisses de tête (3).

---

(1) Dans les chasses royales, on tenait à l'accourre 8 laisses de 3 lévriers chacune : 2 laisses d'estric, 4 de flanc et 2 de tête (Salnove).

« Les seigneurs qui veullent prendre le plaisir de telle chasse et y mettre les frais doivent tenir cincq ou sept laisses de lévriers, deux ou trois chiens d'attache, et les autres plus légers. » (Robert Monthois.) Leverrier de la Conterie se contente de 10 lévriers, savoir 2 laisses d'estric, 2 de flanc et une seulement de tête. Les laisses ne sont que de 2 chiens.

(2) Souvent on tendait de plus des panneaux ou des toiles dans les directions qu'on voulait empêcher le loup de prendre. (Cl. Gauchet-Salnove.)

(3) Claude Gauchet, *La chasse du loup aux lévriers*. De Lisle de Moncel connaissait un gentilhomme du Verdunois qui avait pris nombre de loups avec trois grands chiens, dont un lévrier bâtard. Lorsque

Les louvetiers du moyen âge et du xvie siècle ne se hasardaient pas volontiers à chasser avec les chiens courants seuls 'les vieux loups, ou même les grands louvarts. Lorsqu'ils lançaient avec leurs meutes quelqu'un de ces animaux infatigables, ils avaient toujours sous la main quelques laisses de lévriers ; ils n'attaquaient d'ailleurs jamais que dans des buissons de peu d'étendue, isolés de toutes parts, et qu'ils entouraient de gens de pied et de cheval pour empêcher le loup de prendre un parti.

Telle était la méthode de Jean de Clamorgan, qui se vantait pourtant d'avoir la meilleure meute pour loup de France. Malgré ces précautions, il avoue lui-même avoir souvent manqué des loups *par faute de jour*, et ceux qu'il avait pris avaient duré huit ou dix heures.

Quand un prince ou un grand seigneur voulait forcer un loup, on environnait le *buisson* où il était détourné de laisses de lévriers qui le *rembarraient* dans le bois, ou, si le buisson était trop étendu, de toiles ou de *halliers* à mailles carrées.

C'est ainsi que chassaient encore Henri IV et Louis XIII ; le grand Dauphin paraît être le premier qui ait chassé des grands loups à force de chiens et sans lévriers ; malgré les moyens imposants dont il disposait, ses équipages eurent à enregistrer moins de succès que de défaites (1).

---

le loup vidait l'enceinte, le lévrier lancé à sa poursuite le harcelait, retardait sa course et donnait aux autres chiens le temps de le joindre et de le terrasser.

(1) « Les jeunes loups se peuvent forcer, mais non les vieux, parce que tant qu'un vieil loup rencontrera de l'eau, il courra trois jours et

Quelques princes suivirent l'exemple de Monseigneur, mais les simples gentilshommes n'étaient généralement ni assez riches ni assez fous, comme le dit Leverrier de la Conterie, pour entreprendre ces chasses dispendieuses, pénibles et, le plus souvent, infructueuses (1).

Lorsqu'on voulait chasser un grand loup, plusieurs valets de limiers étaient dépêchés dès la veille pour détourner l'animal, besogne difficile et fatigante, à cause des habitudes vagabondes et irrégulières de l'animal et des trajets immenses qu'il parcourt en peu de temps.

Le rapport se faisait en termes encore moins affirmatifs que pour les autres animaux, et on disposait les relais *suivant les passages et refuites*, à 2 lieues au moins de la brisée (2).

Les veneurs faisaient ensuite un ample déjeuner,

---

trois nuits et par conséquent non forçable. » Telle est l'opinion de Sélincourt, qui fit plus tard partie de la maison de Monseigneur, mais dont l'ouvrage paraît avoir été composé avant les grandes chasses de ce prince. (Le *Parfait chasseur* porte la date de 1683, l'équipage de Monseigneur fut mis sur pied en 1682, mais le livre a été évidemment rédigé sur des notes antérieures.)

(1) « Forcer un vieux loup n'est pas chose impossible, mais fort rare et très-difficile, » dit encore cet excellent auteur. « L'ancienne louveterie du Roi, quoique bien montée en hommes, en chevaux et en chiens, prenoit rarement de vieux loups. Moi-même, j'ai abandonné de ces animaux à plus de 20 lieues de l'attaque, et quoique chassant avec un bon équipage, je n'en ai jamais pris que deux vieux ; encore y en avoit-il un qui s'étoit rempli de chair d'âne, nourriture qu'il ne peut digérer, non plus que celle d'oie, qui, dit-on, l'incommode également. » (*Observations de Gouffier sur les moyens de détruire les loups, Feuille du cultivateur*. 2 juin 1792.)

(2) Lorsqu'on savait d'avance où se tenait le loup, on faisait partir dès la veille les relais les plus éloignés de chiens et de chevaux.

car ils avaient devant eux la perspective consolante
de ne pouvoir prendre un second repas dans la
journée, puis on allait frapper à la brisée avec la
meute, composée au moins de 30 chiens, les plus
ardents et les plus vigoureux de l'équipage. Les
piqueurs entraient au fort avec eux pour les appuyer.

Dès que le loup était lancé, les veneurs suivaient
les chiens le plus près et le plus constamment possible en sonnant et en criant.

Quelquefois un loup se fait relancer de temps en
temps, au grand plaisir des chiens, d'autres se for-
longent, suivant les routes sans se presser, souvent au
milieu des chiens et s'arrêtant çà et là pour boire (1).
Cette course continue d'ordinaire indéfiniment, jusqu'à ce que la fatigue ou la nuit obligent chiens,
chevaux et veneurs de lâcher prise.

Quand, par un heureux et rare concours de circonstances favorables, le grand loup vient à se laisser
forcer (2), il s'acculera dans un terrier de blaireau ou
sous une roche pour défendre bravement sa vie contre
les chiens.

Les chasseurs doivent alors venir à l'aide de ceux-ci
en enfonçant un gros bâton pointu dans la gorge de

---

(1) « J'en ai chassé un à toute jambe, pendant 8 heures et demie, qui
n'en paroissoit pas plus las, heureusement la nuit survint, ce qui nous
obligea de rompre; sans cela, je crois que nous serions encore après. »
(L. de la Conterie.)

(2) M. J. Lavallée raconte, d'après M. Amédée de Maistre, que la
meute du comte de Nanteuil força un jour un vieux loup dans la forêt
d'Armainvilliers; lorsqu'il fut pris après une chasse assez longue, mais
qui tourna beaucoup, on reconnut qu'il avait perdu anciennement une
patte dans un piége. (*La chasse à courre.*)

la bête furieuse ou en la perçant avec le couteau de chasse (1).

La chasse des jeunes louvarts et des louveteaux (2), depuis le mois d'août jusqu'à la fin de novembre, est aussi facile et aussi agréable que celle des grands loups est dure et rebutante. « Qui veut prendre leup à force de chiens, dit le *Roy Modus*, si ne chace mie vieil leup, mais chace jeune leup né de l'année, car le vieil leup ne doubte point les chiens... et les chiens le doubtent, et le jeune leup s'efforce a fuir comme il puet et se lasse et travaille et n'a si grande puissance comme a le vieil leup (3). »

Pour forcer louveteaux et jeunes louvarts, on dispose sa meute et ses relais comme pour la chasse du cerf; on attaque ensuite un de ces jeunes animaux avec les chiens de récri. Le louveteau ne perce point et se fait battre comme un renard, aussi les piqueurs ne doivent pas appuyer leurs chiens de trop près, de peur de leur faire outre-passer les voies.

Après la mort du loup, qu'il fût jeune ou vieux, on en faisait curée aux chiens; comme ceux-ci ont une répugnance extrême pour la chair de leur impla-

---

(1) Les choses se passent encore comme du temps de La Conterie, lorsqu'on a le courage d'attaquer un grand loup. Il est seulement fort rare qu'on n'essaye pas de le raccourcir avec un coup de fusil.

(2) « Les petits loups au lait et jusqu'à l'âge de 5 ou 6 mois sont dits louveteaux, ensuite louvarts, et ils portent ce dernier nom jusqu'à ce qu'ils aient un an accompli. » (Leverrier de la Conterie.) C'est en avril et mai que naissent les louveteaux.

(3) *Le Roy Modus*, tout en prétendant enseigner à prendre les jeunes *loups sans levriers ne filé*, découple encore deux ou trois lévriers à l'hallali pour dépêcher la bête.

cable ennemi (sentiment qui n'a rien de réciproque) (1),
on était obligé, après avoir écorché le loup, de le vi-
der, de le mettre en quartiers, de faire rôtir ces
quartiers au four et d'en faire une mouée avec du
pain, du fromage et du lait.

Ce mélange, arrosé d'eau bouillante, était jeté sur une
toile étendue à terre, et on lâchait les chiens sur la curée
au bruit des fanfares comme dans les autres chasses (2).

Les dedans du loup, recouverts de la peau, étaient
ensuite présentés aux chiens au bout d'une fourche
et jetés à la meute.

Les honneurs du pied avaient été rendus préalable-
blement à qui de droit, suivant le cérémonial ordinaire (3).

Les simples gentilshommes qui chassaient les louveteaux avec chiens courants seuls et les grands loups
avec meute et lévriers pouvaient se contenter de 25 ou
30 chiens courants, avec 7 ou 8 laisses de lévriers et
quelques bons doguins (4). Mais, pour forcer le loup

Equipages
du loup.

---

(1) Voir, dans la *Chasse du loup*, par M. le comte Le Couteulx, des
anecdoctes curieuses sur quelques-uns de ses chiens qu'il avait habitués
à faire curée d'un loup comme d'un cerf.

(2) *La chasse du loup*, par Habert (1624).

> La faudra retirer lorsque cuitte elle semble
> Prendre pain de froment, laict et fourmage ensemble.
> Les mesler et brouiller, et dans la peau du loup
> Envelopper le tout, puis sonner de maint coup.
> Le forhu près la peau de cette fière beste
> Sur laquelle aurez mis son effroyable teste.

(3) Leverrier de la Conterie.

Dans la Louveterie royale, des bâtons étaient distribués aux veneurs
au commencement de la chasse. Ils étaient pelés toute l'année, sauf la
poignée.

(4) G. de la Briffardière. — 5 laisses de lévriers suffisaient, suivant L.
de la Conterie.

adulte sans lévriers, il fallait un *train de prince*, 100 chiens, deux excellents piqueurs *payés au double*, 2 valets de limier, 4 valets de chiens à cheval, 25 ou 30 bons coureurs. Aussi des particuliers fort opulents pouvaient-ils seuls supporter les frais de ces grands et coûteux équipages (1).

Les Rois de France avaient, dès les premiers temps de la monarchie, des *louviers* ou louvetiers, qui devinrent grands louvetiers et grands officiers de la couronne au xve siècle (2); mais, jusqu'au règne de Henri IV, il n'existe point de trace d'un équipage spécial de loup attaché à leur maison. Le Béarnais, passionné pour la chasse du loup comme pour toutes les chasses rudes et difficiles, ayant eu occasion de chasser avec la meute de M. d'Andresy, y prit tant de plaisir, qu'il voulut avoir à son service l'équipage et son maître. Dans la suite, ce Roi créa plusieurs officiers pour le service de sa louveterie et mit cet équipage à peu près sur le pied où il était encore au xviiie siècle (3).

Sous Louis XIII, grand chasseur de loups, et pendant une partie du règne de Louis XV, l'équipage de la louveterie prit momentanément des proportions beaucoup plus considérables (4). Nous nous bornerons

---

(1) A moins de suppléer à la richesse par le zèle et l'abnégation d'un saint Victor.

(2) Voir la note A, t. Ier.

(3) G. de la Briffardière.— D'Andresy devint grand louvetier en 1601. — Voir aux Pièces justificatives du t. Ier l'état de la grande louveterie en 1596.

(4) Voir les comptes de Louis XIII, Pièces justificatives, t. Ier et l'*Etat de la France* de 1736. Suivant ce dernier ouvrage, Louis XV avait alors un lieutenant général de la louveterie, 10 piqueurs, 10 valets de limier, 8 valets de chiens courants, 4 sergents lévriers.

à donner l'état de cet équipage sous Louis XIV, qui peut être considéré comme son état normal ;

Le grand louvetier de France, commandant en chef l'équipage,

2 lieutenants (1),

1 sous-lieutenant,

4 valets de limiers,

2 valets de chiens courants,

2 garçons servant auxdits chiens courants,

2 gardes de lévriers,

2 garçons servant auxdits lévriers,

2 gardes des dogues,

2 garçons servant auxdits dogues,

1 maître conducteur du *charroy* et son valet,

20 chiens courants,

4 laisses de grands lévriers,

4 laisses de grands dogues.

Une charrette à 4 chevaux pour porter les panneaux, les *jacques* des grands lévriers et les *collerons* des dogues (2).

Outre les 4 laisses de lévriers (de trois chiens chacune), qui étaient *dans la dépendance et nomination* du grand louvetier, 4 autres laisses de grands lévriers et 4 valets chargés de les mener étaient encore attachés

---

(1) **En** 1698 il y avait un lieutenant général de la louveterie et un lieutenant. — Le lieutenant général reparaît en 1736. (*États de la France.*)

(2) Comptes de la vénerie de Louis XIV, Pièces justificatives, t. Ier.— *État de la France*, 1698. — En 1736, l'*État de la France* mentionne de plus un pourvoyeur de l'écurie des chevaux pour le loup, un boulanger, un maréchal, un sellier.

à cet équipage *sous l'obéissance du grand louvetier et de ses lieutenants pour le temps de leur service*, mais nommés par les gentilshommes de la chambre du Roi ; c'est ce qu'on appelait les *lévriers de la chambre* (1).

En 1762 la grande louveterie fut supprimée, faute de fonds (2).

Elle ne tarda pas à être rétablie : nous la retrouvons, en 1776 et 1777, sur le même pied que du temps de Louis XIV (3). Durant cette année l'équipage prit 32 animaux, dont 19 louveteaux, et 13 loups en 19 chasses. Il y eut 41 chasses manquées (4).

L'équipage de la grande louveterie fut compris dans les réformes économiques de l'année 1787, malgré les services qu'il rendait à l'agriculture.

Nous avons déjà eu mainte occasion de citer l'équipage du grand Dauphin, le plus somptueux et le meilleur qui ait jamais existé. On appelait cette meute incomparable *les chiens de Monseigneur, quoique ce fût une meute du Roi et qu'il la payât* (5). Il faut ajouter que les 1500 livres d'appointements que recevait chacun

---

(1) Salnove.

(2) *Compte de la Trésorerie générale de la Vénerie*, pour 1762-63. Cité par M. le comte de Quinsonas. *Histoire de Marguerite d'Autriche.*

(3) *Almanach de Versailles*, 1776. — Comptes de Louis XVI, 1777-1778. — L'almanach nomme, après le grand louvetier et son lieutenant, un commandant de la louveterie, M. Didier, dont La Conterie parle avec éloge.

(4) Comptes de Louis XVI, Pièces justificatives, t. 1er.—Ces 41 chasses manquées sont probablement des chasses de grands loups. Nous avons déjà vu que la louveterie royale en prenait très-rarement.

(5) Dangeau. — La louveterie de Monseigneur restait sous le commandement supérieur du marquis d'Heudicourt, grand louvetier de France, qui paraît s'être fait représenter le plus souvent par Jean de la Rue, Sr de Bernapré, son lieutenant général, excellent chasseur de

des 4 lieutenants ordinaires étaient payées sur la cassette de Monseigneur par les mains du premier valet de chambre (1).

Ce fameux équipage n'eut jamais son égal pour la composition du personnel, la magnificence des costumes, le nombre et la qualité des chiens et des chevaux (2).

Il ne cessa pas un instant de chasser pendant la vie de son auguste maître. Le grand Dauphin assista pour la dernière fois aux prouesses de sa meute chérie le 16 janvier 1711 ; il mourut le 14 avril suivant, et, dès le 24 du même mois, la louveterie fut remise dans l'ancien état, *au grand détriment* du grand louvetier, M. le marquis d'Heudicourt (3).

Laissant de côté les lévriers et les panneaux (4), le

---

loups. C'est probablement ce qui a fait croire à M. le comte Le Couteulx que M. de Bernapré avait été à la tête de l'équipage du grand Dauphin. (*Vénerie française* et *chasse du loup.*)

(1) *Etats de la France,* de 1682 à 1711.

(2) Voir la note A à la fin de ce volume. On lit dans le *Mercure* de janvier 1688 :

« En France, on ne voit que des loups pour tous animaux féroces : Il n'y en a plus guère présentement aux environs de Paris ; Monseigneur le Dauphin les en a purgés. La chasse continue toujours à faire un de ses plaisirs. Il a quatrevingts coureurs qui sont les plus parfaits de l'Europe et peut-être du monde. Il n'y a point d'exemple que jamais aucun prince en ait eu tant ni de si beaux. Vous trouverez ce nombre fort grand lorsque vous ferez réflexion que je ne parle que des seuls coureurs. Il fait connoître la parfaite intelligence de M. du Mont, écuyer ordinaire de Monseigneur le Dauphin, dans la charge qu'il exerce et les grands soins qu'il prend pour répondre à ses désirs. »

(3) Dangeau, t. XII.

(4) Il n'est pas bien sûr qu'il ait absolument renoncé aux lévriers. Dans un tableau de Desportes dont nous parlerons plus loin, un grand lévrier blanc et fauve figure au milieu des chiens courants, prêt à coiffer le loup aux abois.

grand Dauphin chassait le loup franchement à courre.
Il prenait des louvarts l'hiver et se hasardait, tout en
été et en automne, à courre des grands loups.

Dangeau, *menin* et gentilhomme d'honneur de M. le
Dauphin, qui a enregistré ces chasses avec la plus
grande exactitude, constate que l'équipage chassait
au moins une fois par semaine (il fit 62 chasses, présence de Monseigneur, pendant l'année 1685). En bon
courtisan, Dangeau se tait habituellement sur le résultat des chasses ; comme il ne manque pas de signaler les prises de grands loups comme des victoires
mémorables, on peut en conclure que la meute, toute
vaillante qu'elle était, ne triomphait que bien rarement de ces infatigables animaux (1).

En revanche, on trouve, à chaque page du journal
de Dangeau, le récit de chasses singulièrement longues
et pénibles, qui prouvent en faveur du zèle et du fond
de l'équipage aussi bien que de la ténacité du maître (2).

Ces chasses mémorables avaient lieu parfois dans
des bois enclos de murs, comme les parcs de Versailles
et de Chantilly, le bois de Boulogne et la forêt de
Marly, plus souvent dans les forêts de Fontainebleau,
Sénart, Saint-Léger, Montfort, Bondy, Champagne, et
dans les bois de Villeneuve-Saint-Georges, Montmorency, Valery, Marcoussy, Sainte-Geneviève, Lauthie,
Séquigny (3).

Le duc de Vendôme avait une meute excellente

---

(1) Voir la note B.
(2) *Ibidem.*
(3) Dangeau.

pour loup, avec laquelle Monseigneur chassait assez souvent dans les environs d'Anet (1).

Les ducs d'Orléans, Gaston, frère de Louis XIII, et Philippe, frère de Louis XIV, eurent aussi des véneries pour loup très-considérables, dont ils ne paraissent pas avoir fait grand usage (2).

Avec quels chiens chassaient ces fameux équipages ? Il y a disette de renseignements à cet égard.

Les anciens théreuticographes citent, comme excellents pour chasser loup, les chiens noirs de Saint-Hubert et les chiens fauves de Bretagne. Gaffet de la Briffardière dit qu'il faut que les chiens de loup soient de bonne taille, de poil gris et marqués de rouge aux yeux et aux joues, ce qui semble indiquer des chiens normands, descendants plus ou moins directs des chiens gris de saint Louis.

Leverrier de la Conterie veut que le limier destiné à cette chasse soit *de vraie bonne race pour loup;* « qu'il soit de poil noir, gris ou rouge, qu'il soit bien traversé, qu'il ait la tête carrée, l'œil gros et plein de feu, qu'il soit naturellement ardent et pillard. » C'est encore ici un normand de la race noire, grise ou fauve.

On ne sait rien de positif sur l'origine des chiens qui composaient la meute de la grande louveterie. Il est probable que la race venue originairement des chiens de M. d'Andresy se propageait dans l'équipage

---

(1) Il la fit même venir à son château de Meudon. (*Ibid.*, t. VII.) Voir la note B.

(2) Voir les notes C et F, t. Ier.

même à l'aide de quelques remontes de chiens normands et gascons (1).

Quant à la meute du grand Dauphin, on n'a presque aucun renseignement sur son origine. A en juger par le beau tableau de Desportes, qui représente une de ses chasses de loup, le sang normand paraît avoir dominé dans ce magnifique équipage (2).

En somme, presque toutes nos vieilles races françaises, gascons, saintongeois, poitevins (3), vendéens, normands, étaient sans rivales pour chasser loup, surtout les races à poil dur. Les chiens anglais, au contraire, étaient réputés capables de chasser *toutes sortes de bestes, horsmis le loup* (4).

Ceux-ci eurent cependant des partisans dès le règne de Louis XIV. M. de Saint-Victor allait lui-même en Angleterre choisir des chiens pour remonter la meute.

Cette question de l'aptitude des chiens anglais à chasser le loup, qui naguère a passionné si vivement

---

(1) M. d'Andresy chassait sur les confins de la Normandie, et Henri IV a dû faire venir des chiens de loup de son pays natal.

(2) Ce tableau est conservé au musée du Louvre sous le n° 164. Il est daté de 1702. Les chiens courants qui y figurent sont tricolores ou mantelés de fauve roux et d'une construction robuste et massive.

(3) Les chiens de Larye jouissaient, pour la chasse du loup, d'une réputation méritée. « Parmi les prouesses de ces chiens, en voici une bien connue et bien authentique. En 1780 et tant, M. *de Lary* lance un loup à la forêt des Coutumes avec 16 chiens; le loup débuche, son piqueur et lui perdent la chasse ; ils la cherchent vainement tout le jour, et le lendemain, en revenant à cette même forêt des Coutumes, près de Bellac, pour quêter leurs chiens, ils les retrouvent tous seize qui chassaient vaillamment leur loup de la veille. Ils l'avaient mené et avaient été vus à la forêt de la Braconne, près d'Angoulême, à 15 lieues de là. » (*Journal des chasseurs*, VIII° année.)

(4) Salnove.

nos veneurs à l'occasion du déplacement en Poitou de Sa Grâce le duc de Beaufort, avait déjà plus d'une fois préoccupé nos ancêtres et donné lieu à des expériences dont le résultat n'avait pas été très-décisif.

On trouve dans le livre de Lisle de Moncel qu'un gentilhomme anglais, établi en France vers 1750, réussissait assez bien à forcer le grand loup. Le comte de Charolais eut la curiosité de le voir à l'œuvre : « Dès que le loup fut lancé, le gentilhomme anglais piqua avec tant de vitesse que le prince parut avoir quelque regret de s'être engagé à le suivre. Ce vigoureux chasseur avoit des chevaux d'une haleine unique : il fendoit l'air sans dire un mot, et la bride entre ses dents ; jamais chasse ne fut ni si silencieuse ni si vive ; enfin, après avoir fait un chemin étonnant, le loup forcé fit tête aux chiens. »

L'intrépide insulaire proposa alors au comte de Charolais de *rétablir la chasse* en envoyant chercher un seau d'eau pour faire boire le loup et en faisant reposer et rafraîchir les chiens pendant une demi-heure dans une ferme voisine. Le prince ne se sentit nullement disposé à recommencer l'épreuve, tant la chasse lui avait paru fatigante et triste. En conséquence, on cassa la tête au loup, et tout fut dit (1).

Sur la fin de sa vie, le marquis d'Argenson avait

---

(1) Cette chasse, éminemment britannique, où le loup donné aux chiens dans des circonstances évidemment très-favorables est étouffé de vitesse, ne prouve pas grand'chose en faveur de la meute, malgré son succès.

formé le projet de faire venir à son château des Ormes, près Châtellerault, le duc de Grafton avec lequel il était lié. Le duc devait amener ses chevaux et sa meute de foxhounds pour chasser le loup. La mort du comte mit tout à néant (1).

Les vieux veneurs de Normandie ont gardé le souvenir d'une autre expérience dont le résultat fut loin d'être favorable aux chiens britanniques, et dont un des acteurs existait encore il y a une trentaine d'années (2).

Quelque temps avant la révolution, un *gentleman* qui était venu chasser en basse Normandie offrit au fameux louvetier Saint-Sauveur de parier avec lui qu'il prendrait un vieux loup en six heures avec ses trente chiens anglais et son *hunter*. M. de Saint-Sauveur accepta, en mettant pour enjeu sa meute et son meilleur cheval contre l'équipage de l'Anglais. Le sportsman manqua son loup et se noya en traversant une rivière. M. de Saint-Sauveur attaqua le même loup le lendemain et le prit (3).

---

(1) *Voyage* d'Arthur Young.

(2) Cette anecdote est tirée d'une note fort intéressante de M. Lemasson qui m'a été communiquée par M. le comte Le Couteulx. M. Lemasson tenait les faits du piqueur Paul Piel qui y avait assisté avec M. de Saint-Sauveur, son maître. Cet excellent piqueur mourut très-âgé à Saint-James (Manche).

(3) S'il fallait en croire une tradition très-répandue en Normandie, ce serait à la suite de ce pari que M. de Saint-Sauveur aurait fait pendre la meute anglaise aux arbres de son avenue. Piel n'ayant point parlé à M. Lemasson de cette circonstance extraordinaire, l'authenticité en est fort douteuse.

§ 2. CHASSES DU LOUP A TIR.

Le loup était chassé à tir, soit à l'affût, soit en battue, soit avec les chiens courants, soit en *routaillant*.

Tant qu'on n'eut comme armes de jet que des arcs et des arbalètes ou des armes à feu très-imparfaites, on ne pouvait tirer le loup avec ces instruments difficiles à manier qu'en l'attirant à l'aide d'une traînée et d'un carnage auprès de quelque poste d'affût bien dissimulé, d'où le tireur embusqué lui envoyait de pied ferme son trait ou sa balle (1). Clamorgan recommande cette méthode pour blesser d'un *ciseau* d'arbalète (2) un loup qu'on veut faire prendre et fouler par ses jeunes chiens. Robert Monthois eut souvent recours à ce moyen (3), qui continua d'être en usage après l'invention du fusil à pierre. Tous les traités du XVIIIe siècle indiquent cette manière de tuer les loups. Ils insistent, avec raison, sur les précautions à prendre en faisant la traînée pour que le loup dont l'odorat est extrêmement subtil ne puisse s'apercevoir

---

(1) Il arrivait très-rarement qu'on rencontrât par hasard un loup dans des conditions qui permissent de le tirer avec l'arquebuse sans l'avoir affûté, comme Claude Gauchet qui se vante d'avoir un jour tué deux loups, comme ils venaient de porter bas un chevreuil et en faisaient curée.

(2) Le *ciseau*, trait d'arbalète dont le fer était tranchant et coupé carrément.

(3) Monthois appelle *arquebuse* l'arme dont il se servait ; comme les armes à silex étaient inventées de son temps et qu'on les nommait souvent *arquebuses à fusil*, on ne sait pas s'il tirait avec une arme à rouet ou à pierre ; il dit seulement que l'arquebuse ne doit pas avoir plus de 4 pieds de long « afin que le bout d'icelle ne sorte que peu hors de la *tronnière* (meurtrière). »

que la main de l'homme y est pour quelque chose (1). Le tireur montait sur un arbre, se cachait dans quelque masure propice, se construisait une hutte de branchages, ou se creusait un trou masqué par une petite tente de toile noire. L'affût était nécessairement placé sous le vent du carnage, on chargeait le fusil à *postes* ou à balles franches; ces dernières étaient d'un tir beaucoup plus sûr, surtout quand elles étaient faites d'un mélange égal de plomb et d'étain (2), on devait se servir d'un fusil double, dont on tirait les deux coups ensemble.

Les battues.

Dès que les armes à feu furent assez perfectionnées pour qu'il fût possible de tirer un animal courant avec quelque chance de succès, on en fit usage pour chasser le loup en battue ou *au triquetrac*, comme on disait autrefois.

Ces sortes de battues sont un des moyens de destruction recommandés aux officiers de la louveterie par les ordonnances de 1600 et de 1601, et furent en effet ordinairement exécutées par eux, avec plus ou moins de succès, jusqu'à la révolution.

Robert Monthois donne les instructions nécessaires pour *prendre le loup sans chiens et le faire marcher au triquetrac droit aux harquebusiers.*

---

(1) Leverrier de la Conterie. — De Lisle de Moncel. — Magné de Marolles. — Quelques chasseurs savaient attirer le loup en contrefaisant son hurlement dans un sabot. D'autres faisaient traînée pour la louve avec le corps d'un de ses louveteaux. (*Dict. d'hist. nat.*, vᵒ *Loup*.)

(2) De Lisle de Moncel. — Cet habile louvetier dit avoir tué avec son frère 18 à 20 loups en deux hivers, d'un affût pratiqué dans une tour du château de Courcelles en Argonne.

Le *directeur de la chasse* placera les tireurs sans bruit et à bon vent, à 200 pieds l'un de l'autre, chacun près d'un gros arbre, où le plus certain est encore de se brancher (1).

Il leur fera charger leurs *arquebuses* (2) de *postes* ou de *balles rondes pour servir de pillules au solitaire quand il paroîtra*.

Puis, il fera entrer ses traqueurs dans l'enceinte où ils s'avanceront, menant grand bruit *par cris et huées*, frappant des cailloux l'un contre l'autre, voire même *donnant l'aubade* à messer loup avec des tambours et deux ou trois mousquetades, ce qui le décidera à débucher sur la ligne des tireurs.

De Moncel compte les battues au nombre des moyens qui lui ont été le plus utiles pour détruire les loups; il décrit la manière dont procédaient de son temps les officiers de louveterie et en fait voir les inconvénients.

Pour ces battues officielles le lieutenant de louveterie mettait en réquisition, dans une communauté de 200 feux, moitié ou tiers des hommes valides, et la totalité dans celles de 100 feux.

De simples gardes étaient le plus souvent chargés de guider cette multitude indocile et bruyante, qu'ils abandonnaient parfois au milieu d'un trac pour courir se poster avec les tireurs. Ceux-ci étaient des gens auxquels les maires et syndics avaient confié des

----

(1) Les loups auront été préalablement détournés.
(2) Même remarque que précédemment au sujet des armes.

armes pour cette occasion seulement; ils étaient presque toujours mal choisis, maladroits ou imprudents, et se faisaient rarement scrupule de profiter de leur position pour brûler sur le gibier défendu les munitions qui leur avaient été confiées.

Il en résultait beaucoup de bruit, des accidents fréquents, et fort peu de loups mis à bas.

De Moncel avait organisé ses battues d'ue façon beaucoup plus efficace dans la province où il avait été chargé de détruire les loups.

Parmi les paysans sujets aux corvées, il choisissait 36 *particuliers* exemptés de toute autre prestation, à la charge de fournir douze journées de trac au louvetier. De Moncel prenait parmi eux 16 fusiliers, qu'il exerçait lui-même avec le plus grand soin au maniement de leurs armes. Les autres devenaient brigadiers et maîtres traqueurs, chargés de conduire les bandes de villageois requis pour faire les *huées*. Ils devaient empêcher les traqueurs de faire du bruit avant le signal, les rangeaient en ligne et les faisaient marcher en bon ordre, lorsque le signal avait été donné par des coups de pistolet, en réglant leurs mouvements sur le son des cornets.

Les maîtres tireurs, dirigés par un brigadier et 3 chefs d'escouade ou posteurs, et renforcés par les gardes et les chasseurs de bonne volonté des environs, avaient bordé exactement l'enceinte à bon vent; les loups et autres bêtes nuisibles, poussés en avant par les traqueurs et par des chiens dressés, vidaient précipitamment l'enceinte et venaient essuyer le feu des tireurs. Ce feu était quelquefois très-vif, M. de

Moncel rapporte que, dans une battue qu'il fit le 4 novembre 1776, en présence de *plusieurs personnes de considération*, quatorze coups de fusil furent tirés dans une seule enceinte, et que trois loups avaient été tirés dans la précédente (1).

Goury de Champgrand et Magné de Marolles parlent de l'organisation des battues ou trictracs à peu près dans le même sens, mais beaucoup plus brièvement. Il ne paraît pas qu'on ait essayé de tirer le loup devant les chiens courants avant l'invention des armes à silex. L'allure du compère, sans être d'une vitesse désordonnée, est en effet assez vive pour laisser peu de chances de succès aux arquebuses incommodes qui ont précédé le fusil.

Chasse à tir avec chiens courants.

La manière de procéder, considérée comme la meilleure, consistait à détourner le loup, à placer bon nombre de tireurs à bon vent, et à découpler sur la voie 6 chiens courants, appuyés par un valet de limier. Il était bon d'avoir quelques tireurs à cheval pour prendre les grands devants à toute bride, si le loup échappait au feu de l'infanterie et le *croiser à la refuite* (2).

Pour *routailler* un loup avec le limier, ce qui était encore la méthode la plus sûre, on postait les tireurs

Chasse du loup en routaillant.

---

(1) De Lisle de Moncel propose de former des compagnies de *chasseurs louvetiers* dans les provinces les plus exposées. Ces compagnies, outre les services qu'elles rendraient en temps de paix, pourraient encore être très-utiles à la guerre, pour fournir des éclaireurs et des tirailleurs excellents.

(2) Leverrier de la Conterie.

tout autour de l'enceinte où il avait été détourné, et un chasseur entrait seul sous bois, avec un limier qu'il tenait *à la botte*. Le loup, n'entendant derrière lui qu'un chien qui donne très-peu de voix, *s'en moque* et n'en va pas plus vite, il se fait relancer de temps en temps et finit par sortir de l'enceinte sans se presser. S'il est manqué, les chasseurs peuvent prendre les devants du fort où il rentre et recommencer l'opération (1).

Desgraviers indique une manière assez curieuse de routailler le loup en temps de neige, sans l'assistance d'un limier.

Lorsqu'on a détourné la bête avec ou sans chiens, *ce qui n'est pas bien malin* quand *le grand livre des ânes est ouvert*, on poste les tireurs comme à l'ordinaire, et on établit des défenses à mauvais vent pour empêcher le loup de se dérober. Tout étant bien disposé, un chasseur portant une sonnette, dont il a eu soin d'arrêter le battant pour ne se faire entendre qu'en temps opportun entre sous bois, frappe aux brisées et démêle les voies du loup sans dire mot. Arrivé au *liteau*, il dégage le battant de la sonnette, et annonce en l'agitant que la bête est sur pied. Puis, il suit ses voies à l'œil, pas à pas, sonnant de temps à autre pour indiquer la direction que prend son loup. Celui-ci, éventant les tireurs et les défenses, ruse et se fait battre longtemps avant de se décider à débucher.

___

(1) Leverrier de la Conterie. — Magné de Marolles.

Enfin, fatigué du bruit de la sonnette, il prend son parti et franchit la ligne des tireurs.

S'il y a plusieurs loups dans le bois, le premier étant mort, on se transporte à une autre brisée et on recommence la manœuvre.

Cette chasse amusante et destructive se faisait encore en Bourgogne, il y a quelques années.

§ 3. CHASSE DU LOUP AVEC TOUTES SORTES D'ENGINS ET DE PIÉGES.

L'instinct rusé et défiant des loups et la vigueur de leurs jarrets rendaient très-incertain le succès des chasses à force et à tir, surtout avant le perfectionnement des armes à feu, aussi n'est-il point d'invention à laquelle on n'ait eu recours pour se débarrasser plus sûrement de ces bêtes malfaisantes.

Les rets ou panneaux furent un des engins les plus Les panneaux.
usités jusqu'à la fin du XVIe siècle, on s'en est même servi accidentellement jusqu'à nos jours (1).

Les panneaux dont on faisait usage pour prendre les loups étaient des filets tissus de forte ficelle, de 7 à 8 pieds de haut et de 4 à 500 de longueur. On les tendait à l'aide de câbles ou *maîtres*. Le *maître* inférieur était fixé solidement contre terre avec des crochets. Celui d'en haut était porté sur des fourches de bois, de telle façon que fourches et panneaux tombaient

---

(1) Le *Roy Modus* enseigne à prendre les loups au *buissonner*, c'est-à-dire dans une enceinte de panneaux où les carnassiers ont été attirés en faisant traînée d'une charogne.

sur l'animal et l'enveloppaient lorsqu'il venait donner dans le filet.

C'était avec ces panneaux (dits *pans de rets* au XVIe siècle) qu'on prenait les loups dans les grandes huées que faisaient les officiers de la Louveterie, avant qu'on possédât des armes à feu assez maniables pour les tirer au passage.

Pour ces huées officielles on tendait les pans de rets sous le vent de l'enceinte où les loups avaient été détournés.

Puis, *à quelque jour de petite feste, non pas au dimanche, qu'il faut garder selon le commandement de Dieu,* les Louvetiers ou les Seigneurs du pays rassemblaient tout le peuple du canton, divisé par paroisses, et conduit par ses maires et syndics. Après les avoir mis en bonne ordonnance, on donnait le signal en tirant une *boîte d'artillerie* ou une grosse arquebuse, et tous ces *pitaux*, armés de fourches, d'épieux, de méchants *bâtons à feu* et de rouillardes, menant avec eux leurs *mâtins cazaniers*, entraient sous bois, faisant grand bruit de trompes, cornets et *tabourins*, et criant de toutes leurs forces. Les loups, épouvantés fuyaient devant eux et allaient se jeter dans les panneaux. Aussitôt qu'ils y étaient enveloppés, les hommes préposés à la garde des rets, qui se tenaient cachés dans des huttes de feuillage ou de toile teinte, se jetaient sur eux et les assommaient (1).

______

(1) Claude Gauchet. — Clamorgan. — G. de Champgrand. -- C'est à peu près ce que Gaston Phœbus appelle chasser les loups *à la croupie,* parce que les gardes des rets se tenaient accroupis. La chasse à la

Lorsqu'on faisait la huée dans un bois bordant la plaine, ou isolé de toutes parts, on laissait libre un côté de l'enceinte et on y embusquait des laisses de lévriers, de *mestifs* et de dogues pour coiffer ceux des loups qui prenaient parti dans cette direction. Une vingtaine de chiens courants étaient découplés dans l'enceinte pour hâter leur fuite (1).

Les toiles étaient quelquefois employées concurremment avec les panneaux pour former l'enceinte. Claude Gauchet, dans son poëme du *Plaisir des Champs*, nous donne la description d'une chasse de ce genre où l'un des côtés de l'enceinte est fermé par une rivière.

Je prends de paysants deux douzaines ou trois
Pour mettre au lieu de chiens dedans l'enclos des toilles
Armez tant seulement de chaudrons et de poisles
De tabours, de bassins, afin d'espouvanter
Les loups, pour dedans l'eau les contraindre saulter.

Il leur adjoint quelques lévriers bien mordants ; les loups, poussés par les traqueurs et les chiens, se prennent dans les panneaux ou se jettent à la nage. Les chasseurs, qui les attendaient dans des bateaux, les assomment à coups de gaffe ou les noient.

On formait l'enceinte avec des toiles seulement, quand on voulait faire combattre les loups avec des

croupie est seulement faite sur une plus petite échelle. Cette chasse des loups dans les panneaux se trouve aussi représentée dans l'œuvre de Ridinger.

(1) Claude Gauchet.

lévriers comme dans un amphithéâtre, ou les tirer à coup sûr (1).

Les *lassières* étaient une autre sorte de rets en forme de poche ou bourse, semblable (sauf la grandeur et la force) à celles avec lesquelles on prend les lapins.

Pour les tendre on choisissait une haie convenablement située près du buisson où l'on avait connaissance des loups, ou bien on en construisait une exprès. Les lassières étaient placées dans des ouvertures pratiquées de distance en distance. On attirait fréquemment les loups avec une traînée, et le bois était entouré de *défenses* de toutes parts, excepté le côté des lassières.

Tout étant préparé, on faisait fouler l'enceinte par des traqueurs armés de clochettes et de *clairons*, et par des chiens courants. Les loups, effrayés de tout ce bruit, se jetaient dans les lassières.

Ce mode de destruction était encore pratiqué à la fin du xviii\ siècle (2).

Du temps de Gaston Phœbus, des lacs ou collets remplaçaient parfois les lassières dans les ouvertures de la haie (3); on prenait aussi les loups aux *hausse-*

---

(1) Dangeau parle d'une de ces chasses de loups dans les toiles avec des lévriers (t. III). Quelque temps après la mort du maréchal de Saxe, on tua dans les toiles plusieurs loups qui avaient pénétré dans le parc de Chambord. (De Lisle de Moncel.) Du temps de M. de Moncel, un prince allemand faisait aux loups une chasse bizarre où l'enceinte était formée de cordes auxquelles étaient suspendus des mannequins mobiles.

(2) G. Phœbus. — Clamorgan. — G. de Champgrand. — L. de la Conterie.

(3) « Et puet tendre ès pertuis s'il veult las commun à un meistre ou las à deux meistres ou las de la line ou petit las de povres gens ou chevestre, ou las croisié. » (G. Phœbus.)

pieds; c'étaient des nœuds coulants attachés à un brin
de taillis qu'on courbait avec force jusqu'à terre et
qui se redressait quand la patte du loup était engagée
dans les lacs (1).

Dès les temps les plus reculés on s'est servi, pour Les fosses.
prendre les loups, de fosses ou *louvières* (1). Il en est
parlé dans la loi des Francs Ripuaires, dans les Capitulaires de Charlemagne, dans Gaston Phœbus, aussi
bien que dans Clamorgan, dans Goury de Champgrand
et dans de Lisle de Moncel (2).

Ce dernier, qui faisait grand usage de fosses, leur
donnait 13 à 14 pieds de profondeur (3), et la forme
d'un cône tronqué, ayant au fond 12 pieds de dia-
mètre (4), et une ouverture de 6 à 7 (5), le tout bien
maçonné. Une poutrelle scellée dans le mur s'avançait
au-dessus de la fosse. Elle était terminée par un plateau sur lequel on attachait un canard vivant. Dans
l'épaisseur du plateau étaient pratiqués des trous, où
l'on faisait entrer des baguettes sèches et cassantes dont
l'extrémité allait s'appuyer sur le mur de la fosse, de
façon à figurer les rayons d'une roue. Le tout était
recouvert de paille. Le loup, attiré par des traînées et
par un appât composé, s'avançait pour saisir le canard

---

(1) Les hausse-pieds sont encore décrits dans l'*Encyclopédie* (*Dictionnaire de toutes les espèces de chasses*) et dans le *Dictionnaire
d'histoire naturelle*, publié chez Déterville en l'an XI.

(2) V. Ducange, v° *Luperia*. Le Louvre primitif (en latin du temps
Lupara) doit peut-être son nom à une de ces *louvières*.

(3) 4ᵐ,22 à 4ᵐ,54.

(4) 3ᵐ,91.

(5) 1ᵐ,95 à 2ᵐ,27.

et tombait dans la fosse en brisant par son poids les baguettes qui la couvraient.

Cette méthode servait principalement à l'habile louvetier pour se procurer des loups vivants, qu'il employait à dresser ses limiers et ses chiens courants, après avoir cousu la gueule de la bête féroce. Il la retirait de la fosse avec un nœud coulant passé à sa patte.

D'autres fois on mettait au-dessus de la louvière une planche formant bascule avec l'appât à l'extrémité, ou on la recouvrait d'une trappe en bois ou en clayonnage, et on attirait le loup soit en attachant à la trappe un appât vivant, soit en faisant traînée d'une charogne qu'on faisait passer sur la trappe et qu'on suspendait à un arbre voisin (1).

La galerie.

Le piége appelé la *galerie* était une fosse perfectionnée. On la faisait carrée, avec une trappe à deux vantaux garnis de contre-poids. Autour de cette fosse étaient plantés en terre deux rangs de forts piquets établis obliquement de manière à se joindre par le haut et à figurer la charpente d'un toit. Une perche, liée fortement avec des barres, représentait le faîte de cette charpente, et le tout formait une espèce de galerie entourant la fosse de tous côtés. On y enfermait un chien qui attirait le loup par ses hurlements. Le brigand arrivait, tournait autour de la galerie sans trouver d'entrée pour saisir sa proie, finissait par

---

(1) Clamorgan.— Encyclopédic. — *Les ruses innocentes de la chasse et de la pêche*, par F. F. R. D. G. dit le *Solitaire inventif*. Paris, 1660.

sauter par-dessus et tombait dans la fosse, où il se
trouvait enfermé par le jeu de bascule des trappes. On
pouvait prendre plusieurs loups dans la même nuit
avec cette machine qui n'offrait pas les mêmes dangers
qu'une fosse ordinaire pour les hommes et les animaux domestiques (1).

Pour prendre les *loups vifs*, Gaston Phœbus en- Les parcs.
seigne encore à faire un *parc,* consistant en deux enceintes circulaires et concentriques de claies fortes et
épaisses. L'enceinte intérieure renferme un *chevrel ou
aignel tout vif* pour attirer le loup. L'autre enceinte
enveloppe la première et forme à l'entour un corridor,
trop étroit pour que la bête féroce puisse s'y retourner.
A l'entrée est une porte qui vient battre contre l'enceinte intérieure. Quand le loup, amené avec une
traînée, s'est engagé dans le corridor par cette porte
laissée ouverte, il fait le tour jusqu'à ce qu'il arrive à
la *porte qui bat,* il la *boute* des deux pieds et de la tête,
si la reclot arrière, car il y a un cliquet qui se ferme,
« et ainsi ne puet-il saillir, mès toujours ira autour,
car le parc est bien haut. »

De ce passage de Gaston Phœbus, il résulte évidemment que l'idée de ce piége ne saurait être attribuée avec vraisemblance aux bergers de la Camargue,
comme le prétend un auteur, pas plus qu'au soi-
disant inventeur qui l'offrit comme sienne en 1773 à

---

(1) *Dictionnaire d'histoire naturelle* de l'an XI, art. *Loup,* par Sonnini.

l'évêque de Châlons dont le diocèse était alors ravagé par les loups (1).

Sonnini dit que le double parc était souvent mis en usage de son temps dans plusieurs cantons de la Suisse, et que lui-même l'a vu employer avec succès dans quelques parties de la Lorraine (2).

Une autre espèce de parc est représentée dans les planches de *l'Encyclopédie*. Il est clos de fortes palissades, sauf un côté où le terrain environnant est beaucoup plus élevé que le fond du parc et où l'on pratique une entrée coupée à pic. Le loup saute dans le parc pour dévorer un appât qu'on y a déposé et ne peut plus en sortir.

Gaston Phœbus combinait encore un parc ou palis avec un piége qu'il appelle *tables*.

Les tables. Ce piége était en bois et consistait en deux tables, bordées de dents de fer, qui se fermaient au moyen d'un ressort ; on les tendait à plat sur le sol, à l'entrée d'un palis qui renfermait une charogne dont on avait fait traînée. Le loup, attiré par cette traînée, voulait pénétrer dans le palis, marchait sur la détente et se trouvait pris par le pied (3).

La chambre. La *chambre* ou *cage* était un piége du même genre.

---

(1) *Bibliothèque historique et critique*. Cet *inventeur* avait nom Laurent Imbert, horloger, à Grenoble.

(2) *Dict. d'hist. nat. de l'an XI*. Dans le piége décrit par Sonnini sous le nom de *double enceinte* la porte est faite de façon à se rouvrir après le passage du loup de manière à laisser l'entrée libre à d'autres loups.

(3) « Aucune fois, quant il voit gent, ou le jour le prent, il tire si fort que le pié li demuère et il s'en va sans pié. » (Gaston Phœbus.)

Elle était faite de forts barreaux de bois plantés en terre et réunis par des traverses. On y renfermait une proie à laquelle était attachée une corde faisant jouer une porte battante. Le loup, en saisissant l'appât, tirait la corde et s'enfermait lui-même (1).

Sur le passage d'un loup dont on avait connaissance on installait un ou plusieurs fusils posés sur des fourchettes, le canon braqué à hauteur de l'animal (2). Quand celui-ci venait pour passer, il mettait le pied sur une marchette qui répondait à la détente de l'arme ou des armes au moyen d'un contre-poids (3).

Aux piéges à tables, décrits par Phœbus, succédèrent des piéges de diverses façons qu'on trouvera longuement et fastidieusement décrits dans les auteurs spéciaux (4), traquenards, piéges de fer, hameçons à ressorts (5).

Le point difficile pour en tirer parti était toujours de vaincre l'excessive défiance du loup en dissimulant soigneusement l'embûche et en évitant à tout prix de toucher le piége avec la main nue, de peur que l'animal ne reconnût le sentiment de l'homme.

L'odeur du fer, celle de la corde de chanvre, de-

---

(1) *Dict. d'hist. nat.*

(2) Avant l'invention des armes à feu, un épieu mis en mouvement par une pièce de bois élastique fortement courbée et formant ressort servait au même usage. Voir Phœbus, ch. LXIII.

(3) *Dict. d'hist. nat. — Encyclopédie.*

(4) Voir les *Ruses innocentes du Solitaire inventif. — Les amusements de la campagne*, par le Sʳ Liger. — Les diverses éditions de la *Maison rustique. —* L'*Encyclopédie. —* Le *Dict. d'hist. nat.*, etc.

(5) Ces hameçons, suspendus à des arbres et amorcés d'un lambeau de charogne, saisissaient par la gueule les loups qui sautaient après.

vaient aussi être neutralisées par divers moyens ingénieux.

Le poison était un moyen de destruction fort en usage. De Moncel donne les détails les plus circonstanciés sur la manière de le composer et de le faire avaler aux loups, mais cet assassinat, quoique fort licite dans son but, ne peut mériter l'honneur d'être compté pour une chasse.

Il en est de même des *aiguilles* auxquelles Gaston Phœbus a consacré un court chapitre et dont parle encore Sonnini (1).

Outre les traînées de charogne, on se servait, pour attirer les loups, de diverses compositions peu ragoûtantes, dont les piégeurs ont toujours fait grand mystère, mais dont on ne trouve pas moins les recettes dans tous les traités.

---

(1) « Ci devise comment on puet prendre les lous aux aiguilles. » Ces aiguilles, pointues des deux bouts, sont attachées en croix avec un crin de cheval. En les forçant peu à peu, on les replie l'une sur l'autre de manière à pouvoir les faire entrer dans une *pièce de chair*. Le loup, qui mange *gloutonnement* comme l'a dit La Fontaine, avale, sans le mâcher, le morceau si gracieusement assaisonné. Dès qu'il était digéré, les aiguilles se redressaient, reprenaient leur forme de croix et perçaient les intestins de la bête vorace. On peut se servir, au lieu d'aiguilles, d'hameçons de pêches à deux pointes. (Gaston Phœbus. — *Dict. d'hist. nat.*)

LIVRE VII.

LA FAUCONNERIE.

—◇—

CHAPITRE PREMIER.

Origines et histoire.

———

§ **1.** PREMIERS TEMPS DE LA FAUCONNERIE.

La chasse au vol, que nous appelons ordinairement *fauconnerie* (1), n'a pas été connue des peuples civilisés de l'antiquité. Les Grecs eurent seulement quelques notions d'oiseaux de proie dressés à la chasse par des nations barbares et éloignées.

Ctésias, médecin et historien grec, contemporain de Xénophon, avait ouï dire à la cour du Roi de Perse, où il avait vécu assez longtemps, que certaines

———

(1) Au moyen âge, on disait *voleric*. Le mot de fauconnerie désignait spécialement la chasse qui se faisait avec des oiseaux de haut vol.

peuplades à demi fabuleuses de l'Inde se servaient, pour chasser le renard et le lièvre, d'aigles, de milans, de corbeaux et de corneilles (1).

Aristote rapporte que des oiseleurs thraces des environs d'Amphipolis avaient formé une association avec les éperviers. Ces hommes battaient les buissons et les roseaux pour faire partir les oisillons, tandis que les éperviers, planant au-dessus, effrayaient ceux-ci et les forçaient de se jeter dans les filets (2).

Ce fait, qui est reproduit par Pline et par Élien (3), paraît avoir beaucoup étonné les anciens. Il ne s'agit pas, en réalité, d'une chasse au vol dans laquelle des oiseaux de proie dressés saisissent le gibier pour le livrer au chasseur. L'épervier ne servait ici que d'épouvantail pour contraindre les oiseaux à raser la terre et à donner dans les filets de l'oiseleur (4).

---

(1) Pline parle d'un certain Craterus, dit *Monoceros*, qui vivait de son temps en Asie Mineure et qui chassait à l'aide de corbeaux qu'il portait sur ses épaules et sur le cimier de son casque. (*Hist. nat., lib.* X, *cap.* 60.)

(2) *Hist. anim., lib.* X.

(3) Oppien fait allusion à la chasse décrite par Aristote, lorsqu'il parle des plaisirs de l'oiseleur que son faucon rapide, associé de ses travaux, suit à travers les forêts de chênes. (*Cyneg., lib.* 1.) C'est encore cette espèce de chasse qu'a en vue Martial dans ce distique où il fait parler un épervier (*accipiter*) :

> *Prædo fui volucrum, famulus nunc aucupis, idem*
> *Decipit, et captas non sibi, maret aves.*

(4) En Allemagne, au siècle dernier, on se servait d'un autour pour obliger les perdrix à se jeter dans la tonnelle ou à rester rasées sous la tirasse (voir les gravures de Ridinger). Cette chasse était encore usitée en Pologne il y a qelques années. (*Journal des chasseurs*, 1844.)

La véritable chasse au vol est mentionnée pour la première fois au ive siècle de notre ère par Julius Firmicus Maternus (1). Nous avons cité déjà les passages de Sidoine Apollinaire où plusieurs nobles gallo-romains, ses contemporains, sont loués de leur habileté dans l'art de dresser des oiseaux de proie.

De qui les Gaulois tenaient-ils leurs connaissances en matière de fauconnerie ? Sans aucun doute des Germains qui avaient commencé depuis longtemps à envahir les Gaules. Mais d'où venait aux Germains eux-mêmes cet art ingénieux qui a fait pendant tant de siècles les délices de l'Europe entière ? Le champ des conjectures reste ouvert. Peut-être leurs aïeux en avaient-ils reçu les premières notions des habitants de l'Inde, à cette époque antérieure à l'histoire où ils habitaient encore les hauts plateaux de l'Asie centrale (2).

Toujours est-il que les Francs, les Burgondes et les Visigoths, qui se partagèrent la Gaule, étaient aussi épris de la chasse au vol que des autres chasses.

Sous le règne de Chilpéric Ier, son fils, le jeune Mérovée, se voyant menacé par la terrible Frédégonde,

---

(1) Voir le *Traité de fauconnerie* de H. Schlegel et A. H. Verster de Wulverhorst, Leyde et Dusseldorf, 1844-1853.

(2) La fauconnerie était en usage chez les Perses et les Arméniens dès le ive siècle. En 345, Chosroès, fils de Tiridate, Roi d'Arménie, vivait retiré dans un château bâti au milieu des bois où il passait son temps à chasser, tantôt avec des chiens, tantôt avec des oiseaux. (Gibbon. *Décadence de l'Empire romain*, t. IV.) — S'il faut en croire les livres japonais, Wen-Wang, Roi d'une partie de la Chine, qui régna de l'an 689 à l'an 675 avant l'ère chrétienne, se livrait à l'exercice de la fauconnerie. (Schlegel.)

s'était réfugié dans l'église de Saint-Martin-de-Tours. Gontran Boson, chargé de le faire sortir par ruse de cet asile inviolable, ne trouva rien de mieux que de lui proposer une chasse à l'oiseau. « Que faisons-nous ici, lui dit-il, à croupir dans l'oisiveté et la paresse ? faisons venir nos chevaux, prenons nos autours et nos chiens, et allons-nous-en à la chasse (1). »

Les lois des Francs et des autres peuples de race germanique, qui nous ont déjà fourni de si utiles renseignements sur leurs chasses et leurs meutes, nous donnent sur leur fauconnerie des détails non moins étendus.

Le vol d'un autour (*acceptor*) est puni, par la loi salique, d'une amende de 3 sols, s'il a été pris dans un arbre (2), de 15 sols s'il était sur sa perche, de 40 sols s'il était enfermé sous clef.

L'amende était la même pour le vol d'un épervier (*sparvarius*).

Le vol d'un autour qui chassait l'oie sauvage donnait lieu chez les Alamans à une amende de 3 sols. Elle était du double si l'oiseau *mordait* la grue (3).

Chez les Bavarois, quiconque était convaincu d'avoir volé un autour ou un épervier devait en payer neuf fois la valeur.

---

(1) Grég. de Tours, liv. V.

(2) Dans l'aire, suivant quelques commentateurs, mais plutôt lorsqu'il se branchait pour guetter le gibier, suivant la coutume des autours.

(3) *Si gruem mordet.*

Si quelqu'un tuait un autour dressé au vol de la grue (*cranohari*) (1), il payait 6 sols d'amende et restituait au propriétaire lésé un oiseau semblable, en prêtant serment que cet autour était aussi bien dressé que l'autour mort.

Si l'oiseau tué volait l'oie sauvage (*ganshapuch* en langue germanique) (2), l'amende était de 3 sols ;

S'il volait le canard (*anothapuch*) (3), d'un sol seulement.

La loi des Burgondes, dite *loi Gombette*, pour punir le vol d'un autour, menaçait le coupable d'un supplice aussi bizarre que cruel, qui rappelle l'histoire du juif Shylock.

« Si quelqu'un s'est permis de voler l'autour d'autrui, que cet autour lui-même mange 6 onces de chair sur sa poitrine, ou, s'il ne veut pas, qu'il soit forcé de payer 6 sols à celui à qui appartient l'autour, plus 2 sols à titre d'amende. »

Il résulte de ces textes que les Germains se servaient surtout d'oiseaux de bas vol, autours et éperviers (4) ; toutefois, dès le commencement du vIII^e siècle, ils savaient dresser les oiseaux de haut vol.

---

(1) *Crane-harrier* en anglais signifierait un oiseau qui poursuit les grues, comme *hen-harrier*, nom donné à la soubuse, veut dire persécuteur de poules.

(2) En allemand moderne *Gans-habicht*, autour à oies.

(3) All. *Ent-habicht*, autour à canards.

(4) La loi des Francs ripuaires, faisant l'évaluation des objets mobiliers considérés comme les plus précieux et susceptibles d'être offerts comme *Weregild* ou compensation, estime un autour non dressé 3 sols ; un oiseau *gruyer* ayant pris proie (*commorsum gruarium*), 6 sols ; un autour *mué* (*mutætum*), 12 sols.

Hildebert, roi saxon de Kent, écrivait en 715 à saint Boniface, évêque de Mayence : « Il est une chose que je désire obtenir par vous, ce sont deux faucons qui aient l'art et le courage de saisir et *lier* volontairement les grues, et les ayant liées, de les porter par terre, car on trouve très-peu d'oiseaux de proie de ce genre dans nos contrées, c'est-à-dire dans le pays de Kent (1). »

Le saint évêque accomplit le vœu du chef anglo-saxon : « Nous t'avons adressé, lui répond-il, un autour et deux faucons (2). »

On a pu lire plus haut que les Rois et Empereurs carlovingiens étaient grands amateurs de fauconnerie.

Lors du siége de Paris par les Normands (887), on vit un exemple touchant de l'affection que les guerriers français portaient à leurs oiseaux de chasse. Douze braves, qui avaient défendu avec acharnement la tête du grand pont, se voyant coupés et près de succomber au nombre, voulurent, avant de mourir, détacher les longes de leurs autours et leur rendre la liberté (3).

---

(1) Baronius, cité par Ducange, v⋅ *Falco* et *Cranohari.*

(2) *Ibid.* — Alfred le Grand, Roi des Anglo-Saxons (871-900), composa un traité sur la manière de dresser les autours. (Sharon Turner, *Hist. of the Anglo-Sax.*, t. II.)

(3) *Poëme sur le siége de Paris*, par Abbon, cité par les ff. Lallemand, *bibl. Thereul.* En 936, Eudes le fauconnier rebàtit l'église de Saint-Médéric. On y retrouva au xvie siècle son corps, dont les jambes étaient couvertes de bottines en cuir doré.

§ 2. ÉPOQUE FÉODALE.

Les Gaulois et les Francs transmirent à leurs descendants leur penchant pour la fauconnerie.

Pendant l'époque féodale, la chasse au vol est considérée comme égalant la vénerie en *gentillesse* et en importance. Quelques fauconniers amoureux de leur art osèrent même réclamer pour lui la première place (1). Ce débat entre fauconniers et veneurs se poursuit, sans être jamais entièrement vidé, dans tous les ouvrages théreutiques du moyen âge, notamment dans le *Roy Modus*, Gace de la Buigne et Guillaume Tardif, sans compter le poëte Guillaume Crétin, qui a pris la peine de publier en son nom *le débat de deux dames sur le passetemps de la chasse aux chiens et aux oiseaux*, copie presque littérale du poëme intercalé dans le *Roy Modus* (2).

Au XVIᵉ siècle, on voit du Fouilloux déclarer péremptoirement :

> Que, n'en desplaise aux fauconniers véreurs
> Leur estat n'est comparable aux veneurs,

Ce qui n'empêche pas les fauconniers du siècle suivant de réclamer encore la prééminence (3).

---

(1) L'Empereur Frédéric II consacre le premier chapitre de son traité de fauconnerie à prouver que l'art de chasser à l'oiseau est plus noble que les autres chasses. — Ses principales raisons sont que cette chasse est la moins vulgaire, la plus difficile, la plus savante, et que le fauconnier, en étudiant son art, pénètre plus profondément dans les secrets de la nature que tout autre chasseur.

(2) Paris, 1526 et 1528. — L'auteur a même laissé le soin de prononcer l'arrêt au comte de Tancarville, mort depuis plus d'un siècle.

(3) Voir, entre autres, d'Arcussia.

Le faucon, dont une variété portait spécialement le nom de *gentil*, était considéré comme un oiseau essentiellement noble (1). Il en était de même de tous les oiseaux de volerie.

> L'esprevier, le gentil faulcon
> Sont de si très-noble nature
> Que de villenie n'ont cure (2).

En certaines provinces la possession de ces volatiles aristocratiques n'était permise qu'aux gentilshommes (3). Richard, roi d'Angleterre et duc de Normandie, faillit se faire indignement bâtonner, tout Cœur de Lion qu'il était, pour avoir voulu appliquer en Sicile cette doctrine exclusive (4).

On prêtait serment sur son oiseau : « Si je ments, puissé-je ne jamais porter l'épervier à la chasse, qu'au

---

(1)
> ... *Tug falco comunalmen*
> *Lur Senhor rendon plus valen*
> *Tug falco son d'ailal natura*
> *Que lur Senhor per els meillura.*
> (*Poëme des oiseaux*, de Deudes de Prades.)

(2) Gace de la Buigne. — Tel n'était pas l'avis du troubadour Bertrand de Born, guerroyeur forcené, qui donne aux barons amateurs de fauconnerie la qualification de *dresseurs de buses* (*buzacador*) et leur reproche de ne savoir parler que de fauconnerie et d'autours.

> Et jamais d'armes ni d'amours.

(3) Les bourgeois des bonnes villes avaient en général le droit de chasser avec les oiseaux de bas vol.

(4) Comme il se promenait aux environs de Messine, il entendit le cri d'un épervier sortir de la maison d'un paysan. Richard, oubliant qu'en Sicile il n'en était pas tout à fait comme dans son propre royaume, entra dans la maison, prit l'oiseau et voulut l'emporter. Mais le paysan résista, appela ses voisins à l'aide, et le Cœur de Lion fut obligé de prendre la fuite, poursuivi par cette canaille à coups de bâton et de pierres. (Aug. Thierry, *Hist. de la conq. d'Angl.*, t. IV.)

premier vol je perde mon oiseau, que des faucons sauvages l'enlèvent et le plument à mes yeux (1)! »

Porter l'oiseau sur le poing était considéré comme un signe de noblesse, aussi chevaliers et dames châtelaines ne le quittaient guère. Certains seigneurs tenaient pour un de leurs plus honorables priviléges le droit héréditaire de porter à l'église un oiseau de chasse (2).

Les bourgeois en agissaient de même pour les oiseaux qu'ils avaient le droit d'entretenir; ils les portaient aux *plaids*, et *entre les gens aux églises, et ès autres assemblées* (3).

Dans toute hôtellerie bien tenue, comme dans la salle de tout gentilhomme, on voyait près de la grande cheminée de grosses perches où l'on faisait reposer et réchauffer faucons et autours au retour de la chasse (4).

Le faucon, l'autour et l'épervier étaient souvent offerts en signe d'hommage à un seigneur suzerain (5) ou même à une église. La terre de Maintenon devait

---

(1) Millot, *Hist. des Troubadours*, t. I.

(2) Les seigneurs de Chastellux et de la Ferté Chauderon entraient dans le chœur des églises cathédrales d'Auxerre et de Nevers, en surplis, armés et éperonnés, avec un oiseau sur le poing. Ce droit de porter l'oiseau au chœur leur était commun avec les trésoriers de ces églises. Le seigneur de Sassy, près Anet, pouvait faire porter et mettre son oiseau de chasse pendant l'office sur le coin du grand autel de l'église de Notre-Dame d'Evreux. —Du Cange, v° *Acceptor*.—*Ménagier de Paris*, t. II. Note. — *Collection Leber*, t. IX.

(3) *Ménagier de Paris*, t. II. — Ce port continuel de l'oiseau était de plus un moyen de l'apprivoiser.

(4) Gace de la Buigne. — Contes d'Eutrapel.

(5) Voir plus haut.

le jour de l'Assomption, à l'église de Notre-Dame-de-Chartres, un épervier armé et prenant proie (1).

Par contre, l'abbé de Saint-Tibère (ou Thibery) était tenu d'offrir au Roi un *sacre sor* ou 50 sols tournois (2).

Certains seigneurs faisaient payer à leurs vassaux une redevance pour l'entretien de leurs faucons. C'est ce qu'on appelait le droit de *fauconnage* (3).

Les plus grands égards étaient dus aux oiseaux gentils. Il fallait non-seulement qu'un bon fauconnier fût soigneux, doux et propre, mais encore qu'il ne fût ni luxurieux ni ivrogne, et qu'il ne mangeât ni ail ni oignons (4).

Nous avons déjà fait voir le faucon allant à la guerre ou partant pour la terre sainte sur le poing de son noble maître.

Philippe-Auguste.

Lorsque Philippe-Auguste débarqua devant Saint-Jean-d'Acre, « il avait avec lui un faucon d'une grosseur extraordinaire, de couleur blanche et d'une espèce rare (5). Le Roi l'aimait beaucoup; le faucon aimait également le Roi. Cet oiseau vola sur les murs d'Acre et fut pris par les Sarrasins qui vinrent l'offrir au sultan. Les Francs, pour le ravoir, proposèrent 1,000 écus d'or; ils ne l'obtinrent pas (6). »

---

(1) *Le véritable fauconnier*, par Mre C. de Morais, etc. Paris, 1683.

(2) Ducange, v° *Saurus*. — Charte de l'an 1273.

(3) Voir Ducange, v° *Falconagium*.

(4) Deudes de Prades. — Frédéric II. — D'Arcussia.

(5) Probablement un gerfaut blanc, oiseau inconnu des Orientaux à à cette époque.

(6) *Vie de Noureddin et de Salah-Eddin.* — Michaud, *Histoire des Croisades*, t. VII.

Un peu plus tard, un parlementaire envoyé par Richard Cœur de Lion à Saladin pour lui offrir des présents, dit à Malek-Adhel, frère du sultan, que les faucons et autres oiseaux de chasse apportés par le Roi d'Angleterre avaient souffert du voyage et mouraient de besoin. « Te plairait-il, ajoutait l'envoyé, de nous donner quelques poules pour les nourrir? dès qu'ils seront rétablis, nous en ferons hommage au sultan. »

« Dis plutôt, repartit Malek-Adhel, que ton maître est malade et qu'il a besoin de volailles pour se refaire. Au reste, qu'à cela ne tienne, il en aura tant qu'il voudra (1). »

Ces princes musulmans, adversaires si courtois de nos croisés, étaient eux-mêmes de grands amateurs de *volerie*, et avaient à leur service de très habiles fauconniers. L'Empereur Frédéric II, dans son traité, avoue devoir aux fauconniers arabes une partie notable de ses connaissances, et leur attribue de nombreux perfectionnements adoptés à l'époque des croisades par les Européens. Les chrétiens de Palestine avaient également profité de leurs leçons; la cour des Rois de Chypre de la maison de Lusignan et celle des princes d'Antioche paraissent surtout avoir été des pépinières de fauconniers excellents. Les écrits de plusieurs de ces fauconniers orientaux, musulmans et chrétiens, firent autorité pendant le moyen âge et

---

(1) *Extraits des historiens arabes sur les Croisades*, par M. Reinaud.

furent souvent cités et consultés par les auteurs de l'Occident (1).

Comme son aïeul Philippe-Auguste, saint Louis aimait la fauconnerie. Ce n'est pas une raison pour attribuer à ce sage Roi, comme l'a fait Sainte-Palaye, l'historiette absurde racontée dans un roman de fauconnerie du xive siècle.

D'après ce roman, un Roi nommé Louis étant allé à la chasse au vol, un de ses faucons attaqua un aigle égaré et le tua. Les fauconniers s'émerveillaient du courage de l'oiseau, mais leur maître, sans leur répondre, ordonna qu'on le mît à mort pour avoir osé *entreprendre sur son Roi* (2).

Tous les descendants de Philippe-Auguste et de saint Louis furent, comme eux, fauconniers aussi bien que veneurs.

Robert, Roi de Naples.
Robert d'Anjou, Roi de Naples et comte de Provence, petit-neveu du saint Roi (1309-1342), importa dans son comté les vols du héron et de l'outarde. Il chassait celle-ci dans la Crau d'Arles, faisant secourir ses faucons par des lévriers, dressés à tuer des paons (3). Le canton qu'il avait fait réserver pour y prendre le plaisir de la chasse au vol, près d'Arles, s'appelait encore de son nom au xviie siècle. D'Arcussia, qui rapporte ce fait, dit que Louis de Tarente, mari

---

(1) Voir Francières et Tardif.

(2) D'Arcussia et le P. René-Binet attribuent une anecdote semblable à Mahomet II avec beaucoup plus de vraisemblance.

(3) Pour dresser les chiens et les faucons à attaquer les gros oiseaux comme l'outarde, la grue, etc., on leur faisait tuer des dindes

de Jeanne Ire, petite-fille et héritière de Robert, se trouvant en Provence, voulut aussi donner son nom à un ruisseau sur les bords duquel il chassait les hérons. De là le nom de *Louynes* ou *Luynes* (1).

Gace de la Buigne nous a laissé le récit d'une chasse au vol de Charles V ; on y voit ce Roi assistant, après son dîner, à l'essai de deux oiseaux nommés *taharotes* (ou *tagarots*) qui lui avaient été offerts par le connétable Bertrand Duguesclin, et qui venaient de *Barbarie outre-mer*. Les fauconniers du Roi leur firent voler une grue, qu'ils portèrent bas admirablement et qui fut tuée par deux lévriers, découplés pour *avoir en aide aux faucons*. Le comte de Tancarville, qui était présent, fut tellement ravi de ce vol merveilleux, qu'il n'aurait pas voulu donner ce déduit pour *mille petits florins* (2).

Le fameux rêve de Charles VI, auquel il a déjà été fait allusion, donne sujet à Froissart de tracer le

---

au xviie siècle. Au xve, avant l'importation du dindon, les grands seigneurs se servaient de paons.

(1) « La quantité des hairons estoit pour lors telle en ce ruisseau et prairies d'autour qu'on en trouvoit abondamment. Ils faisoient leurs petits sur les grands ormes que le lieu produit naturellement et les hairons s'y plaisent si bien encores aujourd'huy, qu'il s'en voit tousjours quelqu'un, en sorte que sans les arquebusiers qui les espouvantent, on y en verroit quantité. » (D'Arcussia.)

(2) Sainte-Palaye juge à propos d'en conclure que cet illustre chasseur réunissait le titre de grand veneur à celui de grand fauconnier. Il n'en est rien. Les charges de grand veneur et de grand fauconnier n'existaient pas encore. Le *maistre veneur du Roy*, sous Charles V, était Jean de Thubeauville, qui fut remplacé en 1377 par Philippe de Courguilleroy, et la charge de *maistre fauconnier* fut occupée pendant son règne par Eustache de Chisy, Nicolas Thomas et Enguerrand d'Argies. Selon Gace de la Buigne, les fauconniers de Charles V avaient *bien trente pièces d'oiseaux*.

tableau d'une chasse au vol avec cet art inimitable et cette vivacité de couleurs qui n'appartiennent qu'à lui.

Le jeune Roi Charles VI, séjournant en la ville de Senlis, rêva une belle nuit qu'il était auprès d'Arras, et que le comte de Flandre lui venait *asseoir* sur le poing un faucon pèlerin *moult gent* et *moult bel,* qu'il lui donnait en *bonne étrenne.*

Le Roi, tout joyeux de ce présent, proposait à son connétable, messire Olivier de Clisson, d'aller *éprouver* ce gentil faucon.

« Adonc montoient-ils à cheval eux deux seulement, et venoient aux champs, et prenoit ce faucon de la main du Roy le connestable, et trouvoient moult bien à voler et grand foison de hérons. Adonc disoit le Roy : Connestable, jetez l'oisel, si verrons comment il chassera et volera. Et le connestable le jetoit, et cil faucon montoit si haut qu'à peine le pouvoient-ils choisir en l'air, et prenoit son chemin sur Flandre... et chevauchoient, c'estoit avis au Roy, au férir des esperons, parmi un grand marais, et trouvoient un bois durement fort, et dru d'espines et de ronces et de mauvais bois à chevaucher. Là disoit le Roy : à pied, à pied, nous ne pouvons passer ce bois. A donc descendoient-ils et se mettoient à pied, et venoient leurs varlets qui prenoient leurs chevaux, et le Roy et le connestable entroient en ce bois à grand peine, et tant alloient que ils venoient en une trop ample lande, et la véoient le faucon qui chassoit hérons et abattoit et se combattoit à eux et eux à luy. Et sembloit au Roy que son faucon y faisoit foison d'appertises et chassoit oiseaux devant luy tant qu'ils en perdoient la vue. Adonc estoit le Roy trop courroucé de ce qu'il ne pouvoit suivir son oiseau, et disoit au connestable : Je perdrai mon faucon dont je aurai grand ennui, ni n'ai loirre (leurre) ni ordonnance de quoi je le puisse réclamer. »

C'est alors que paraissait ce fameux cerf portant douze ailes, qui venait offrir ses services au Roi et l'emportait par-dessus les grands bois et les grands arbres, à la suite du faucon qui continuait d'abattre hérons à *grand planté* (foison).

Quand il eut assez volé au gré du Roi, Charles VI le *réclama*. L'oiseau, comme *bien duit*, vint s'asseoir sur le poing du Roi qui le *reprit par les ongles* et le *mit à son devoir*. Puis, le cerf, abaissant son vol, revint déposer le Roi *en la propre lande* où il l'avait *enchargé* (1).

Le comte de Flandre, qui figure dans ce rêve bizarre, était Louis de Mâle, qui, au dire de Gace de la Buigne, *savait des oiseaux autant qu'homme qui soit à Bruges ou à Rome*.

Charles VI se disposait alors à marcher à son secours contre les Gantois révoltés. Plus de trente ans auparavant, ce même comte était tenu en *prison courtoise* par ses sujets qui voulaient lui faire épouser contre son gré une princesse d'Angleterre. Louis de Mâle avait obtenu permission *d'aller en rivière* (2), bien et dûment accompagné. Pendant la semaine qui

---

(1) Froissart, liv. II, ch. CLXIV.
(2) Voler les oiseaux d'eau.

précédait le jour fixé pour son mariage, étant à la chasse comme à son ordinaire, il *jeta* un faucon après le héron, et son fauconnier en fit autant; « si se mirent ces deux faucons en chasse et le comte après, ainsi que pour les loirrer (leurrer), en disant : *hoie, hoie* (1)! » et quand il fut *un petit* éloigné, il piqua des deux et s'en *alla toujours avant,* sans retourner, de façon que ses gardes le perdirent, et qu'il s'en vint chercher refuge sur les terres de France (2).

Ducs d'Orléans.

Pour la chasse au vol comme pour la vénerie, le duc Louis d'Orléans rivalisait de son mieux avec son frère Charles VI. Il achetait de toutes parts et à haut prix de beaux oiseaux de chasse qu'on *armait* richement (3).

Les deux frères allaient chasser au vol, vêtus de *robes* pareilles, sur chacune desquelles tintait une douzaine de clochettes, suspendues à des rubans d'or de Chypre (4).

Charles d'Orléans, l'aimable poëte, a laissé dans ses œuvres la trace de sa prédilection pour la fauconnerie. On y trouve un *rondel* assez ingénieusement composé des termes techniques de l'art.

> Mon cueur plus ne volera (5)
> Il est encapuchonné (6)

---

(1) Cri pour rappeler le faucon. Au xvie siècle, ce cri n'était plus en usage que pour le vol de la pie. Les Arabes se servent encore du cri de *ouye!* pour rappeler leurs oiseaux.

(2) Froissart, liv. I, ch. cccxii.

(3) *Louis et Charles, ducs d'Orléans.*

(4) *Ducs de Bourgogne,* t. III. (Comptes de Blois.)

(5) Ne chassera au vol.

(6) Comme un faucon au repos.

Nonchaloir l'a ordonné,
Qui jà pieça le m'osta.

Confort depuis ne luy a
Cure ne a *tirer* donné (1).
Mon cueur plus ne volera, etc.

Se *sa gorge gettera* (2),
Je ne sçay, car gouverné
Ne l'ay, mais abandonné ;
Soit com advenir pourra.
Mon cueur plus ne volera.....

Malgré la prédilection avouée de Louis XI pour la vénérie, c'était *merveilleuse chose* que la dépense qu'il faisait pour ses chasses au vol (3).

Les magnificences de la cour de Bourgogne en fait de fauconnerie ont déjà passé sous nos yeux. Les Pays-Bas, que gouvernaient les princes bourguignons, étaient peut-être le pays de l'Europe où se trouvaient alors les meilleurs fauconniers. Les oiseaux qu'on y dressait formèrent jusqu'au xviie siècle un objet de commerce important (4).

« Il sera facile de juger en quelle estime le Roy

Louis XI.

Ducs
de Bourgogne.

Charles VIII.

---

(1) *Cure*, pilule de plumes, d'étoupes ou de poils, qu'on donne aux oiseaux pour faciliter leur digestion ; — *donner à tirer*, permettre au faucon de prendre quelques *beccades* au *tiroir*, aileron de volaille préparé, qui sert à rappeler l'oiseau.

(2) *Jeter sa gorge*. — Les oiseaux, lorsqu'ils ont dévoré une proie, rendent en pelote les plumes, poils et peaux qu'ils ont avalés.

(3) Saint-Gelais. — Voir aussi les Comptes déjà cités, note B, t. Ier. —Entre autres articles, on y trouve 9 douzaines de sonnettes pour les oiseaux de la chambre, du prix de 60 sols tournois, et 6 douzaines d'annelets de laiton doré de fin or pour mettre aux longes des oiseaux.

(4) Galesloot.

Charles huictiesme avoit la volerie, quand on lira
qu'il acheta un faucon huict cents escus (1). »

Le détail de ses équipages de fauconnerie fera voir
à quel degré de splendeur ils étaient déjà parvenus
et combien nos Rois étaient loin des deux fauconniers
modestement entretenus par saint Louis.

Le grand fauconnier, messire Ollivier Sallart (2),
recevait 1500 l. t. (3), tant pour ses gages « que pour le
vivre, sallaire et entretenement de 3 faulconniers, or-
donnez à faire 3 volz, c'est à assavoir ung vol pour hay-
ron, ung autre pour rivière et ung autre pour pie. »

2,000 livres étaient payées à messire Anthoine de
Ville, chevalier, seigneur de Dompjulien (4), tant
pour ses gages que pour 2 fauconniers que le Roi lui
avait *bailliez* pour être avec lui et faire 4 vols, de *faux
perdrieux* (busards), vanneaux et corneilles.

Le vol *pour champs* était sous la charge de messire
Jacques Odart, sieur de Cursay, qui touchait également 2,000 livres tournois.

Sous ses ordres servaient Jacques Ysoré de Pleu-
martin, écuyer, avec 2 autres fauconniers à 240 l. t.
de gages, et un quatrième fauconnier à 120 livres.

D'autres fauconniers étaient ordonnés pour les
émerillons et éperviers du Roi.

---

(1) *Dignitez et offices du royaume de France*.

(2) Olivier Sallart avait été maitre de la fauconnerie du comte de
Charolais ; il suivit en France lors de son avénement Louis XI, qui
le nomma son grand fauconnier.

(3) La livre tournois représentait alors environ 31 fr. de notre monnaie.

(4) Le même qui escalada le *Mont-Inaccessible*.

Loys Odart, fils du sieur de Cursay, recevait 300 l. t. pour ses gages et l'entretenement des émerillons. Les 2 *espréveteux* avaient l'un 240 et l'autre 120 livres de gages (1).

Comme nous avons déjà eu occasion de le dire, la *volerie* était la chasse favorite des nobles dames (2). Les bourgeoises elles-mêmes prenaient part aux chasses que leurs maris faisaient avec les oiseaux *de poing*. Le bourgeois inconnu, auteur du *Ménagier de Paris*, consacre une partie assez considérable de son livre à donner des leçons *d'espréveterie* à sa modeste compagne.

On lit, dans la chronique du comte Pero Niño, qu'au château de Girefontaine, *après dormir*, on montait à cheval, et les pages portaient des faucons vers les endroits où l'on avait d'avance reconnu des hérons. « Madame (3) prenait un faucon gentil sur son poing, les pages faisaient lever le héron, et elle lançait son faucon si adroitement qu'on ne saurait mieux. Là, enfin, une belle chasse et grande liesse : chiens de nager, tambours de battre, leurres de sauter en l'air, et damoiselles et gentilshommes s'ébattaient si joyeusement le long de cette eau qu'on ne le saurait conter (4). »

Valentine de Milan, duchesse d'Orléans, avait pour son service particulier deux fauconniers, dont l'un

Dames fauconnières.

---

(1) Comptes de la vénerie et fauconnerie de Charles VIII (1485-1486) publiés par M. le comte de Quinsonas, *Hist. de Marguerite d'Autriche*.

(2) Voir ci-dessus, liv. Ier, ch. III.

(3) La dame de Trie, femme de l'amiral de ce nom.

(4) Traduction de M. Mérimée. (*Dict. du mobilier* de M. Viollet Leduc.)

recevait 9 livres de gages pour deux mois et demi (1).

Par une quittance du 16 août 1400, Anthoinin de Savaterel, *escuier pannetier* de Madame la duchesse d'Orléans, confesse avoir reçu 32 sols tournois pour six tourets d'argent doré, 76 sols pour six longes de soie de plusieurs sortes à gros boutons et franges de soie à l'usage des éperviers de ladite dame (2).

Marie de Clèves, femme de Charles, duc d'Orléans, aimait aussi la fauconnerie. En novembre 1459, deux fauconniers, *passant chemin*, reçurent deux écus d'or pour avoir fait voler leurs oiseaux devant le duc et la duchesse (3).

Dans le roman de Jehan de Saintré, la dame des Belles-Cousines, accompagnée de sept à huit dames ou damoiselles *atournées*, appelle ses chiens pour *giboyer*, son *esprevier sur le poing* et *sur sa grosse haquenée*.

Ce fut dans une chasse au vol que Marie de Bourgogne, archiduchesse d'Autriche, se blessa mortellement. Dans les premiers jours de février 1482, elle était sortie avec sa suite pour voler le héron dans les environs de Bruges. En suivant ses oiseaux, le *hobin* qu'elle montait voulut franchir un arbre abattu ; les sangles se rompirent, la selle tourna, et l'infortunée princesse reçut, en tombant, une atteinte dont elle mourut le 27 mars suivant (4).

---

(1) *Ducs de Bourgogne*, t. III. — Comptes de Blois.
(2) *Ducs de B.*, t. III. — Collection de M. le baron Pichon
(3) *Ducs de B.*, t. III.
(4) Barante, t. XII. — Commines.

Marguerite d'Autriche, duchesse de Savoie, fille de
Marie de Bourgogne, avait un fauconnier aux gages
de 30 écus (1).

Plusieurs traités de fauconnerie furent écrits en
France pendant la période que nous venons de par-
courir.

Traités de
fauconnerie.

Les plus anciens de ces ouvrages ne font guère que
copier une épître apocryphe adressée à un Ptolémée
quelconque par Aquila, Symmachus et Théodotion, et
composée en réalité par quelque auteur grec ou italien, antérieur au xiiie siècle. Le texte primitif de
cette épître est perdu, il n'en a été conservé qu'une
très-ancienne traduction en langue catalane et un
fragment latin, inséré dans un traité anonyme *De na-
turâ rerum* (2). Albert le Grand, évêque de Ratisbonne,
qui écrivait, au milieu du xiiie siècle, un *commentaire*
sur l'histoire des animaux où il consacre plusieurs
chapitres aux oiseaux de proie, cite cette prétendue
épître à Ptolémée parmi ses autorités (3).

Dans son *Speculum majus*, Vincent de Beauvais,
contemporain d'Albert, sinon plus ancien, fait plus
que citer la lettre de Symmachus, il la reproduit
presque textuellement (4). Ainsi fait le célèbre grammairien florentin Brunetto Latini, qui composa, à
Paris, vers la fin du xiiie siècle, son traité encyclopé-

---

(1) *Hist. de Marguerite d'Autriche.*
(2) Voir l'*Hiéracosophion* de Rigault.
(3) *Opus de animalibus*, imprimé à Rome en 1478.
(4) *Vincentii Bellovacensis speculum quadruplex*, écrit dans la première moitié du xiiie siècle. — Imprimé en 1473 et 1476 à Strasbourg,
et en 1474 à Augsbourg.

dique ou *Trésor*, rédigé en *langue françoise*, ou *Romans* selonc le *parler de France, pour ce que la parleure est plus délitable et plus commune à tous langages* (1).

On trouve des traces manifestes de l'œuvre du faux Symmachus dans le poëme de Deudes de Prades, probablement antérieur à Vincent de Beauvais et Brunetto Latini, et notre plus ancien traité de fauconnerie en langue vulgaire.

Ce poëme, intitulé le *Roman des oiseaux chasseurs* (*auzels cassadors*), fut composé par le troubadour Deudes de Prades, en vers provençaux, à la fin du xii* siècle ou au commencement du xiii* (2).

Il a précédé de quelques années le fameux traité *De arte venandi cum avibus*, qui fut l'œuvre de l'Empereur Frédéric II (mort en 1250), et que termina après sa mort le Roi Manfred, son fils (3).

Le livre du *Roy Modus*, le poëme de Gace de la

---

(1) Le texte français n'a jamais été imprimé en entier. Les fragments relatifs à la fauconnerie ont été publiés par le comte A. Mortara à la suite de ses *Scritture antiche Toscane di Falconeria*. Prato, 1851.

(2) Raynouard, *Choix des Poésies originales des Troubadours*. — Voir aussi un article intéressant de M. G. Azaïs, dans le *Journal des Chasseurs*, 8* année.

(3) Ce livre fait le plus grand honneur à son auteur, non-seulement comme fauconnier, mais comme anatomiste et comme naturaliste d'un esprit très-élevé. Aux détails techniques, Frédéric II joint des observations exactes et profondes sur les mœurs de tous les oiseaux. Malheureusement cet ouvrage précieux est écrit dans un latin barbare qui n'est souvent que du français ou du provençal latinisé. Par exemple, on trouve des chapitres intitulés : *De Manieribus volatuum, de ciliatione sive bluitione* (*bluire, éblouir*) *avium, etc. Le traité de Frédéric II* a été imprimé sur des copies très-mutilées en 1560, 1578, 1596 et en 1788-89 avec les annotations de J. G. Schneider

Buigne et le *Rustican du labour des champs* que Charles V fit traduire du latin de Pierre de Crescens en
1373, accordent une place importante à l'art de la
fauconnerie (1).

Jehan de Francières (ou Franchières), chevalier de
Rhodes, commandeur de Choisy et grand prieur
d'Aquitaine, qui vivait sous le règne de Louis XI,
composa un traité de fauconnerie qui a joui longtemps
d'une juste réputation (2).

Le bon chevalier confesse ingénument l'avoir tiré
en grande partie du livre de trois *maistres* anciens :
Malopin, fauconnier du Roi de Chypre, Michelin, fauconnier du prince d'Antioche, et Aymé Cassian, Grec
de l'île de Rhodes que Francières dit avoir connu per-
sonnellement (3).

*Le Livre de l'Art de faulconnerie et des chiens de
chasse* fut écrit par Guillaume Tardif, lecteur de
Charles VIII, *pour récréer Sa Royale Majesté entre ses
grandes affaires*. Conformément à la mode du temps,
il prétend l'avoir *translaté* du livre latin d'un *Roy
Danchus* ou *Daucus*, qui *premier trouva et escripvit l'art
de faulconnerie*, et de ceux des fauconniers orientaux
Moamus, Guillinus et Guicennast (4).

---

(1) Pierre Crescenzi, docteur bolonais, avait composé ce traité sur
l'invitation de Charles II, Roi de Sicile (mort en 1309).

(2) Les frères Lallemand en citent une édition de Paris, Pierre Sergent, gothique, qu'ils croient (à tort) remonter à l'an 1511. La fauconnerie de Francières fut ensuite imprimée avec celle de Tardif en 1567,
puis à la suite de plusieurs éditions de du Fouilloux.

(3) Le dernier prince latin d'Antioche, Bohémond VII, mourut en
1287.—La maison de Lusignan régna sur l'île de Chypre de 1192 à 1489.

(4) La première édition de *La fauconnerie* de Guillaume Tardif fut
imprimée en 1492 par Anthoine Vérard.

On trouve ordinairement, à la suite des ouvrages de
Francières et de Tardif, *la vollerie de Messire Arthelouche d'Alagona, chambellan du Roy de Sicile*. On ne
possède aucun renseignement sur ce maître fauconnier, ni sur le Roi de Sicile auquel il était attaché.
On peut seulement conjecturer que celui-ci était un
des princes français de la maison d'Anjou qui ont
porté ce titre jusqu'à la fin du xve siècle; peut-
être le bon Roi René, grand amateur de fauconnerie,
ou son fils, Jean d'Anjou (mort en 1470).

§ 3. DU XVIe AU XVIIIe SIÈCLE.

Le xvie siècle et le commencement du siècle suivant ont été l'apogée de la fauconnerie. La décadence,
commencée sous Louis XIV, était déjà presque accom-
plie lorsque la révolution vint lui donner le coup de
grâce.

Louis XII. S'il faut en croire la relation de l'ambassadeur vé-
nitien Trévisan (1501), Louis XII, tout ardent veneur
qu'il était, laissait paraître une certaine prédilection
pour la fauconnerie. « Son plus grand plaisir, dit ce
diplomate, est la chasse à l'oiseau. De septembre à
avril il chasse ainsi (1). »

Saint-Gelais, qui écrivit l'histoire du règne de ce
prince, y reproche aux gentilshommes de son temps
de faire au delà de leurs forces pour suivre l'exemple
du Roi et la mode de la cour. Avec 1,000 livres de

____

(1) Diplomatie vénitienne.

rente et moins, ils voulaient avoir *vol pour milan, vol pour héron et toute autre volerie*, tandis que de *telles gens* devraient se contenter d'avoir des oiseaux *pour rivière* et *pour les champs* (1).

Sous le règne de Louis XII et sous le règne suivant, les dames s'adonnèrent plus que jamais à la chasse au vol. Rabelais peint les *sœurs* de la libre et joyeuse abbaye de Thélème, ce brillant phalanstère du xvie siècle, courant à la chasse au vol sur belles haquenées et palefrois *gorriers*, et « portant chascune sur le poing mignonnement engantelé ung espervier, ung laneret ou ung esmerillon. »

A la même époque, l'habitude de porter des oiseaux de chasse sur le poing en tous lieux et en toutes circonstances était encore si répandue, que le sénéchal de Rennes, *seul juge*, tenait ses plaids botté et éperonné, *la perche joignant sa chaire* (chaise) *pour y attacher son espervier* (2).

François Ier, qui préférait ouvertement la vénerie à la chasse au vol, n'en faisait pas moins des dépenses énormes pour sa fauconnerie, qui était des plus magnifiques. Son grand fauconnier, René de Cossé, avait d'*estat* (c'est-à-dire d'appointements fixes) la somme de 4,000 *florins*.

En dehors de cet *estat*, la dépense de la fauconnerie s'élevait encore à 36,000 *francs* (3).

François Ier.

---

(1) Sainte-Palaye.
(2) Contes d'Eutrapel.
(3) Si ces *francs* sont des livres tournois, cette somme équivaudrait

Cinquante gentilshommes qui servaient sous ses ordres recevaient chacun 5 à 600 *francs*, et cinquante fauconniers-aides 200 (1).

Le Roi possédait 300 oiseaux dont plusieurs avaient été payés un prix fort élevé (2).

Un de ces faucons, lancé un jour contre des grues dans une chasse à Villers-Cotterets, s'étant élevé extrêmement haut, fut emporté par le vent, s'égara et fut trouvé le lendemain sur les créneaux de la tour de Londres; le Roi d'Angleterre, Henri VIII, à qui le fugitif fut présenté, reconnut les armes de France sur ses vervelles et le renvoya à François Ier en lui mandant que c'était le présage d'une heureuse alliance et un gage de constante amitié (3).

Les courtisans qui entouraient le Roi tenaient à honneur d'imiter ses profusions pour la fauconnerie comme pour le reste, et cela avec d'autant moins de scrupules que la générosité du maître ne leur faisait jamais défaut. Le seigneur de Vivonne reprocha un jour à François Ier les richesses qu'il avait prodiguées à ses favoris, au préjudice de sa fidèle noblesse : « A quel propos, disait ce vieux serviteur, Brion a-t-il

---

à 425,000 fr. environ. Si c'étaient des *francs d'or*, on aurait celle de 1,039,680 fr., ce qui serait exorbitant.

(1) *Mémoires* de Fleuranges.

(2) Voir les Comptes de François Ier, Pièces justificatives, t. 1.

(3) De Thou, *Hieracosophion, lib.* II. — Pareille chose arriva sous Henri II à un *sacret* de sa fauconnerie, qui, chassant à Fontainebleau, s'écarta en poursuivant une canepetière vers 10 heures du matin, et fut repris le lendemain à 4 heures 1/2 du soir dans l'île de Malte, ainsi que le grand maître l'écrivit au Roi en lui renvoyant l'oiseau. (D'Arcussia.)

tant de bienfaits de vous, que de sa seule fauconnerie il a soixante chevaux dans son écurie, lui qui n'est que gentilhomme comme un autre, et encore cadet de sa maison, que j'ai vu qui n'avoit pour tout son train que six ou sept chevaux (1) ? »

Le premier duc de Guise, Claude de Lorraine, paraît avoir possédé à un haut degré la confiance de François Ier en ce qui concernait l'achat et l'éducation des oiseaux chasseurs. On trouve, dans les comptes du Roi, à la date du 7 janvier 1538, 450 livres payées « à Claude de Grandval, piqueur en la fauconnerye, pour ung voyage partant de Paris...; allant devers monseigneur de Guyse, estant à Dijon, luy porter huict sacres et deux sacretz que le Roy lui envoye pour les faire duyre, dresser et rendre prêts à voller, affin de en donner par après le passetemps audit seigneur (2). »

Et dans ceux du duc, en 1541, achat de 84 sacres tant pour les plaisirs du Roi que pour donner en présent à différents princes et seigneurs (3).

Le fils de Claude, le *grand duc de Guise*, François surnommé le Balafré, possédait des vols excellents de faucons *estourdisseurs* et *hagards*, et était estimé *l'homme en France le plus fort pour héron*. Les oiseaux qu'on dénichait dans les montagnes de la Grande-Chartreuse lui étaient exclusivement réservés (4).

Les ducs
de Guise.

---

(1) Sainte-Palaye, d'après Brantôme.
(2) *Arch. cur. de l'hist. de France.*
(3) *Hist. des ducs de Guise,* t. I.
(4) *Ibidem.*

Sous Charles IX, Claude de Savoie, comte de Tende, gouverneur de Provence (1), passait pour *un des premiers fauconniers de l'Europe, tant pour tenir un bel équipage que pour être entendu à toutes sortes d'oyseaux.* Il n'épargnait rien pour en *recouvrer* de toutes parts; *les faucons lui plaisoient fort,* il leur faisait voler la corneille, le courlis et les oiseaux de rivière. Il tenait aussi des sacres et des laniers *pour les champs,* il avait même des *vols* pour le milan et le héron, quoique ce dernier oiseau fût déjà rare en Provence. Il entretenait de plus des *tendeurs de duc* suisses, qui prenaient dans la Crau d'Arles des oiseaux excellents (2).

A ce seigneur succéda, comme gouverneur de Provence, Henri d'Angoulême, grand prieur de France, « qui s'exerçoit à la fauconnerie en si bel ordre que depuis on n'a veu pour les champs aux perdrix un plus bel attirail que le sien (3). »

La maison de Montmorency, cette souche de veneurs fameux, ne fut pas moins fertile en fauconniers.

Le maréchal François de Montmorency, mort en 1579 (4), fils aîné du connétable Anne, ayant été envoyé en ambassade vers la reine Elisabeth d'Angleterre en 1559, fit son entrée à Londres, ac-

---

(1) Mort en 1566.

(2) D'Arcussia. — Les *tendeurs de duc* étaient des oiseleurs qui opéraient à l'aide du *duc*, grand oiseau nocturne.

(3) D'Arcussia.

(4) Gommer de Lusancy l'appelle *père et conservateur des autoursiers et fauconniers.*

compagné de *huict vingts* gentilshommes des premières
maisons du royaume, portant chacun un oiseau sur
le poing (1).

Le connétable Henri de Montmorency, *le compère*
de Henri IV, aimait si fort la fauconnerie, que, sur
ses vieux jours, quand la goutte l'empêchait de monter à cheval, il allait en litière voir voler ses oiseaux.
Claude Gauchet a chanté ses chasses en *rivière*, au
milan, au héron, à la pie, et célébré les talents de
son fauconnier La Cave, ainsi que les mérites de ses
faucons *Hazard*, *le Haglay* et *Gandelu*. Il peint de vives
couleurs le départ de la troupe brillante qui escortait
à la chasse le vieux guerrier podagre :

> Ja montez à cheval je voy tes faulconniers
> Portants dessus le poing faulcons, sacres, laniers,
> Sur les braves courtaults la rouge compagnie
> De tes pages tous prestz à la porte est sortie,
> Tout le monde t'attend, et de tous les costez
> Tes gentilshommes sont sur leurs chevaux montez ;
> Ta lictière est en bas, et t'attend, apprestée
> Dessus deux fortz muletz, au bas de la montée (2).

Henri IV, que nous avons vu dans sa jeunesse
tromper les ennuis de la captivité en *volant* des cailles
dans sa chambre, à la Bastille (3), n'oubliait pas la

---

(1) *Adventures de Fœneste.* — Morais. — Ce dernier attribue l'anecdote au connétable Anne, envoyé en Angleterre par François Ier. Mais
on ne trouve pas trace de cette ambassade.

(2) *Le Plaisir des champs.*

(3) Un jour qu'il se livrait à ce passe-temps, la Reine Catherine, ayant
rencontré son écuyer d'Aubigné, lui demanda ce que faisait son
maître. « Madame, répondit le malicieux écuyer, il est à la volerie. »
On crut qu'il était hors de sa prison, et la Reine, en grand émoi, envoya
aussitôt s'assurer de sa présence. (*Histoire universelle.*)

fauconnerie dans sa correspondance avec le connétable : « Mon compère, lui écrivait-il, aussi tost que
Le Brun, mon fauconnier, a esté de retour avec les
oiseaux que je lui avois envoyé me quérir, je me suis
souvenu de vous, et vous en ay mis à part deux des
plus beaux, qui sont un tiercelet et un faucon (1). »

En 1606, le Roi témoignait par écrit sa reconnais-
sance à l'archiduc Albert, pour le don de deux
gerfauts, un tiercelet et un faucon, qui se trouvèrent très-bons et lui donnèrent beaucoup de plaisir (2).

Il affectionnait particulièrement *le vol pour champs*,
aux résultats matériels duquel il n'était nullement
insensible.

Sully raconte qu'un beau matin Henri IV s'était
levé dès l'aurore pour aller voler des perdreaux dans
la varenne du Louvre, « avec dessein de revenir d'assez
bonne heure pour les venir manger à son disner,
disant ne les trouver jamais si bons ny si tendres que
quand ils estoient pris à l'oyseau et surtout lorsque
luy mesme les leur pouvoit arracher de sa main. »
Toutes choses lui ayant *succédé à souhait*, il revint
lorsqu'il vit que le chaud commençait à *piquer*, et
rentrant au Louvre chargé de gibier, qu'il avait pris
en compagnie de Roquelaure, de Termes, de Fronte-
nac et de Harambure, son *grand giboyeur*, il en fit la
distribution, réservant pour sa bouche et celle de la

---

(1) Valori.
(2) *Lettres missives*, t. VI.

Reine huit beaux perdreaux qu'il fit *vistement coucher à la broche*. « Je veux, disait le Roi, que l'on
réserve pour moi de ceux qui ont esté un peu pincez
de l'oyseau, car il y en a trois bien gros que je leur
ay ostez et ausquels ils n'avoient encores guères
touché (1). »

Dès que la fin des guerres civiles et le rétablisse-
ment de l'ordre permirent à la noblesse de s'occuper
de ses affaires et de ses plaisirs champêtres, on vit
refleurir dans tous les châteaux et jusque dans les
gentilhommières des derniers hobereaux, la noble
chasse dont le Roi Henri se déclarait si ouvertement
le protecteur. Chacun, suivant ses moyens, se piqua
d'imiter le monarque. Dans son *Théâtre d'agricul-*
ture (2), Olivier de Serres, décrivant les *honnestes*
exercices du gentilhomme campagnard, n'oublie pas la
fauconnerie, observant seulement qu'il doit laisser la
haute volerie pour les plus grands et se contenter du
bas voler des champs. « Le simple gentilhomme, continue
le seigneur de Pradel, se dressera attirail requis à ce
bel exercice, surpassant d'autant plus celuy de la vénerie, qu'il a de différence entre les choses de la terre
à celles de l'air. Il tendra son esprit à la conservation
de ses oyseaux, sans rapporter du tout à son fauconnier, en telle curiosité imitant des princes et grands
seigneurs qui ne s'importunent du bruit de leurs

Chasses au vol
des simples
gentilshommes
sous
Henri IV.

---

(1) *OEconomies royales*, t. VI.
(2) *Théâtre d'agriculture et mesnage des champs*, par Olivier de
Serres, seigneur de Pradel, 1604.

oyseaux, les faisant coucher dans leurs chambres (1). »
*Ne tenir qu'un oyseau, c'est n'en avoir point, pour les
inconvénients* qui surviennent journellement; avoir
beaucoup d'oiseaux, c'est tomber dans *l'autre extrémité.*

Le nombre pourra en être restreint à deux, dont
l'entretien n'est pas beaucoup plus dispendieux que
celui d'un seul, puisqu'il faut toujours un homme
pour en prendre soin. Il convient avoir aussi comme
suite de cet attirail cinq ou six couples de chiens épagneuls et une laisse de bons lévriers. « Cet équipage
est raisonnable pour le gentil-homme qui ne veut
faire grande despence, moyennant lequel recevra
contentement et de la commodité avec pour la cuisine,
estant en pays de gibier, deschargeant d'autant les
frais de la fauconnerie. » Quant au choix des oiseaux
et des chiens, à leur éducation, à leur hygiène, Olivier
de Serres en réfère modestement *aux livres escrits sur
telle matière,* et particulièrement *au beau et excellent
livre du seigneur d'Esparron, gentilhomme provençal.*

Louis XIII. Un bel esprit s'avisa un jour de trouver qu'avec
les lettres formant les mots de *Louys treiziesme, Roy
de France et de Navarre,* on pouvait composer ceux
de *Roy très-rare, estimé Dieu de la fauconnerie* (2).

Cette anagramme, toute puérile qu'elle était, dut
faire un plaisir infini au fils de Henri IV, dont le
règne peut être considéré comme l'époque où l'art de

---

(1) *Lieu huictiesme* du *Théâtre d'agriculture,* chap. VII.
(2) D'Arcussia.

la fauconnerie atteignit le degré le plus élevé de perfectionnement. « Je puis dire, écrivait d'Arcussia,
que jamais on ne vola si bien en France qu'on fait
aujourd'hui. »

Louis XIII, en effet, *exerçait la fauconnerie si avan-
tageusement*, que jamais aucun Roi n'en a pu approcher (1).

Non content des divers vols que ses prédécesseurs
avaient entretenus et qu'il mit lui-même sur un pied
de magnificence inconnu jusque-là, il inventa des
vols nouveaux, comme ceux de la huppe, de la pie-
grièche et de la grive avec les émerillons, du geai, du
pinson et autres oisillons avec l'épervier, du moineau
et du roitelet avec des pies-grièches, de la chauve-
souris avec des crécerelles, et autres *petites voleries* (2).

« Jamais Roy n'eut tant et de si bons oyseaux. » On
lui en apportait de toutes parts : gerfauts blancs et
gris que les Hollandais tiraient pour lui du fond du
Nord, laniers, alfanets de Tunis, sacres et sacrets,
fournis par les marchands grecs, laniers de Russie,
faucons de toutes sortes, *alethes* des Indes, émerillons, autours, hobereaux, éperviers, crécerelles, pies-
grièches et *falquets*.

Avec ces oiseaux, le Roi prenait tout ce qui vole sur
la surface de la terre et des eaux, depuis le héron et
l'aigle pêcheur jusqu'au rossignol et au *burichon* ou

(1. Sélincourt.
(2) Voir plus bas.

roitelet (1). Les rares espèces qui échappaient aux serres des oiseaux de la fauconnerie royale ne devaient ce privilége qu'à leur absence des cantons où chassait Louis XIII ou au mépris qu'on faisait d'elles.

Le grand fauconnier de France commandait en chef à tous les vols.

Le baron de la Châtaigneraye, qui possédait cette charge en 1615 et qui l'avait payée 50,000 écus, avait jusqu'à *sept vingts pièces* d'oiseaux sous ses ordres.

Les vols de la grande fauconnerie étaient au nombre de six (2) :

Vol pour milan, avec 10 hommes entretenus (3) outre le chef du vol.

Vol du héron, 12 oiseaux entretenus (4), 4 lévriers et 15 hommes.

Vol de corneille, 24 *pièces* d'oiseaux et 16 hommes.

Vol des champs, 6 hommes avec 10 oiseaux et 18 *espaigneux*.

Vol pour pie (5).

Vol pour rivière, 6 hommes et 8 oiseaux.

---

(1) D'Arcussia. — Voir plus loin l'énumération des vols que faisait la fauconnerie royale.

(2) D'Arcussia, *Estat de la fauconnerie du Roy* en 1615. — Voir aussi aux Pièces justificatives, t. Ier, les Comptes de la fauconnerie pour l'année 1634, qui donnent quelques chiffres différents, probablement par suite de modifications.

(3) « Le sieur de Luynes a la charge du vol pour millan, duquel le sieur de Cadenet son frère est ayde. » (D'Arcussia.)

(4) « Bien qu'à présent il y en ait plus. » (*Ibid.*)

(5) D'Arcussia ni les comptes ne donnent l'effectif de ce vol.

« Il faut noter que de chaque volerie il y a double vol. »

Le *Maître de la garde-robe* avait sous ses ordres un vol pour héron et un vol pour corneille, avec 16 hommes et 18 oiseaux (1).

Il y avait à la *Chambre du Roi,* sous la charge du premier gentilhomme :

Un vol pour les champs, avec 4 oiseaux, 18 épagneuls et 3 hommes.

Un vol pour pie, de 4 hommes et autant d'oiseaux,

Et un vol pour rivière.

Enfin, sous le nom d'*oiseaux du Cabinet du Roi,* existait un équipage complétement à part, dont M. de Luynes était capitaine ; cet équipage consistait en un vol pour corneille avec 1 chef, 1 aide, 15 hommes et 16 oiseaux, et le fameux *vol des émerillons* (1 chef, 1 aide, 1 piqueur et 8 oiseaux).

Ce vol d'émerillons était particulier au Cabinet du Roi. Louis XIII y prenait un plaisir singulier et s'en servait pour toutes sortes de chasses inusitées et bizarres.

Tous les jours Louis XIII se levait de grand matin, et, après avoir déjeuné, montait à son cabinet des oiseaux. Il chassait au vol au moins cinq fois la semaine, et plus souvent quand ses affaires et ses autres chasses lui en laissaient le loisir.

---

(1) Les vols de la garde-robe furent supprimés sous le marquis de Rambouillet, vers 1625.

Les jours de chasse au vol, le Roi prenait son carrosse à dix heures et s'en allait du côté de Vincennes,
de Saint-Cloud ou de Saint-Denis, « estans les issues
de Paris extremement belles et propres aux vols auxquels le Roy se plaist le plus. »

« En ceste suite de chasse, ajoute d'Arcussia, il fait
beau voir tous les chefs des vols, suivis de cent ou six-
vingts fauconniers portant les oyseaux, tous vestus des
livrées de Sa Majesté, puis quatre autres portant
les ducs pour attirer le milan, les corneilles, la
buse, la crécerelle, le corbeau, le faux-perdrieu et
autres oyseaux qui viennent au duc pour le buf-
feter. »

A une demi-lieue des faubourgs, les *porte-ducs* cô-
toyaient deux à deux les ailes du chemin et faisaient
voler leurs ducs pour attirer les oiseaux ; aussitôt
qu'on voyait apparaître ceux-ci, on criait : Milan !
corneille ! et ainsi des autres. Le Roi montait à cheval et demandait un oiseau de chasse, ou bien le
grand fauconnier lui présentait celui qu'il jugeait le
plus propre à voler, et chacun s'arrêtait pour ne pas
gêner Sa Majesté (1).

Lorsque Olivier de Serres recommandait si chaude-
ment aux gentilshommes de province le livre du seigneur d'Esparron, Charles d'Arcussia de Capre, seigneur d'Esparron, de Pallières et du Revest en
Provence, venait de mettre en lumière à Aix la première édition de sa fauconnerie (1598). Dans les édi-

---

(1) D'Arcussia.

tions suivantes, augmentées de plusieurs traités inédits et publiés successivement pendant le règne de
Louis XIII, il trace un tableau des chasses au vol
qui se faisaient en Provence, tout à fait analogue à
celui que nous venons d'emprunter à Olivier de
Serres. Le goût des gentilshommes campagnards pour
la fauconnerie n'avait pu, en effet, que s'accroître à
l'exemple du nouveau monarque.

Ceux même qui n'avaient pas un penchant bien
prononcé pour ce déduit se croyaient obligés d'avoir
des oiseaux pour faire leur cour ou pour *entretenir
noblesse*. Malgré les plaintes de mainte châtelaine éco-
nome, il était considéré comme malséant de vendre
ses faucons, et l'amour de la chasse au vol excitait
entre voisins de fréquentes querelles (1).

Sous Louis XIII, tout gentilhomme qui se respecte
doit avoir au moins un fauconnier à cheval avec trois
ou quatre bons oiseaux et six couples de chiens pour
les servir (2).

S'il demeure dans un pays couvert, il lui faut des
autours et, des tiercelets d'autour pour voler la perdrix ou le faisan dans les bois, les haies et les brous-
sailles, et, pour les servir, des barbets qui rapportent
bien et des épagneuls pesants qui percent hardiment
dans les buissons.

En pays ouvert, où il y a de belles remises, il
aura cinq ou six pièces d'oiseaux (ou plus, s'il en a
le moyen), faucons et tiercelets de faucons, laniers et

lancrets, et, s'il se peut, des sacrets, avec six ou huit épagneuls (1).

S'il est en pays de gros villages, dans la plaine et dans les bois, il ne lui faut que des oiseaux de poing. Un habile chasseur pourra même se contenter de trois ou quatre éperviers, qu'il fera voler l'un après l'autre, pour leur donner le temps de reprendre haleine (2).

Tel fut l'état de la fauconnerie en province, pendant le règne du *dieu de la fauconnerie* et la première moitié de celui de son successeur.

Sous Louis XIV, les vols de la grande fauconnerie, du cabinet et de la chambre furent à peu près maintenus tels qu'ils avaient existé sous le règne précédent (3).

Cependant, ce Roi fut loin d'avoir pour la chasse au vol la même passion que son père. Il chassait quelquefois en voiture, avec les dames; les anciens us et coutumes de la fauconnerie étaient religieusement observés, mais la décadence commençait; Louis XIV

---

(1) « Lesquels (sacrets) il pourra trouver facilement, soit par le moyen des fauconniers flamans qui en apportent tous les ans, tant de niais que de hagars, et s'il a la moindre connoissance aux officiers qui ont les vols des oyseaux pour pie et pour corneille, au printemps que les vols se rompent, il en aura à foison. » (Sélincourt.)

(2) *Ibidem*.

(3) Voir les *États de la France* et les Pièces justificatives, t. Ier. Conformément à un règlement renouvelé le 25 avril 1688, le *Capitaine général des fauconneries du cabinet du Roy* fut déclaré entièrement indépendant du grand fauconnier. Il nommait à toutes les charges de fauconnerie du Cabinet, et recevait les ordres immédiats de Sa Majesté à qui il avait l'honneur, à la chasse, de présenter les têtes, même en présence du grand fauconnier. (*État de la France*, 1698.)

sur ses vieux jours laissait voir que ces chasses ne l'amusaient guère. Dès l'année 1685, il faisait *casser* ses *milanières* et ses héronnières (1) parce que depuis six ans il n'avait volé ni milan ni héron, et que l'entretien lui coûtait 10,000 francs par an (2). Le 10 avril 1714, le Roi, empêché par le vilain temps, contremanda toute la fauconnerie, et la renvoya jusqu'à l'année suivante, qu'il n'était pas destiné à voir jusqu'à la fin (3).

Les premières chasses du jeune Louis XV furent des chasses au vol. Cet ardent veneur ne conserva pas néanmoins un goût bien vif pour cet exercice (4), quoique sa fauconnerie n'ait pas eu à subir de grandes réductions pendant la première moitié de son règne (5). On continua de recevoir avec le cérémonial d'usage les présents de gerfauts et de faucons envoyés par le Roi de Danemark (6), le duc de Courlande et l'ordre de Malte; les officiers de la fauconnerie figurèrent avec leurs habits d'uniforme dans les cortéges et les entrées solennelles (7), mais la chasse au vol

Louis XV.

---

(1) Voir plus loin.

(2) Dangeau.

(3) *Ibidem.*

(4) Le petit livre des *Chasses du Roy*, par le Sr Mouret, nous fait voir que Louis XV ne chassa que trois fois au vol pendant l'année 1725. Voir les *Mélanges de la Société des bibliophiles.* 1867.

(5) Voir les *États de la France* et les Pièces justificatives, t. I.

(6) Il résulte d'une lettre adressée au gouvernement danois par M. de Forget, capitaine du vol du Cabinet, que la haute volerie ayant été supprimée en 1787, on cessa d'envoyer du Danemark des faucons d'Islande au Roi. (Archives de la chambre des comptes de Copenhague, citées par Schlegel.)

(7) Barbier, *passim.*

passait de mode de plus en plus. Le perfectionnement des armes à feu, le prix toujours croissant des oiseaux de chasse et leur rareté, la difficulté de trouver de bons fauconniers qui en était la conséquence, amenèrent en peu d'années l'abandon presque complet d'un *déduit* qui avait fait les délices de nos aïeux pendant quatorze siècles (1).

Un livre fort curieux, conservé par la Société des antiquaires de l'Ouest (2), nous donne une idée assez nette de ce qu'était la chasse au vol en province au milieu du xviiie siècle.

L'auteur, gentilhomme poitevin, se plaint de voir déjà l'art qu'il aime négligé et dédaigné. Quelque temps avant l'époque où il écrit, les oiseaux de chasse étaient bien plus en usage, et il n'y avait guère de gentilhomme qui n'eût au moins un oiseau de poing, tandis que depuis quelques années *il n'y en a pas un contre vingt qu'il y avoit autrefois.*

En Poitou, on ne voulait point alors des oiseaux pris dans la province, sous prétexte qu'on ne pouvait plus les faire voler après le mois de septembre. On faisait venir des autours et tiercelets de Suisse, de

---

(1) Le S^r Le Roy, lieutenant des chasses, auteur de l'art. *fauconnerie* dans l'Encyclopédie, y dit que de son temps les vols du héron et du milan ne se pratiquaient plus guère et que la fauconnerie en France n'était pas d'un usage si journalier qu'en Allemagne.

(2) *Le fauconnier parfait, ou l'art de bien exercer la fauconnerie,* par M. de Boissoudan *et pour son usage au vol des champs.* 1745. Voir un bon extrait de ce traité dans la *Notice sur du Fouilloux,* par M. de P***. *Le fauconnier parfait* a été depuis imprimé à la suite de l'édition de du Fouilloux, donnée à Niort en 1865 et par la Société des bibliophiles français dans ses *Mélanges,* en 1867.

Franche-Comté et des Ardennes. M. de Boissoudan soutient que ceux du pays sont aussi bons que d'autres et que, tant qu'il en trouvera, il ne se mettra jamais en peine d'en chercher ailleurs. « Je suis bien sûr, ajoute-t-il, que pour 12 escus j'auray au moins trois ayres d'autour qui me donneront quelquefois dix oyseaux, tant tiercelets que formez, et en les choisissant bien, j'en trouverai deux ou trois bons (1). »

La dernière fauconnerie particulière dont il soit resté trace en France est celle qu'entretenait, postérieurement à 1750, le chevalier d'Aydie (2).

Louis XVI n'aimait pas la chasse au vol. Il ne chassa qu'une fois à l'oiseau pendant l'année 1775 (3).

Les équipages de fauconnerie, notablement réduits dès 1776 (4), furent entièrement supprimés en 1787.

Le fauconnier hollandais Van den Heuvell, qui avait servi dans la fauconnerie de Louis XVI de 1785 à 1792, affirma aux auteurs du traité de fauconnerie publié à Leyde en 1844-1853 que, durant cette période, les vols du héron, du milan, du lièvre, et en général la haute volerie, étaient tombés en désuétude,

---

(1) On a récemment desairé dans la forêt de Lyons (Eure) des autours qui ont été trouvés fort bons et envoyés à des amateurs anglais.

(2) Voir ses lettres que doit publier prochainement la Société des bibliophiles français.

(3) Voir la note G., t. 1er.

(4) Voir aux Pièces justificatives, t. 1er, l'état encore assez considérable de la grande fauconnerie en 1778.

et qu'on ne volait plus que la perdrix, la corneille et la pie(1). Après 1787, il ne subsista plus que quelques vols du cabinet. Les fauconniers qui avaient ces vols en charge parurent pour la dernière fois avec leurs oiseaux sur le poing, dans la grande procession de l'ouverture des états généraux à Versailles, le 4 mai 1789.

Depuis la révolution, la fauconnerie n'a jamais pu reprendre racine en France, malgré quelques essais tentés à diverses époques (2).

Elle a disparu actuellement de presque toute l'Europe, même de la Hollande, où elle a eu une période de renaissance assez brillante il y a peu d'années (3).

---

(1) Schlegel. — Voir la note à la fin de ce volume, extraite de l'*Almanach de Versailles* de 1785. On y trouvera que les principaux vols de la grande fauconnerie subsistaient encore nominalement, mais le fait qu'un M. Gaucherel se trouve à la fois commander les vols pour les champs, pour rivière, pour pie et pour lièvre suffit pour montrer combien les fauconniers habiles étaient devenus rares.

(2) En 1808, le Roi de Hollande Louis Bonaparte avait remonté au château du Loo la fauconnerie abandonnée depuis le départ du stathouder Guillaume V en 1795. Lors de l'abdication du Roi en 1810 et de l'annexion du royaume de Hollande à l'Empire français, Napoléon fit venir les fauconniers du Loo Daams et Daankers à Versailles, avec quatre aides-fauconniers ; ils eurent peu de succès, l'Empereur n'assista que trois fois aux vols de son équipage, qui fut supprimé définitivement en 1813. Voir Schlegel et le curieux et intéressant article de M. Pierre Pichot sur *la Fauconnerie en Angleterre et en France à notre époque*, dans la *Revue britannique* du mois d'octobre 1865.

(3) De 1840 à 1852. — Sur la fauconnerie du Loo, voir le bel ouvrage de MM. H. Schlegel et A. Werster de Wulferhorst, Leyde, 1847, l'article de M. P. Pichot et celui que M. de Rodenburgh a publié dans le *Journal des chasseurs*, en 1855.

Depuis quelques années on a essayé, non sans succès, de ranimer en Angleterre le goût de la chasse au vol qui ne s'y était jamais entièrement éteint. (Voir l'article précité de la *Revue britannique*, le Traité de fauconnerie, publié en 1859 par M. G. E. Freeman et le cap. Salvin

C'était d'un Français, M. le comte d'Offémont, qu'était venue la première idée de cette restauration de la fauconnerie en Hollande (1).

Pour apprécier aujourd'hui les plaisirs de cette chasse entraînante, il faut aller soit en Orient (2), soit dans notre Algérie, où elle n'a pas cessé d'être en grand honneur (3), à moins que nous ne soyons assez heureux pour voir réussir en France l'entreprise, si digne d'intérêt, de MM. le vicomte de Grandmaison, Verlé et Pierre Pichot (4).

Le xvie siècle n'est pas riche en traités de fauconnerie. On ne fait guère que réimprimer les ouvrages des siècles précédents. Cependant, Guillaume Bouchet a compilé, sans y mettre son nom, un recueil inséré dans plusieurs éditions de du Fouilloux, à la suite de ceux de Francières et de Tardif qui lui en ont fourni les éléments (5).

Traités de fauconnerie du xvie au xviiie siècle.

---

et celui de MM. Salvin et Brodrick (*Falconry of the British isles, London*, 1855.)

(1) En 1838 M. d'Offémont fit venir à son château d'Offémont, près Compiègne, un des fauconniers du *Hawking club* de Didlington pour voler la corneille avec 2 faucons et la perdrix avec 7. L'année suivante (mai et juin 1839), il s'associa avec le duc de Leeds et d'autres amateurs anglais pour aller voler le héron en Hollande avec 21 oiseaux. Pendant cette campagne, ils prirent 104 hérons. Ce fut leur exemple qui amena l'organisation de la société du Loo. (Note de la *Chace dou serf*, publiée par M. le baron J. Pichon. — *Revue britannique*, art. précité.)

(2) Voir les récits de tous les voyageurs en Perse, dans les Indes et en Tartarie. Nous avons vu précédemment que la chasse au vol est pratiquée en Chine et au Japon de temps immémorial.

(3) Voir les *Chevaux du Sahara*, par M. le général Daumas, un article du même auteur, inséré dans le *Bulletin de la Société d'acclimatation* (1855) et les *Chasses de l'Algérie*, par J. Gérard.

(4) *Revue britannique.*

(5) Éditions de 1585, 1601-2, 1613, 1624, 1628.

De Thou, se jouant des difficultés du mètre et du langage, a chanté en beaux vers latins « les armées aériennes, les guerres des oiseaux de proie, leurs combats qui font l'amusement des héros, les soins qu'exigent leur éducation et leur entretien (1). »

Dans les *Plaisirs des champs*, Claude Gauchet raconte quelques belles chasses au vol avec cette vérité et cette couleur naïve et gaie qui lui sont habituelles.

Le livre de Pierre de Gommer, seigneur de Lusancy, enseigne le *louable exercice et agréable art de l'autourserie* (2). Il est doublement recommandable parce qu'il est le seul traité composé exclusivement sur ce sujet, et par son style d'une bonne et franche allure.

La passion de Louis XIII pour la fauconnerie réveilla le zèle des écrivains de son temps. Nous voyons paraître sous son règne, d'abord la fauconnerie de François de Saint-Aulaire, sieur de la Renodic en Périgord (3), livre estimé des fauconniers, parce qu'il fut publié sous les auspices de Mgr de Luynes, à qui il est dédié, et des bibliophiles à cause de sa rareté.

Puis le *Miroir de fauconnerie*, de Pierre Harmont, dit Mercure, fauconnier de la chambre du Roi pen-

---

(1) Les deux premiers chants du poème *de Re accipitrariâ* ont été imprimés à Bordeaux en 1582. — Le poème entier fut publié à Paris en 1584, — puis dans les *Deliciæ Poetarum gallorum* et dans l'*Hieracosophion* de N. Rigault (Paris, 1612).

(2) *L'autourserie de Pierre de Gommer, Sr de Lusancy, assisté de François de Gommer, Sr du Breuil, son frère. Chaalons*, 1594. Ce livre était très-rare dès le temps des frères Lallemant.

(3) Paris, 1619. — Saint-Aulaire avait épousé l'héritière du fameux La Renaudie (ou La Renodie).

dant 45 ans, également dédié à M⸢gr⸣ le duc de Luynes, grand fauconnier (1).

Quoiqu'une partie de la *fauconnerie* de d'Arcussia ait été publiée sous Henri IV, ce fauconnier éminent peut et doit être rangé parmi les auteurs du règne suivant pendant lequel il a écrit une portion considérable et non la moins curieuse de ses œuvres.

Elles comprennent : 1° *La fauconnerie*, en cinq parties :

2° *La fauconnerie du Roy comme elle estoit en* 1615 ;

3° *La conférence des fauconniers* ;

4° *Les discours de la chasse*, ou *Convy pour l'assemblée des fauconniers,* terminé par les *dernières résolutions des fauconniers*, avec un *récit de l'histoire de la Reine Jeanne* (de Naples) ;

5° *Les lettres de Philoiérax à Philofalco* (2).

Quoiqu'un peu confus, ce livre est le plus complet et surtout le plus amusant que nous possédions sur la fauconnerie. On y trouve mêlés aux détails techniques et aux préceptes de l'art des réflexions philosophiques et morales, des anecdotes, des dissertations sur l'histoire naturelle, des récits de chasse. Le tout est plein de cette verve gauloise et de cette bonhomie qu'on trouve fréquemment dans les écrits de nos anciens veneurs, mais qui font presque entiè-

---

(1) Paris, 1620, — réimprimé en 1635 et 1640.

(2) Les premières éditions de la *Fauconnerie* sont de 1598, 1604 et 1608. Les œuvres complètes ont ensuite paru en 1615, 1621, 1627 et 1644.

rement défaut dans ceux des fauconniers, gens dog-
matiques et enclins à la pédanterie.

Le *véritable fauconnier* de M. de Morais, *cy-devant
chef du héron de la grande fauconnerie* (1683), possède au
moins dans sa sécheresse le mérite de la brièveté ; il
est de plus écrit par un homme qui connaissait son
sujet par expérience personnelle, et a tiré ce qu'il
dit de son propre fonds. Il n'en est pas de même de
Louis Liger, qui, dans ses *Amusements de la campagne*
comme dans son *Nouveau Théâtre d'agriculture* (1), ne
fait que copier d'Arcussia et Morais.

Sélincourt a consacré quelques pages de son *Parfait Chasseur* à la fauconnerie telle que la peuvent
pratiquer les simples gentilshommes, et il en a parlé,
comme toujours, en homme d'expérience et de sens.
Les traités de Gaffet de la Briffardière et de Goury de
Champgrand, publiés à une époque où la chasse au
vol tombait en désuétude, sont, en ce qui la concerne,
l'œuvre de gens qui la connaissent plus par leurs lec-
tures que par la pratique. Il en est de même, à plus
forte raison, de Desgraviers, dont le livre n'a été terminé qu'après la révolution, mais qui ne se croit
cependant pas dispensé de dire quelques mots sur la
chasse au vol.

Nous avons déjà cité le *Fauconnier parfait*, de
M. de Boissoudan, ouvrage curieux, qui, après être
resté longtemps manuscrit, a été imprimé récemment
à la suite de la *Vénerie* de du Fouilloux (édition de

---

(1) Paris, 1722 et 1723.

Niort) et dans les *Mélanges* de la Société des Bibliophiles.

Le dernier travail sérieux sur la fauconnerie est le
morceau très-bien fait qu'a inséré dans l'*Encyclopédie* M. Leroy, lieutenant des chasses de Sa Majesté.
La partie qui concerne l'éducation des oiseaux est un
modèle de clarté dont Buffon (qui cite, du reste, son
auteur) et bon nombre d'écrivains modernes (qui ne
le citent guère) ont su faire leur profit. Ces derniers ont continué de traiter de la fauconnerie comme
si elle n'avait jamais cessé d'exister en France ; mais,
à l'exception de quelques travaux récents fort dignes
d'estime (1), ils ne contiennent rien qui mérite d'être
signalé.

---

(1) Notamment l'ouvrage de M. le Dr Chenu, résumé des anciens auteurs français et des traités importants publiés en Hollande et en Angleterre.

CHAPITRE II.

Des oiseaux employés à la chasse au vol.

Sauf quelques cas exceptionnels qui seront mentionnés ultérieurement, tous les oiseaux qu'on dressait pour la chasse appartiennent à l'ordre des rapaces et au genre des faucons.

On leur donnait exclusivement le nom d'*oiseaux nobles*. Tous ceux qu'il était impossible ou même très-difficile d'*affaiter* étaient qualifiés d'*ignobles*. L'aigle lui-même, le roi des oiseaux, le glorieux symbole des légions romaines et de nos régiments, était considéré comme *ignoble* à ce point de vue.

Dès une époque très-ancienne, on trouve les *oiseaux nobles* divisés en deux grandes catégories : *les oiseaux de haut vol* ou *de leurre*, les oiseaux *de bas vol* ou *de poing*.

Les noms d'oiseaux de *leurre* et de *poing* dérivaient

de la manière dont ils étaient dressés à revenir à l'appel du chasseur (1).

Ceux d'oiseaux de *haut* et de *bas vol* venaient de la forme différente de leurs ailes et de l'usage qu'ils en faisaient.

Cette dernière distinction répond parfaitement à celle que, d'après les mêmes considérations, les naturalistes modernes établissent entre les oiseaux de proie *rameurs* et *voiliers* (2).

Les *rameurs, oiseaux de leurre* ou *de haut vol* ont l'aile allongée, pointue, vigoureuse ; la seconde penne est la plus longue de toutes. Leurs serres ou *mains* sont plus longues, plus déliées, leurs ongles plus forts, plus arqués, plus acérés que les mêmes organes chez les *voiliers*.

Par suite de leur conformation, ils volent de préférence contre le vent, et s'élèvent ainsi à des hauteurs considérables presque sans travail. Pour atteindre sa proie, qui fuit d'ordinaire à *vau-vent*, le rameur commence par monter verticalement jusqu'à ce qu'il soit parvenu à un niveau supérieur au fugitif. Arrivé à ce point, il *tourne queue* et fond sur son gibier, vent arrière, avec une vitesse foudroyante ; c'est ce qu'on appelle la *descente du faucon* (3).

---

(1) Les premiers revenaient vers le *leurre* que le fauconnier agitait au bout d'une longe. Les autres retournaient se poser sur le *poing* ganté du chasseur.

(2) Cette distinction est due à Huber, qui l'a faite pour la première fois dans un livre intitulé : *Observations sur le vol des oiseaux de proie*. Genève, 1784.

(3) « Le faucon vole en rouant et regardant en bas, puis descend sur

L'oiseau rameur saisit et porte bas la proie qui est plus légère que vite ; il frappe de la poitrine ou des serres celle qui a plus de vitesse que de légèreté, ou qui a trop de force pour être *liée*. Le coup est porté avec tant de vigueur et de sûreté, que l'oiseau tombe souvent roide mort, comme atteint d'une balle.

L'aile des *voiliers, oiseaux de poing* et de *basse volerie* est plus large et plus courte que celle des rameurs. Les pennes en sont moins roides, plus aiguës et échancrées. C'est la quatrième de ces pennes qui est la plus longue.

Cette conformation, moins avantageuse, ne permet aux voiliers de voler avec rapidité que vent arrière et la tête basse. Ils ne s'élèvent que pour découvrir leur proie en planant.

A la chasse, on les faisait voler de *poing en fort*, à la *source*, ou *à lève-cul* (1), ce qui veut dire que, s'é-lançant avec force du poing au moment où le gibier se levait, ils l'*empiétaient* avant qu'il eût le temps de se mettre en aile.

Si l'oiseau de poing manquait son coup, au lieu de poursuivre sa proie à tire-d'aile, il accompagnait le chasseur en volant au-dessus de sa tête pour fondre sur le gibier au moment où on le relevait, ou allait se brancher sur un arbre voisin de la remise.

Le voilier ne frappe que rarement sa proie ; il la

la proye comme une sagette, les ailes closes, droit à l'oyseau pour le desrompre à l'ongle derrière. » (*Merveilles de la nature.*)

(1) On disait encore voler *à la toise, à la couverte,* et plus ancien-nement *au coulon,* voir le *Ménagier.*

saisit dans ses serres et la comprime jusqu'à ce que mort s'ensuive.

Les anciens auteurs ont multiplié outre mesure les espèces d'oiseaux de proie propres à la chasse ; il a été reconnu par les naturalistes modernes qu'un grand nombre de ces prétendues espèces n'étaient que de simples variétés, ou même n'avaient d'autres caractères distinctifs que des différences provenant de l'âge, du sexe et des conditions dans lesquelles a vécu l'oiseau (1).

En conséquence, les espèces ordinairement em-

---

(1) Voici l'énumération des oiseaux employés au xive siècle que donne Gace de la Buigne :

> Tu auras faulcons et laniers
> Nyés (niais), ramaiges, sors, muers,
> Des gerfaulx des blancs et des bis,
> Et des faulcons pris de pays.....,
> Aussy de sacres et de sacrez
> Et de ces bons grans tartelez ;
> De pèlerins à peu charnue
> Qui si bien séent sur main nue....
> Quant viendra le temps de gibier
> Chascun en ta route espervier
> Aura, qui le sçaura porter...
> Esmérillons et aubereaux,
> Mouschetz pour tes enfans nouveaulx
> Affin que le mestier appreignent
> Et qu'aux peschez pas ne se tiengnent,
> De carotes de Barbarie
> Qui des grües prendre ont mestrie,
> De bons autours te faut avoir...
> Et si y a de millions
> De turquès et d'alérions,
> Tuniciens de Barbarie
> Qui reffont haute volerie.

Sur ces différentes espèces et variétés, voir plus loin.

ployées à la volerie peuvent se réduire aux suivantes :

1° Le Faucon proprement dit, ou faucon pèlerin (1) des naturalistes modernes (*Falco peregrinus*);

2° Le Gerfaut (*F. Gyrfalco*);

3° Le Sacre (*F. Sacer*);

4° Le Lanier (*F. lanarius*);

5° L'Émerillon (*F. Æsalon*);

6° Le Hobereau (*F. Subbuteo*);

7° L'Autour (*F. Palumbarius*);

8° L'Epervier (*F. Nisus*).

Les six premiers sont oiseaux rameurs, de haut vol et de leurre; l'autour et l'épervier sont voiliers, oiseaux de bas vol et de poing (2).

Avant de procéder à la description succincte de chacune de ces espèces, il convient de faire observer que, dans toutes, le mâle est nommé *tiercelet*, comme étant d'un tiers plus petit que la femelle. Tous ces oiseaux prennent, en outre, diverses dénominations suivant leur âge et les conditions où ils vivaient lorsqu'ils ont été réduits en captivité.

On les nomme *niais* (3) lorsqu'ils ont été pris dans leur nid ou aire;

Ramages ou *branchiers*, quand ils commencent à voleter de branche en branche;

---

(1) En style de fauconnerie, un faucon n'était dit pèlerin que lorsqu'il avait été pris *passager*.

(2) Sur la distinction de ces espèces et leurs caractères, consultez les ouvrages de Schlegel, de Brodrick et de Freeman, ainsi que la *Fauconnerie ancienne et moderne* de MM. Chenu et des Murs. Paris, 1862.

(3) En latin du moyen âge : *Nidasii*, de *nidus*, nid.

Antanaires (1) lorsqu'ils sont âgés d'un an et sur le point de subir leur première mue, ce qui a lieu en janvier, février ou mars ;

Mués lorsqu'ils ont fait cette première mue en captivité, *mués des bois* ou *des champs* quand elle a eu lieu en liberté.

Les oiseaux pris adultes et revêtus de leur livrée définitive étaient aussi appelés oiseaux *hagards* ou *de repaire*.

Enfin on nommait *passagers* les oiseaux pris pendant leurs migrations annuelles, et *oiseaux pris de pays* ceux qui étaient indigènes.

Nous dirons, plus tard, un mot des oiseaux qu'on ne dressait qu'accidentellement.

§ 1ᵉʳ. ESPÈCES DRESSÉES HABITUELLEMENT A LA CHASSE.

1° Le faucon proprement dit.

La première place appartient de droit au vaillant oiseau qui a donné son nom à la fauconnerie.

Son plumage, qui varie extrêmement suivant l'âge, le sexe, la saison de l'année et le climat, lui a valu une quantité de noms divers, sans compter les épithètes génériques qu'il partage avec les autres oiseaux de chasse.

On le qualifiait de *sors* (2) pendant sa première

---

(1) De l'an précédent, *Antan*.

Mais où sont les neiges d'Antan ?
(Villon.)

(2) Roux en vieux français. — Un cheval *sors* est un cheval alezan (*sorrel* en anglais). Le hareng *sors* ou *saur* a pris une teinte rougeâtre.

année, de *gentil* lorsqu'il avait été pris entre le 15 juin et le 15 septembre, de *madré* (1) lorsqu'il avait deux ou plusieurs mues.

Un faucon était dit *pèlerin* lorsqu'il était pris au passage en novembre ou en décembre.

Le faucon *montain* ou montagnard (2) venait des Alpes, des Pyrénées ou autre chaîne de montagnes de notre territoire.

Le faucon de Barbarie ou *barbarin* venait des côtes d'Afrique, comme le *tartaret* qui y était pris passager, mais qu'on croyait venir de Tartarie ; le *turquet* était un oiseau de Turquie. On donnait aussi à ceux qui venaient de ce pays les noms de *sahins* et de *balarins* (3).

Le vol auquel on l'employait de préférence faisait donner à un faucon la qualification de *champêtre*, de *riviéreux*, de *gruyer* et de *héronnier*.

Le faucon n'est pas très-rare en France. Il en passe tous les ans, pendant l'automne, dans les environs de Lille. Autrefois, les fauconniers du Roi venaient tendre des filets pour prendre ceux qui passaient au mont d'Airènes, près de Falaise (4).

Des faucons nichaient et nichent encore dans toutes

---

(1) Moucheté.
(2) Ou *montanier*.
(3) Le *sahin* était le même oiseau que le *tartaret*, selon d'Arcussia. — Le *balarin*, petit faucon noir, pourrait bien être celui que les fauconniers algériens nomment *bahari* (marin) et dont ils disent : « C'est un nègre, il ne vaut pas grand'chose. » (Général Daumas.)
(4) Cette hauteur tire peut-être son nom des *araignes* ou filets dont se servaient ces fauconniers.

nos grandes montagnes et dans les falaises escarpées des côtes de Normandie.

Anciennement, on en apportait aussi du Levant, d'Afrique, de Corse, de Sardaigne (1), d'Allemagne et du Nord. Les faucons niais qu'on tirait d'Espagne étaient incomparables, dit Sélincourt, surtout ceux qui venaient de la montagne Rouge.

Le faucon *sor* ou *sors* a les plumes de son manteau brunes, bordées de roux. Le dessous de son corps, d'un blanc roussâtre, est tacheté longitudinalement.

L'oiseau *mué* ou *hagard*, s'il est tiercelet, a les parties supérieures d'un gris ardoisé, la poitrine blanche, marquée de petites stries longitudinales, le ventre et la culotte rayés en travers de noir sur cendré. La femelle conserve toujours des teintes plus roussâtres.

Sors et *hagards* ont les *mains* d'un jaune verdâtre, et une large tache noire en forme de moustache au coin du bec.

Le faucon femelle a environ 0^m,46 de longueur. Le tiercelet ne mesure que 0^m,38 (2).

Le faucon de Barbarie serait d'après quelques auteurs une variété permanente. Il est décrit par Sonnini comme plus petit que le faucon commun, cendré en dessus, et d'un blanc jaunâtre en dessous,

---

(1) « Les faucons de Sardaigne sont trop petits et de rousse plume, mais les plus hardis du monde et *prennent le chyne, la grue et le hairon*. » (*Le Roy Modus*.)

(2) Voir Buffon. — Chenu. — Encyclopédie, art. *Fauconnerie*, rédigé par M. Leroy, lieutenant des chasses. — Freeman. On trouvera aux notes la *devise du bel faucon*, par Gace de la Buigne, que sa longueur nous empêche de placer ici.

avec des taches oblongues et noirâtres sur le ventre et la culotte. C'est probablement l'oiseau que les fauconniers algériens nomment *berana* (1).

2° Le gerfaut.

Il existe trois variétés constantes et bien distinctes de gerfauts (2), toutes trois originaires des pays septentrionaux, et que plusieurs ornithologistes considèrent comme trois espèces (3).

Le *gerfaut blanc* ou de Groenland (*falco candicans*) est le plus rare et le plus estimé de tous. Son plumage, lors qu'il est adulte, est d'une blancheur éclatante, avec des taches brunes en forme de cœurs ou de bandes transversales interrompues sur les parties supérieures. Les jeunes sont tantôt blancs, marqués de grandes taches oblongues, tantôt brunâtres en dessus et tachetés sous le ventre. Les mains et la *cire* (4), bleuâtres dans le jeune âge, deviennent, plus tard, d'un jaune livide.

La taille de la femelle adulte atteint $0^m,59$, celle du tiercelet ne dépasse point $0^m,53$ (5).

---

(1) Buffon, art. *Faucon*, note. — Général Daumas.

(2) Le nom de *gerfaut*, en latin moderne *gyrfalco*, vient du mot allemand composé *Geyer-falk*, faucon-vautour.

(3) Chenu. — Brodrick. — Schlegel. — Freeman.
D'autres n'y voient que des modifications d'âge ou de condition.

(4) Peau qui couvre la base du bec.

(5) Tous les oiseaux de proie nobles pris en Islande étaient réservés au Roi de Danemark qui entretenait dans l'île un certain nombre de fauconniers pour les prendre. La capture, l'entretien et l'envoi de ces oiseaux étaient soumis aux règlements les plus minutieux. Le Roi de Danemark en faisait des présents aux souverains, surtout au Roi

Ce bel oiseau naît en Groenland, en Sibérie, dans le Caucase. Il se montre, pendant les hivers rigoureux, en Islande et plus rarement en Suède et en Norwége.

C'était le plus haut prisé de tous les oiseaux de chasse. On ne le voyait guère que sur le poing des fauconniers royaux (1). L'envoi de quelques gerfauts blancs était considéré comme un présent digne des plus grands monarques (2).

Le *gerfaut d'Islande* (**F.** *islandicus*), à peu près de même taille que le précédent, en diffère par la teinte constamment brune de son pennage dans les parties supérieures du corps, avec des taches et des raies transversales blanches. Les mains et la cire, après avoir été bleues, deviennent d'un beau jaune quand l'oiseau est adulte (3).

Ce gerfaut ne fait son aire qu'en Islande. Il est passager en Prusse et dans le nord de l'Allemagne, où l'on prenait autrefois ceux qu'on dressait pour la fauconnerie.

Entièrement brun par-dessus, blanc en dessous, avec des teintes roussâtres et des taches noires transversales, le *gerfaut proprement dit*, ou *gerfaut de Nor-*

---

de France et à l'Empereur. Il en envoyait aussi parfois à divers princes allemands et aux princes de Conti. (Voir Schlegel.)

(1) Belon.

(2) Voir plus haut. — Pierre de Lusignan, Roi de Chypre, étant venu à Vienne en 1364, le duc et la duchesse d'Autriche lui offrirent des présents qui valaient plus de 10,000 écus. Le Roi, grand amateur de fauconnerie comme tous les Chypriotes, ne voulut garder qu'un très-beau gerfaut blanc. (Buffon, art. *Gerfaut*, note.)

(3) Chenu. — Schlegel. — Freeman. — Brodrick.

wége (*F. gyrfalco*), est un peu moins grand que les autres gerfauts (0ᵐ,50 à 0ᵐ,55). Ses mains sont d'un jaune verdâtre (1).

Le gerfaut de Norwége était très-recherché des fauconniers, parce qu'il était encore plus courageux et en même temps plus docile que les autres. Il habite les hautes montagnes de la Norwége et de la Suède. On le voit passer en Allemagne, en Hollande et quelquefois en France.

Les gerfauts en général étaient placés avant tous les autres oiseaux dans l'estime des chasseurs; les Rois se plaisaient à les faire manger à leur table, à les caresser de la main, à apaiser d'une voix flatteuse leur humeur indocile (2). On les payait des prix excessivement élevés.

Belon dit que le gerfaut est communément vendu 25 écus, et que l'on trouve *avoir eu bon marché* quand on l'a bon pour 20 (3). On voit, dans les comptes de François Iᵉʳ, que sa fauconnerie achetait des gerfauts à raison de 18 écus d'or *soleil* pièce (4). En 1684, la fauconnerie de Louis XIV acheta huit gerfauts pour 720 livres (5).

Ces oiseaux méritaient le cas qu'on en faisait par leur vigueur et leur courage. Ils ne refusaient d'attaquer aucun animal, quelles que fussent sa grosseur et

---

(1) Chenu. — Schlegel. — Freeman. — Bredrick.

(2) De Thou.

(3) L'écu d'or au soleil valut, sous François Iᵉʳ, de 40 à 45 sols tournois (23 fr. 66 à 26 fr. 60 c., valeur relative).

(4) Voir les Pièces justificatives, t. Iᵉʳ.

(5) *Ibidem.* — 720 livres valaient alors environ 1,296 fr

sa force. L'aigle pêcheur, la buse, le milan, l'outarde, le cygne, la grue, le héron, la cigogne succombaient devant eux. « Nous trouvons par escrit en quelques livres de fauconnerie que le gerfaut s'est auzé hazarder contre un vray aigle, et en avoir esté le maistre (1). »

En revanche, leur éducation était difficile et exigeait des soins tout particuliers à cause de leur caractère *hagard* et *bizarre*. « Le gerfaut veut avoir main douce et maître débonnaire qui le traite amiablement, disaient les fauconniers, sinon il ne s'*aduira* jamais bien (2). »

3° Le sacre.

A l'époque du déclin de la fauconnerie, le sacre était devenu si rare, que plusieurs naturalistes ont nié son existence comme espèce distincte et n'ont vu en lui qu'une variété du faucon commun ou du gerfaut (3).

Depuis, il a été retrouvé en Orient et en Afrique, où on le dresse encore pour la chasse (4), et l'on a re-

---

(1) Belon.

(2) *Ibidem*.

(3) Les fauconniers italiens croyaient le sacre issu d'un croisement entre le faucon gentil et le lanier. (*Raimondi, delle Caccie. — Scritture*, etc.) Buffon n'admettait le sacre comme espèce que sur la foi de Belon.

(4) Il y a peu d'années, deux neveux du schah de Perse, retirés à Damas, volaient la perdrix avec des oiseaux nommés *sâkr*, venant de la Tartarie et du Turkestan. Ces oiseaux étaient dressés à voler de *poing en fort* comme les anciens oiseaux de bas vol. (Voir une note très-curieuse du *Ménagier de Paris*, t. I, Introd.) — J'ai vu et dessiné en 1861, au Jardin d'acclimatation, un oiseau de proie, dressé à la

connu l'exactitude de la description qu'en donnent Belon et nos vieux fauconniers.

« Le sacre est de plus laid pennage que nul des oy-seaux de fauconnerie, car il est de la couleur comme entre roux et enfumé, semblable à un milan. Il est court empiété, ayant les jambes et les doigts bleus (1), ressemblant en ce quelque chose au lanier. Il seroit quasi pareil au faucon en grandeur, n'estoit qu'il est compassé plus rond (2). »

Le sacre naît en Russie, en Tartarie, en Hongrie, en Turcomanie. On le prenait passager dans les îles de l'Archipel, en Sardaigne, en Afrique, où les fau-conniers arabes le connaissent encore sous le nom de *térakel* (3), et même de temps en temps en Provence, dans la Crau d'Arles (4).

Les anciens fauconniers faisaient beaucoup d'état du sacre, parce qu'il était de grande force et bon à toute volerie (5).

---

chasse, qui avait été rapporté de Perse et qui avait tous les caractères attribués au sacre par nos anciens auteurs.

(1) Les *mains* du sacre deviennent livides avec l'âge.

(2) D'après le Dr Chenu, la taille du sacre serait intermédiaire entre celle du gerfaut et celle du faucon pèlerin.

(3) Général Daumas.

(4) D'Arcussia.

(5) Albert le Grand identifie le sacre avec un oiseau de proie appelé *breton* dont nos plus anciens auteurs font un éloge des plus pompeux, emprunté à l'épître du faux Symmachus. « La septième lignée de fau-cons, dit Brunetto Latini, est *breton*, que li pluissors apelent *rodion* (*herodion*) ; c'est li rois et li sires de los oisiaus, car il n'est nul qui ose voler devant lui ains chiet tout estordis en tel manière que on le puet prendre come se il fut mort, neis l'aigle méisme por la paor de lui n'ose aparoire là où il est. » Deudes de Prades dit la même chose. Le faux Symmachus ajoute que le breton est très-délicat sur sa

On pouvait, en effet, lui faire chasser à volonté les oiseaux de haut vol, comme le milan, la buse et le héron; ceux de forte taille, comme l'oie sauvage, l'outarde et l'*olive* ou canepetière, le faire voler *pour champs*, et prendre avec lui le faisan et le lièvre.

Selon d'Arcussia, quoique *bons compagnons*, les sacres sont délicats, meurent souvent dans la mue parce qu'ils se chargent de trop de graisse et ne valent rien si le froid ne les touche. Ils sont, de plus, *si aspres*, qu'ils ne durent guère (1).

Les fauconniers, d'accord sur les qualités du sacre, une fois qu'il était dressé (2), ne l'étaient nullement sur la facilité plus ou moins grande de son éducation. L'un dit qu'il est *difficile à traiter*, l'autre que c'est le *plus laborieux, le plus paisible* et *le plus traitable* des oiseaux de proie; un troisième, qu'il est *grossier d'entendement, mais qu'il se façonne* (3). Il faut, je crois, s'en tenir à l'opinion d'Arcussia, qui dit que « la nature du sacre est d'estre opiniastre et de deux cœurs pour quelque temps, mais auec la patience, il

---

nourriture, qu'il mange presque autant qu'un aigle et qu'il est nommé en grec *aérophilon* ou *aérion*. Le *herodius* ou *herodion*, dit vulgairement *giffard*, serait de la même espèce. Ces descriptions assez confuses paraissent s'appliquer plutôt à une espèce d'aigle (*alérion*) qu'à notre sacre, quoique Frédéric II, contrairement à tous les modernes, dise qu'il niche en Bretagne.

(1) Cet oiseau est dit *sacre*, selon d'Arcussia, *pour ne devoir estre touché de toute sorte de gens.* Son nom viendrait alors du mot latin *sacer*. D'autres le font dériver de la langue arabe, dans laquelle ces faucons sont nommés *sakr*.

(2) Voir de Thou, et tous les anciens fauconniers.

(3) P. R. F. Binet. — Goury de Champgrand. — *Dict. de Trévoux.*

se rend gracieux, encor ialoux de son maistre, bien qu'il le mesconnoist s'il change d'habit. »

Quoi qu'il en soit, on payait fort cher les sacres et sacrets qu'apportaient en France les Grecs et les Véni-tiens. La fauconnerie de François Ier, qui en achetait beaucoup, payait ordinairement 14 à 15 écus d'or *soleil* les sacres et 4 écus les sacrets (1).

4° Le lanier.

L'espèce du lanier, comme celle du sacre, avec la-quelle elle a de grands rapports, a été perdue de vue par les naturalistes dès le siècle dernier, et le fait est d'autant plus extraordinaire que tous les anciens fau-conniers le disent indigène et très-commun en France, où il nichait dans les forêts et les rochers (2). Le na-turaliste Aldrovande lui donne même le nom spéci-fique de *lanier des Français* (*laniarius Gallorum*). On ignore complétement comment cet oiseau a pu dispa-raître entièrement de nos contrées et pourquoi on ne le trouvé plus qu'en Dalmatie, en Grèce et en Hongrie, où il est fort rare (3).

---

(1) Voir les Pièces justificatives.

(2) Belon. — De Thou. — Ce dernier dit que le lanier est indigène (*verna*) et qu'on l'appelle *cuisinier*.

(3) Schlegel croit que le lanier n'a jamais été commun chez nous. D'après lui, les premiers auteurs qui ont écrit en France sur la fauconne-rie ont traduit des Byzantins ou des Orientaux ce qu'ils ont dit du lanier, sans prendre soin de modifier les textes à leur point de vue, de telle sorte que, lorsque ces derniers disaient le lanier indigène *dans leur pays*, les Français se sont trouvés dire à leur insu qu'il était in-digène *en France*. L'erreur se serait ensuite propagée de siècle en siècle. Ce raisonnement est peu probable lorsqu'il s'agit de gens comme Belon et de Thou. Reste à expliquer la disparition du lanier.

C'est d'après des oiseaux provenant de ces pays
que l'espèce a été reconnue et décrite par les ornithologistes modernes (1).

Le lanier a le dos et les ailes de la même couleur
que le faucon pèlerin. Le dessus de sa tête et sa
nuque sont d'un roux vif; le dessous du corps est blanc
avec des taches noires longitudinales. Ses pieds sont
courts, épais et bleuâtres dans sa jeunesse ; ils deviennent jaunes après la première mue (2).

La taille du lanier est moindre que celle du faucon commun (0ᵐ,37 à 0ᵐ,39). Le mâle, un peu plus
petit que la femelle, se nommait un *laneret*.

On trouve quelquefois des laniers tout blancs. Ils
étaient jadis fort recherchés des fauconniers ; on les
considérait comme plus vigoureux et plus dociles que
les autres. De Thou suppose que ces laniers blancs
naissaient dans les Alpes et les Pyrénées (3).

Outre les laniers pris niais en France, on en tirait
d'Allemagne, de Sicile et de la *Crau de Vérone*. D'Arcussia nous dit encore que les oiseleurs du comte
de Tende en prenaient de passagers dans la Crau
d'Arles.

Le lanier était assez en vogue auprès des fauconniers à cause de sa docilité et de sa douceur; cependant ils lui reprochaient de manquer souvent de courage, de n'être pas de *grande entreprise* et de voler *de*

---

(1) Schlegel. — Brodrick. — Chenu. — Au xvᵉ siècle, le duc d'Orléans
faisait dénicher des laniers dans sa forêt de Boulogne.

(2) De Thou. — Belon. — Brodrick. — Chenu.

(3) *Hieracosoph.*, *lib.* 1.

faim et *de nécessité* plutôt que mû d'une ardeur plus noble (1). On accusait aussi les laniers d'être peu fidèles à leur maître, surtout les passagers.

Comme, après tout, c'étaient des oiseaux qu'on se procurait facilement et sans trop de frais, qu'ils étaient infatigables, duraient fort longtemps (2) et devenaient d'autant meilleurs qu'ils chassaient davantage, les simples gentilshommes en faisaient grand usage (3).

L'*alfanet*, autrement dit faucon *tunisien* ou *punicien* (4), était une variété du lanier qui venait de Grèce, de Candie, d'Égypte et de Barbarie (5); on en prenait aussi quelques-uns dans la Crau d'Arles, aux environs de Marseille, de Fréjus, d'Antibes et de Nice, dans les îles d'Hyères et dans les rochers de la Ligurie (6).

---

(1) Le mot de *lanier* est employé comme injure dans les Romans du xiie et du xiiie siècle.

> Or dira l'en que est mauvais et *laniers*.
>
> (*Garin le Loherain*.)

Le faucon lanier était parfois appelé *faucon vilain* (*Mesnagier*).

(2) « On en aura pour toute sa vie, dit Sélincourt, car ils durent trente années. »

(3) Sélincourt.

(4) D'Arcussia, qui écrit *alphanet*, dit qu'il avait été ainsi nommé par les Grecs, parce qu'il était le premier des faucons comme *l'alpha* est la première des lettres. — Le mot paraît plutôt d'origine arabe. Les Espagnols l'écrivent *alfaneque*.

(5) D'Arcussia prétend que les alfanets venaient du côté de l'Égypte et non de la Barbarie occidentale. Cependant les Espagnols tiraient les leurs de la province d'Oran. (Espinar.) Lors d'un essai malencontreux de fauconnerie arabe, tenté à l'hippodrome de Paris, il y a quelques années, les fauconniers avaient apporté des oiseaux à pennage blond et à tête rousse qui devaient être des alfanets.

(6) De Thou. — D'Arcussia.

L'alfanet était un peu plus petit que le lanier (1),
et son plumage était plus *mol* et *plus blond ;* il avait le
corps arrondi, la tête grosse et les jambes longues.
Les Italiens s'en servaient au lieu et place du lanier,
et les Africains en faisaient grand usage (2).

D'Arcussia dit que l'alfanet est *le plus beau et gracieux* des oiseaux servant à la fauconnerie. Il excelle
surtout à chasser la perdrix et le lièvre (3).

Pierre Harmont, dit Mercure, fauconnier de la
chambre du Roi Louis XIII, est loin de partager l'en-
thousiasme de d'Arcussia à l'endroit des alfanets :
« Ils sont, dit-il, de la taille d'un laneret, sans courage et mols au vent. Leur volerie est pour les
champs ; ils ne font que papillonner... Le feu Roy
(Henri IV) les ayant recogneus en donna deux à feu
Monseigneur le Connestable, qui les garda trois ans
en leur beauté sans qu'ils prissent une seule perdrix.
Depuis, on n'en a pas fait d'estat en France, et les
marchands n'en apportent plus (4). »

5° L'émerillon.

Cet oiseau est le plus petit de tous ceux qu'on dresse
à la chasse ; sa taille ne dépasse pas celle d'une

---

(1) La femelle était de la taille du laneret. Le tiercelet d'alfanet
était méprisé et on ne le dressait point.

(2) Ces derniers volaient la gazelle avec ces oiseaux, au dire d'Arcussia.

(3) Il en possédait lui-même un *excellant pour les perdris* dont il a
donné un portrait assez grossièrement gravé.

(4) *Miroir de fauconnerie.* Paris, 1620 et 1624.

moyenne grive (0^m,26 à 0^m,31) (1). Le tiercelet jeune et la femelle adulte ont le dessus du corps brun, varié de roussâtre, et le dessous d'un blanc fauve, tacheté de brun. Les mains sont jaunes. Le vieux mâle est d'un cendré bleuâtre sur le dos et les ailes (2).

L'émerillon n'était jamais pris niais (3), mais les passagers ne sont pas très-rares en France. On en prend encore aujourd'hui au filet dans les environs de Lille (4).

Aussi docile que courageux, l'émerillon était fort considéré des fauconniers, malgré sa petitesse. Quoique oiseau de haut vol, il n'était pas besoin de le chaperonner, et on le dressait le plus souvent à revenir sur le poing, quoiqu'on le pût aussi *aduire* au leurre.

Non-seulement l'émerillon pouvait être dressé à voler les alouettes et les petits oiseaux, mais son courage est tel, qu'il prenait des oiseaux plus gros que lui, comme des pigeons, qu'on avait soin seulement de *ciller*, et des perdreaux que ce vaillant petit faucon avait même l'énergie de transporter dans ses serres.

---

(1) Belon dit qu'il est *seul entre tous les autres oyseaux de proye qui n'a distinction de son masle à la femelle*. Cette assertion, confirmée par Sonnini, est formellement contredite par MM. Chenu et des Murs, suivant lesquels la femelle adulte est beaucoup plus forte que le mâle. Boissoudan nous apprend que l'émerillon mâle se nommait *maslot*.

(2) « Il représente si naïfvement le faucon qu'il ne semble en différer sinon en grandeur, car il a mesmes gestes, mesme plumage et est de mesmes mœurs, et, en son endroit, a mesme courage. » (Belon.)

(3) D'Arcussia croyait, sans oser l'affirmer d'une manière bien positive, avoir déniché des émerillons dans des rochers en Provence.

(4) Chenu. — Les émerillons nichent dans le nord du continent européen et des îles Britanniques.

En liberté, il attaque la pie, le geai et le choucas. Son vol est si rapide et son coup d'œil si sûr, que
le plus souvent il tue sa proie d'un seul coup, au milieu des airs, en la frappant de l'estomac sur la partie
postérieure de la tête.

6° Le hobereau.

A peine plus grand que l'émerillon (0^m,30 à 0^m,32),
le hobereau, quoique volant encore plus facilement
et s'élevant plus haut, quoique si courageux qu'on
l'avait surnommé *le hardi*, ne venait qu'après lui
dans l'estime des fauconniers, parce qu'il était considéré comme *le plus volontaire* et *le plus libertin* des
oiseaux chasseurs (1).

Le tiercelet adulte a le manteau gris ardoise foncé,
la gorge et la poitrine blanches, le ventre et les cuisses
d'un roux vif, ces dernières parties et la poitrine
marquées en long de taches brunes. Belon le compare
à un sacre, sauf la grandeur.

Les femelles et les jeunes ont des teintes plus
brunes et plus ternes.

Le hobereau est commun en France; les gentilshommes campagnards, auxquels il a donné son nom,
s'en procuraient facilement et en faisaient grand usage

---

(1) Chenu. — D'Arcussia. — Gace de la Buigne raconte qu'à l'âge
de neuf ans il faisait déjà voler des hobereaux :

> « Et aussi que Déduict d'oyseaulx
> Qui faisoit porter haubereaux
> Et le menoit parmi les champs
> Qu'il n'avoit encoires que neuf ans. »

pour chasser les jeunes perdreaux, les cailles et les alouettes.

« Ces oyseaux font bien, dit d'Arcussia, quand ils sont accoustumez de voler avec des esmérillons ou avec des faucons, estans fort légers et de bonne aile, soit niais, passagers ou sors. Pour les muez des champs, ils sont du tout infidelles et vont tousjours aux moucherons. »

7° L'autour.

Comme le faucon, l'autour était qualifié de *sors* et de *gentil;* on l'appelait *autour fourcheret* lorsqu'il était de moyenne taille, et la femelle recevait quelquefois le nom d'*autour formé.*

La taille de l'autour surpasse celle de tous les autres oiseaux de chasse. Elle est même un peu supérieure à celle du gerfaut (1). L'autour femelle est aussi gros qu'un fort chapon; ses jambes sont longues, robustes et de couleur jaune.

Pendant la première année de leur vie, les deux sexes ont le dessus du corps brun et le dessous d'un blanc jaunâtre, avec des taches longitudinales brunes. Après la mue, les parties supérieures deviennent d'un brun cendré; les parties inférieures sont blanches, marquées de raies transversales brunâtres.

Il se trouve parfois, surtout en Orient, des autours

______

(1) La taille du mâle est de 0m,52, celle de la femelle de 0m,60.

dont le plumage est d'une entière blancheur. Ces oiseaux étaient assez rares pour qu'on les estimât dignes d'être offerts à un souverain. André Paléologue, *Despote* de Morée, présenta à Tours un de ces autours blancs au Roi Charles VIII (1). Louis XIII possédait un autour *blanc comme une colombe, passager* et *chaperonnier*, auquel il tenait extrêmement (2).

L'autour n'est pas rare en France dans les grandes forêts, surtout dans celles où dominent les essences résineuses; aussi le trouvait-on surtout en Franche-Comté, en Bugey et en Dauphiné. Il y en avait aussi en Bourgogne, en Poitou et même dans les environs de Paris. Il fait son aire sur les arbres les plus élevés (3).

Outre ceux qu'on prenait niais dans notre pays, les *autoursiers* en tiraient d'Arménie, de Perse, de Grèce, de Sardaigne, surtout de Dalmatie et d'Allemagne. Ceux d'Afrique et de Calabre étaient moins estimés (4).

L'autour, oiseau *bon ménager*, d'un naturel docile, qu'on pouvait se procurer aisément et entretenir presque sans frais, était le favori des gentilshommes de campagne, qui s'en servaient pour toute espèce de basse volerie, principalement pour chasser la perdrix, le lièvre et le lapin (5).

---

(1) Sonnini dans Buffon, art. *Autour*, note.
(2) D'Arcussia.
(3) Buffon.
(4) Belon. — De Thou.
(5) *Contes d'Eutrapel*. — D'Arcussia. — Boissoudan. — « Li graignor

« L'autour de son naturel est rusé ; c'est un oiseau qui convient aux personnes qui aiment à voir le crochet de leur cuisine garni de gibier, parce qu'il est meilleur chasseur qu'aucun autre oiseau pour le profit, mais non pas pour le plaisir (1). »

On appelait les autours *cuisiniers*, soit à cause de leurs qualités utiles comme pourvoyeurs, soit parce qu'on les tenait ordinairement à la cuisine pour les faire au bruit du monde et des chiens (2).

Boissoudan parle d'un oiseau nommé fourcheret, qui n'est ni tiercelet ni autour, *ni mâle ni femelle* (3), et qui a les pieds couleur de fer. « C'est un fort bon oiseau, étant bien conduit, » dit-il.

8° L'épervier.

Le plumage de l'épervier offre beaucoup d'analogie avec celui de l'autour. Mais la taille de ces oiseaux est fort différente. La femelle de l'épervier ne mesure pas plus de $0^m,37$. Le tiercelet est de $0^m,05$ plus petit. Ce tiercelet, *de nom propre françoys*, était jadis appelé *mouchet* (4).

Les vieux *mouchets* deviennent d'une jolie teinte

(plus grand, *grandior*) ostor est si hardis que por nul oisel ne s'alentist, neis li aigle ne li fait nul paor. (Brunetto Latini.)

(1) *Les amusements de la campagne*, par le St Liger.

(2) *Ibidem*. — d'Arcussia.

(3) Il veut probablement exprimer par cette phrase bizarre que le fourcheret n'a ni la taille de l'autour ni celle du tiercelet. Selon l'Encyclopédie, le *fourcheret* ou *demi-autour* est un oiseau femelle de moyenne taille, maigre et peu chasseur.

(4) On dit aujourd'hui *émouchet*.

bleuâtre en dessus et les taches des parties inférieures sont de couleur de rouille.

Il existe des éperviers tout blancs, mais ils sont fort rares.

Les éperviers sont encore très-répandus dans toute la France, où ils font beaucoup de dégâts parmi les perdreaux, les cailles et les pigeons. Ils nichent fréquemment dans nos forêts, quoiqu'un certain nombre d'entre eux émigre pendant l'hiver.

La plupart des éperviers qu'on dressait pour la chasse étaient pris niais ou passagers dans notre pays. Il en venait toutefois de fort bons de Lombardie, de Sardaigne, de Corse et d'Afrique. Ceux d'Allemagne passaient aussi pour excellents (1).

L'épervier, facile à trouver, courageux et de bon travail, était un des oiseaux chasseurs qui rendaient le plus de services. Il volait surtout pour les champs et prenait même des levrauts et des lapins.

On nommait *épervier royal* l'oiseau pris au nid et *façonné royalement pour le plaisir de la volerie* et *pour giboyer* (2).

Un tel épervier était un présent fort envié. Dans la chanson des Saxons, poëme du xiiie siècle, la Reine Sibille donne son épervier à Bérart de Montdidier : « Prenez-le, » dit-elle,

> Qant de la quinte mue le traist novelement.
> Jais ne caille ne pie vers lui ne se desfant.

---

(1) Belon. — De Thou. — d'Arcussia.
(2) Père R. F. Binet.

Tant li sache guerpir ne sormonter le vent
Et qant plus le sormonte, de plus haut le descent.
Et qant il tient sa proie, vers le poing se descant.

Malgré le naturel fier et capricieux de l'épervier, on arrivait, avec des soins assidus, à obtenir de lui une soumission complète.

Gace de la Buigne en raconte un curieux exemple sur la foi de messire Pierre d'Orgemont, depuis chancelier de France, qui en attestait la vérité, comme témoin oculaire, par *les saints de Rome.*

Un chevalier du Berry, grand amateur d'*espréveterie,* à la fin de la saison du gibier, avait mis en liberté un de ses oiseaux, qu'il ne voulait pas *muer,* après l'avoir désarmé de ses *gets* et de ses clochettes. L'épervier continuait à vivre dans son *pourpris;* entrant par une haute fenêtre dans la grande salle, il allait se percher sur le *trait.*

Et layens faisoit son séjour
Souvent et de nuit et de jour.

La dame châtelaine avait de son côté un *estournel*

Qui parloit si bien et si bel
Que très-grant merveille avoient
Ceux qui si bien parler l'oyoient.

Un jour, l'*estournel* s'échappe de sa cage, l'épervier l'aperçoit, fond sur lui, l'*empiète* et l'emporte *amont.* La dame se désolait, lorsque le chevalier, accourant à ses plaintes, prend un gant, tend le poing et réclame l'épervier. Aussitôt l'oiseau obéissant lui apporte l'*estournel.* Le chevalier

Qui savoit d'oyseaux le mestier
Courtoisement le descherna
Et du pié tout sain lui osta.

puis il rendit son favori à la dame ravie, sans autre
mal qu'une frayeur qui le priva pendant un mois de
la parole.

Les anciens fauconniers croyaient qu'il existait des
hybrides nés du croisement des espèces que nous venons de décrire, comme du sacret avec le lanier et
l'alfanet, du tiercelet de faucon avec le lanier, du laneret avec le faucon (1).

Outre les huit espèces d'oiseaux chasseurs dont il
vient d'être parlé, on trouve, dans les anciens auteurs,
mention d'oiseaux de fauconnerie dont les caractères
n'ont pu être bien déterminés, comme les *tagarots* et
les *alèthes*.

Le *tagarot*, fort estimé au xive et au xve siècle, sous
les noms plus ou moins défigurés de *chaharote*, de
harrotte et même de *carote*, venait de Barbarie et du
midi de l'Espagne (2). Malgré la petitesse de sa
taille (3), le tagarot attaquait le héron, la grue et même
l'outarde, s'il faut en croire le *Mesnagier de Paris* et
Gace de la Buigne.

Les fauconniers ne sont pas d'accord sur les caractères physiques du tagarot (4). D'Arcussia dit qu'il a la

Le tagarot.

---

(1) Voir *Albert. Magn. de Animalibus.* — D'Arcussia. — Saint-Aulaire. — Boissoudan.

(2) Gace de la Buigne. — *Mesnagier de Paris.* — Espinar. — D'Arcussia.

(3) Le *Mesnagier* et d'Arcussia le comparent à un tiercelet de faucon.
Ce dernier ajoute qu'il est un peu plus grand, mais moins robuste, et
que *aucuns* l'ont pris à tort pour un *falquet*. Dans le midi de la France
le mot *tagarot* sert à désigner le hobereau.

(4) Gace de la Buigne, qui en a parlé le premier, dit que les deux

tête grosse, les mains bleues ou vertes, comme un lanier, et le vol extrêmement long à proportion de son corps.

Selon Saint-Aulaire, qui le confond avec le *tartarot* ou faucon passager d'Afrique, le *taguarot* est un oiseau rare, qui *retire au faucon*, de corsage moindre que le lanier, *fort brun, ce brun par le devant entremeslé de quelque rousseur fort vive et comme flamme de feu*. Le tour du bec, les jambes et les mains sont jaunes (1).

D'Arcussia dit qu'on *recouvre* bien rarement des tagarots en France, qu'ils craignent le vent à cause de la longueur de leurs ailes et qu'il ne leur a jamais vu faire chose qui méritât d'être *récitée*.

L'alèthe.   À la fin du XVIe siècle, on apporta des Indes occidentales un oiseau qu'on nommait *alais*, *aleps* ou *alèthe*. Les premiers parurent en Espagne, où on les vendait 3 ou 400 écus pièce, sans être dressés, à l'arrivée des galions. Quelques princes italiens en possé-

---

chahortes que le connétable du Guesclin avait offerts à Charles V prenaient les grues *si très-bien, ce lui dit-on, qu'il n'en fault rien*.

> Ils sont petitz à merveilles
> Ainsi comme deux *courcerelles*.
> Beau pied, beau becq bien amassez
> Bien taillez et bien colorés.

Le mot *courcerelles*, bien lisible dans le mss. n° 7097, Bibl. imp. peut signifier *tourterelles* ou *crécerelles*.

(1) Le tagarot est appelé *saffir* par Arthelouche de Alagona. « Il se cognoist, dit cet auteur, à ce qu'il a les couteaux plus longs que la queüe et a les signes semblans au pèlerin, sinon qu'il est plus petit. » Ce faucon a été reconnu il y a quelques années et décrit par le professeur Gené de Turin (*Mem. dell' Academia di Torino*, 1840), sous le nom de *Falco Eleonorae*. Il niche en Sardaigne. (Schlegel.)

dèrent ensuite. Marie de Médicis amena avec elle le premier alèthe qu'on ait vu en France (1).

Ces oiseaux étaient de la taille d'un tiercelet de faucon, leur pennage était *tout d'une pièce*, de couleur d'ardoise sur le dos, avec le devant couleur de *zinzolin* (violet rougeâtre) ou d'orangé pâle, *tirant sur le perroquet*. Ils avaient un croissant de couleur brune au bas du ventre (2).

Les alèthes volaient la perdrix. C'étaient des *oiseaux de courage, les plus excellents en leur qualité* et *les plus nobles* de tous les oiseaux de fauconnerie. On les jetait du poing, ils volaient bas et roide, avec une telle vitesse, qu'on ne les voyait point remuer les *mahutes* (3).

Il n'en est plus question après le règne de Louis XIII (4).

§ 2. ESPÈCES DRESSÉES ACCIDENTELLEMENT.

Les anciens fauconniers se servirent accidentellement de diverses espèces d'oiseaux de proie *ignobles*, aigles, busards, crécerelles, *falquets*, et même d'es-

---

(1) Barrault, ambassadeur en Espagne, envoya au Roi un autre alèthe qui devint encore meilleur. — Mercure. — D'Arcussia.

(2) Mercure. — D'Arcussia. — Selon Schlegel, l'alèthe serait un autour des Açores.

(3) Le haut des ailes. — *Ibid., ibid.*

(4) Aldrovande décrit un faucon rouge des *Indes orientales* qui avait été envoyé au grand-duc Ferdinand de Toscane. Sa description se rapprochant assez de celle de l'alèthe, il est possible qu'il y ait eu confusion quant à la provenance de l'oiseau. Voir Buffon, art. *du Faucon*.

pèces étrangères à l'ordre des rapaces, comme le grand corbeau, la pie et la pie-grièche (1).

A l'exception de l'aigle, qui mérite qu'on entre dans quelques détails à son sujet, nous n'aurons pas grand'chose à dire de tous ces oiseaux.

Belon rapporte, en parlant des busards ou *fau-per-drieux*, qu'on n'a guère accoutumé de les nourrir pour prendre des oiseaux sauvages, parce qu'ils sont moins *gentils* que les autres et ne volent pas trop hâtivement. « Si est ce que nous en avons veu jà leurrez pour la perdris, pour la caille et pour le connin. »

La crécerelle, quoique assez susceptible d'éducation et pouvant chasser l'alouette, le merle et la bécassine, n'a figuré dans la fauconnerie royale que pour voler la chauve-souris (2).

Le *falquet* est une sorte de hobereau (3) fort rare en France, qui a le pennage *gris violant* et *d'une pièce*, la taille *fort approchante* de celle du coucou, les ongles blancs et les mains rouges. Des tendeurs aux émerillons apportèrent un jour un de ces oiseaux à Louis XIII. Personne à la cour ne sut ce que c'était. Le Roi *y mit son affection* et le voulut faire dresser, mais la première fois qu'il le fit voler, le *falquet* s'enfuit et ne reparut plus (4).

Le Roi Louis XII avait un corbeau dressé à voler la

---

(1) Buffon.
(2) D'Arcussia. — Buffon. — Chenu.
(3) *Hobereau kober, falco vespertinus* des naturalistes.
(4) D'Arcussia.

perdrix (1). Il est parlé, dans l'*Ornithologie* d'Aldrovande, de plusieurs corbeaux qui prenaient des perdrix, des faisans et même des corbeaux sauvages ; seulement, pour attaquer les oiseaux de leur espèce, ils avaient besoin d'être soutenus et comme forcés par la présence et les cris du fauconnier (2). Jean de Kay dit avoir vu en 1548, à Lubeck, deux corbeaux blancs dressés pour la chasse (3).

Au dire du naturaliste anglais *Turnerus*, François Ier avait coutume de chasser avec une pie-grièche dressée, qui *parlait* et revenait sur le poing (4).

Les pies-grièches, que dressait si bien M. de Luynes, ont joué un rôle assez important dans l'histoire de la jeunesse de Louis XIII. Le Roi volait avec ces petits oiseaux carnassiers les moineaux, rouges-gorges, roitelets et autres menus volatiles dans les charmilles, les buis et les cyprès du jardin des Tuileries (5).

Les fauconniers européens ne renoncèrent à se servir d'aigles qu'après de nombreuses expériences, dont quelques-unes n'avaient pas été sans succès.

Dans un traité conclu avec Charles d'Anjou, frère

---

(1) *Scaligeri in Cardanum exercitatio.* —Buffon.

(2) *Lib.* XII. — Buffon.

(3) « Les Turcs de moindre qualité tiennent pour la chasse des corneilles grises et noires, qu'ils peignent de diverses couleurs, qu'ils portent sur le poing de la main droite et qu'ils réclament en criant *houb, houb,* par diverses fois, jusqu'à ce qu'elles reviennent sur le poing. » (*Voyages* du Sr de Villamont. Arras, 1598.) — Buffon.

(4) *Avium præcipuarum,* etc., *brevis et succincta historia.* Cologne, 1564. —Buffon.—Ce talent de paroles porterait à croire qu'il ne s'agit pas d'une vraie pie-grièche, mais d'une pie ordinaire.

(5) D'Arcussia.

de saint Louis, les bourgeois de la riche et orgueil-
leuse commune de Marseille se réservèrent le droit
d'avoir des aigles dressés, comme leurs ancêtres (1).

Le chroniqueur Mathieu Pâris, qui vivait à peu
près à la même époque (2), parle d'un aigle de mer
qu'un jeune homme, attaché ă la maison de l'évêque
de Londres, avait dressé à voler la sarcelle (3).

Le livre de Pierre de Crescens parle longuement de
la manière de chasser avec l'aigle. Le poids de l'oiseau le rend très-fatigant à porter sur le poing, et
l'on doit le mettre *à mont* aussitôt qu'on le peut (4).

Le *Menagier de Paris* fait mention d'aigles *affaités*
pour voler le *chevret sauvage*, le lièvre et l'outarde,
mais que on ait un lévrier dressé à lui venir en
aide (5).

Guillaume Tardif, qui copie volontiers les fauconniers orientaux, Belon qui copie Tardif et Guillaume
Bouchet qui a bien l'air de les copier tous les deux,
sont d'accord pour affirmer que l'aigle mérite d'être
dressé et, si *elle* n'était si *lourde* à porter sur le poing
et *si difficile à apprivoiser du sauvage*, on en verrait

---

(1) Legrand d'Aussy, t. Iᵉʳ.

(2) Il mourut en 1259.

(3) *Grande chronique de Mathieu Pâris*, traduite en français par
M. Huillard-Bréholles, t. II. — Cet aigle, qui abandonne sa proie ailée
pour fondre sur des poissons, était certainement un pygargue.

(4) *Le livre des prouffits champestres et ruraulx*. La première édition
française de ce traité composé au xiiiᵉ siècle et *translaté* au xivᵉ est
de 1486.

(5) M. le baron J. Pichon, dans une excellente note du *Mesnagier*,
suppose que l'auteur, comme plus tard G. Tardif, ne fait que repro-
duire ici des détails donnés par des fauconniers orientaux et peu applicables à l'Europe.

nourrir aux fauconniers des princes plus qu'on ne fait. L'aigle est *si audacieuse* et *si puissante*, que, si *elle* se courrouçait contre son fauconnier, *elle* pourrait le blesser dangereusement au visage ; aussi, pour l'avoir *bonne la* faut-il prendre au nid, l'apprivoiser avec soin et l'accoutumer avec les chiens courants. Pour chasser avec l'aigle dressé, on le mettait *à mont*, il suivait les chiens en volant, et, lorsque ceux-ci avaient levé un lièvre, un renard ou un chevreuil, l'aigle faisait sa descente sur lui pour l'arrêter. On va jusqu'à prétendre qu'un aigle a pu arrêter un loup et le prendre avec l'aide des chiens (1).

De Thou, qui a traduit ces mêmes détails en beaux vers latins, ajoute que de son temps on avait renoncé dans nos climats à se servir d'aigles dressés pour la chasse, à cause de leur pesanteur et de leur férocité. Mais le Grand-Turc chassait encore quelquefois avec des aigles, dont chacun était porté sur un brancard par deux fauconniers (2).

D'Arcussia raconte la mésaventure d'un gentilhomme provençal qui s'était donné beaucoup de peines pour affaiter un aigle, et qui ne recueillit que des railleries quand il voulut en faire hommage à Henri IV.

---

(1) Tardif. — Belon. — *Recueil de tous les oiseaux de proie qui servent à la volerie et à la fauconnerie* (par Guillaume Bouchet). 1567. — On dressait aussi un petit aigle qui volait la grue et le canard.

(2) Toutes les chasses avec l'aigle ont surtout eu l'Orient et l'Afrique pour théâtre. Les fauconniers musulmans volaient avec des aigles divers quadrupèdes de grande taille. Ces chasses se font encore chez les Kirghiz et les Tartares de la Boukharie. Voir les *Voyages* de Marco Polo, de Léon l'Africain et de Pallas.

A quelles espèces appartenaient les aigles employés à la chasse par les fauconniers européens? Guillaume Bouchet nous répondra que de son temps on ne connaissait pour la fauconnerie que l'aigle fauve, qui est l'aigle royal (1), et le noir (2).

Tardif et de Thou y joignent l'aigle roux, marqué de blanc sur la tête et le col, qui doit être un pygargue (3) ou aigle de mer, oiseau que nous venons de voir dressé à voler les oiseaux de rivière dès le xɪɪᵉ siècle.

Le premier parle aussi d'une distinction établie par les Orientaux entre l'aigle *zumach*, qui prend le lièvre, le renard, la gazelle, et le *zemiech*, qui prend la grue et oiseaux *plus moindres*.

Outre ce qu'ils ont dit sur les *vols* de l'aigle, les anciens auteurs ont nommé parmi les oiseaux chasseurs l'*alérion* et le *milion*.

L'alérion est souvent cité dans les poésies des xɪɪᵉ et xɪɪɪᵉ siècles pour sa force et sa vélocité (4). Jean de Salisbury (mort évêque de Canterbury en 1180) dit que l'aigle est le roi de tous les oiseaux, à l'exception

---

(1) *Aquila Chrysaëtos.*
(2) *Aquila fresca.*
(3) *Aquila pygargus.*
(4)   « Si bruit li cops (coup) comme alerion.
                    (*Li coronement Looys.*)

Tout ainssin le redoublent com beste le lion
Et com font li oisel le fort alerion.
                    (*Girart de Rossillon.*)

Voir Carpentier, *Gloss.*, vᵒ *Alario*, et le *Dict. de la langue française* de M. Littré, vᵒ *Alerion*.

de l'alérion, qui est peut-être la plus puissante espèce d'aigle (1). Guillaume de Machaut a composé, au xive siècle, un poëme intitulé le *Dit de l'alerion*, où il célèbre les mérites d'un de ces oiseaux, appartenant à un Roi de France, qu'il ne nomme pas (2), et excellent *pour rivière*. Cet alérion était évalué au prix extravagant de 500 écus (3). Gace de la Buigne, à peu près contemporain de Machaut, nomme, en passant, l'alérion comme un oiseau de chasse estimé et fort rare *deçà la mer* (4).

Gace met les milions à côté de l'alérion, et dit, de même *qu'ils ne sont pas communément devers les parties d'occident*, et qu'ils viennent d'outre-mer. Il ajoute que :

> Les milions prennent les gruës.
> Et oës grosses et menues.
> De plumaige à l'aigle ressemblent
> Mais plus gens et plus petiz semblent (5).

Par son testament (1406), le connétable Olivier de

---

(1) *Ibidem.* — L'*alerion* paraît avoir été le même oiseau que l'*aerion* des Grecs, dont le faux Symmachus loue la force et le courage.

(2) Probablement Charles V, fort amateur de fauconnerie et curieux d'oiseaux exotiques.

(3) Il est impossible, même approximativement, de donner l'équivalent de cette somme en monnaie actuelle, la valeur des écus ayant sans cesse varié pendant le xive siècle ; mais elle ne pouvait être qu'énorme, l'écu d'or ayant été *au moins* la 65e partie d'un marc d'or pendant cette période.

(4)　　　En ta cour les faces porter
　　　Car pou en a deçà la mer.

(5) Néantmoins, dit encore le même auteur :

　　　...N'en déplaise au milion
　　　Il n'est vol ne mès de faulcon.

Clisson lègue à son gendre Alain, vicomte de Rohan, *son milion* et le cheval monté par le fauconnier qui *régit* ledit milion (1).

S'il faut en croire Guillaume Tardif, l'oiseau appelé en langue latine *milion*, en langue arabique *zummach*, en syriaque *meapan*, en grecque *philadelphe*, est un aigle *ayant blancheur sur la teste ou sur son dos*.

Dans un traité de fauconnerie, composé en langue toscane au xive siècle (2), il est parlé de certains faucons appelés *meleoni* qui sont de grande taille; ils ont les plumes de la poitrine rouges, à la façon des autours, et les pieds velus. Ces *meleoni* sont de beaucoup de hardiesse et combattent les grands oiseaux.

Du témoignage formel de Gace de la Buigne et de Tardif, du nom de *zummach* et des tarses emplumés du milion, on peut conclure que c'était certainement un aigle, plus petit et plus docile, mais aussi courageux que l'aigle royal. Quant à l'espèce, il est fort difficile de la déterminer. Il faut croire que c'est une de celles qui habitent le continent asiatique et qui sont encore mal connues.

Un auteur anglais du xviie siècle a classé les oiseaux chasseurs, par ordre de mérite, de la manière suivante :

---

(1) *Suum milionem, vulgariter* son milion.... (Ducang., vᵒ *Milio.*) On a confondu à tort le milion et le milan. Dans la fable de La Fontaine intitulée : *Le Roi, le milan et le chasseur*, ce *milan* qui saisit si brutalement le nez des gens, et dont l'*affaitage* est donné comme le *non plus ultrà de la fauconnerie*, pourrait bien être un *milion*.

(2) *Scrittura antiche Toscane di Falconeria.*

L'aigle, le *vautour* (1) et l'émerillon, pour un Empereur ;

Le gerfaut et son tiercelet, pour un Roi ;

Le faucon gentil et le tiercelet gentil, pour un prince ;

Le faucon de roche, pour un duc ;

Le faucon pèlerin, pour un comte ;

Le *bâtard*, pour un baron ;

Le sacre et le sacret, pour un chevalier ;

Le lanier et le laneret, pour un écuyer ;

L'émerillon, pour une dame ;

Le hobereau, pour un jouvenceau ;

L'autour, pour un fermier (*yeoman*) (2) ;

Son tiercelet, pour un pauvre homme ;

L'épervier, pour un prêtre ;

Le *mouchet* (*musket*), pour un donneur d'eau bénite ;

La crécerelle, pour un valet (*knave*) (3).

---

(1) *Vulture*. — On entend apparemment par ce mot quelque espèce d'aigle, car jamais aucun véritable vautour n'a pu être dressé pour la chasse.

(2) L'*yeoman* était plutôt un petit propriétaire rural, non noble.

(3) *Best's treatise on Hawking*,1619.

CHAPITRE III.

Capture, armement, éducation et hygiène des oiseaux chasseurs.

Il existait trois manières différentes de se procurer des oiseaux de chasse.

On les achetait tout élevés ; on les dénichait jeunes dans l'aire, ou on les prenait adultes au passage.

Dans le premier cas, il suffisait de s'adresser aux marchands ou *cagiers*. Comme nous avons eu déjà occasion de le dire, ce commerce était considérable, on apportait en France des oiseaux de toutes provenances, de Flandre, d'Allemagne, de Russie, de Suisse, de Norwége, d'Italie, de Sicile, de Corse, de Sardaigne, des Baléares, d'Espagne, de Turquie, de l'Archipel, d'Alexandrie, de Barbarie et même des Indes (1).

---

(1) Belon. — D'Arcussia.

Les oiseaux d'origine orientale étaient apportés par des marchands grecs et vénitiens; les Hollandais, les Flamands et les Allemands avaient le monopole du commerce des oiseaux venant du Nord (1).

Ces derniers parcouraient d'abord les cours d'Allemagne, puis se rendaient à Bruges, et de là à Paris. De Paris, ils retournaient ensuite dans le Brabant, allaient du Brabant en Angleterre, et d'Angleterre en Espagne (2).

Les Flamands jouissaient d'une haute réputation pour l'éducation qu'ils donnaient aux oiseaux chasseurs. Ils excellaient aussi à les prendre passagers (3). On prétend que, du temps de Louis XIII, des seigneurs français envoyaient leurs fauconniers dans les Pays-Bas pour y apprendre leur art (4).

Pour se procurer des oiseaux niais, les anciens fauconniers avaient grand soin de rechercher les aires et de les surveiller en attendant le moment d'enlever les jeunes oiseaux. Ces aires furent de tout temps l'objet d'une jalouse sollicitude. Les anciennes lois germaniques défendent d'enlever les aires dans une forêt à moins d'être du nombre de ceux qui en avaient la

[marginal note: Marchands d'oiseaux.]

[marginal note: Oiseaux niais. Aires.]

---

(1) Voir les Comptes de François Iᵉʳ.

(2) Pedro Lopez de Ayala, cité par M. le baron J. Pichon dans une note du *Mesnagier* (xivᵉ siècle).

(3) Adolphe Van der Aa, grand fauconnier des Pays-Bas, fut envoyé plusieurs fois à François Iᵉʳ par la Reine Marie de Hongrie, pour lui présenter au nom de son frère Charles V des faucons de grand prix, dressés dans ses provinces. (Galesloot.)

(4) *Ibid*. D'Arcussia conteste le mérite des fauconniers flamands auxquels il préfère les Français.

jouissance en commun (1). D'après une autre loi, le maître d'une forêt avait le droit de reprendre à celui qui les avait dénichés les oiseaux de proie nés dans la forêt. Si ce propriétaire était le Roi, le dénicheur payait 2 sols d'amende (2).

Pendant l'âge féodal, on attachait aux aires d'oiseaux de proie plus de prix que jamais.

D'anciens règlements défendent de dénicher les oiseaux de chasse dans les domaines royaux et dans ceux des seigneurs hauts-justiciers sans la permission des gens du Roi ou des barons. Un seigneur, en vendant une forêt ou en concédant le droit d'y chasser, se réservait souvent les aires des oiseaux nobles. On interdisait aux usagers d'un bois l'entrée du canton où se trouvaient les aires (3).

En 1484, le duc Charles d'Orléans fit donner aux *sergens* de la forêt de Boulogne la somme de 18 livres 17 sols tournois (4), pour leurs *despens* et *paines* d'avoir gardé nuit et jour *les lasniers jeunes estans en ladicte forest*. Les *monteux* qui avaient déniché les oiseaux reçurent, en outre, 11 sols tournois (5).

La grande ordonnance de 1669 défend encore à

---

(1) *Commarchani.* (Loi des Bavarois.)

(2) *Capit.* de Baluze.

(3) Code des chasses. — Ducange, v° *Area.*

(4) La livre tournois pouvait équivaloir alors à 31 francs de notre monnaie, et le sol à 1 fr. 55 c.

(5) *Louis et Charles, ducs d'Orléans.* — Ces princes avaient de plus à Coucy :

> Haultes forests et estancs de plaisance
> *Aires d'oiseaulx*, pars de belle ordenance.
>
> (Eustache Deschamps.)

toutes personnes de prendre, dans les forêts du Roi, aucune aire d'oiseaux à peine de 100 livres d'amende pour la première fois, du double pour la seconde, du fouet et du bannissement à 6 lieues pour la troisième fois. Les *sergents à garde* des forêts où se trouvent les aires sont chargés de leur conservation et en demeureront responsables.

Au commencement du xviiie siècle fut créée, en faveur de M. Jean-Claude Forget, déjà capitaine général des fauconneries du Cabinet du Roi, la charge de capitaine des aires de Bourgogne et de Bresse. Cet office, dont les gages et appointements s'élevaient à 1,000 livres, relevait du Roi seul ; le titulaire avait pour mission la haute surveillance des aires d'oiseaux de proie qui se trouvaient dans les provinces dont il avait charge et dont il devait faire apporter les jeunes oiseaux au Cabinet de Sa Majesté (1).

Lorsque fut instituée cette charge, indépendante du grand fauconnier de France, il existait depuis des siècles parmi celles auxquelles pourvoyait ce haut dignitaire, des charges de *gardes des aires* dans les forêts de Compiègne, de Laigue, du val Drogon et grand Trempo, de Lyons, d'Andaine, de Perseigne, Descouves et autres (2).

Le grand fauconnier commettait aussi des oiseleurs de son choix pour *tendre* et prendre les oiseaux passagers en tous lieux, plaines et buissons des do-

---

(1) *États de la France.*
(2) *Ibidem.*

maines de Sa Majesté. Il était défendu de *tendre* à ces oiseaux sans le *congé* du grand fauconnier ou des gens à ce commis.

Les fauconniers et les gardes prenaient grand soin de reconnaître les lieux où les oiseaux de proie faisaient leur aire au commencement du printemps ; ils y montaient de temps en temps avec des *tirefonds* et *autres inventions* pour examiner l'état des petits ; enfin, lorsque ceux-ci étaient couverts de duvet blanc et que les grosses plumes commençaient à leur pousser, ils les enlevaient de l'aire, malgré la résistance désespérée des *pairons* (1), et les emportaient dans des paniers (2). On faisait beaucoup moins de cas des jeunes oiseaux *branchiers*, c'est-à-dire ayant déjà quitté l'aire, mais encore incapables de s'envoler et de pourvoir à leur nourriture (3).

Aussitôt que les oiseaux niais étaient pris, on les emportait à la fauconnerie et on leur attachait des sonnettes aux pattes.

Quelquefois on les élevait *au taquet*, c'est-à-dire qu'on les laissait en pleine liberté, en les accoutumant, quand l'heure *de paître* était arrivée, à revenir au bruit qu'on faisait en frappant sur une planche (4).

---

(1) Parents, en style de fauconnerie.

(2) Sélincourt.

(3) Gommer de Luzancy recommande cependant d'aller quérir des autours *branchez* à la mi-juillet. « Il est très-nécessaire que le gentilhomme qui ayme les oyseaux y envoye (sans le sceu de la femme, s'il y en a une, qui ne desgaigne pas voulontiers, comme la pluspart en sont logées là) deux garsons garnis de bon argent, forts, roides, et entendus au mestier.

(4) Sélincourt.

Souvent les jeunes oiseaux étaient logés dans un tonneau défoncé d'un bout, ou dans une hutte de paille placée sur un mur ou sur un arbre peu élevé.

Dans les grandes fauconneries, on les déposait dans un cabinet à fenêtres grillées.

Dans tous les cas, on les nourrissait abondamment de viande de mouton, de volaille, de chiens et de chats nouvellement nés, etc.

Au bout de trois semaines environ, les *niais* commencent à *monter à l'essor* et à se jouer entre eux. Ceux qu'on a élevés en liberté essayent de poursuivre les hirondelles et les chauves-souris. C'est le moment de les prendre pour commencer leur éducation, ce qui se fait avec un filet ou un piége qui ne puisse les blesser.

Les oiseaux adultes sont pris le plus souvent passagers à l'aide de diverses sortes de rets et de piéges (1). Oiseaux passagers.

Le plus usité est le filet à alouette. L'oiseleur tend son filet et se tient caché dans une cabane de feuillages, d'où il peut faire voltiger un pigeon vivant, attaché au bout d'une ficelle. Une pie-grièche, retenue près du filet au moyen d'un petit corselet, indique par ses mouvements l'espèce des oiseaux de proie qui passent en l'air. Si c'est un oiseau lourd et peu dan-

---

(1) Albert le Grand donne des détails fort curieux sur les diverses manières employées de son temps pour prendre les faucons passagers. Il les tenait d'un vieux fauconnier, qui vivait depuis longues années sur les sommets les plus escarpés des Alpes pour se livrer à cette industrie. (*De animalibus, lib.* XXIII, *cap.* 8.)

gereux, la pie-grièche n'en tient compte; mais l'apparition d'un oiseau *noble* lui cause une telle frayeur, qu'elle se précipite vers la loge pour s'y cacher.

Dès que l'oiseleur a connaissance d'une proie digne de lui par l'agitation de sa pie-grièche, il lance son pigeon, puis le retire à lui avec la ficelle. L'oiseau chasseur fond sur le pigeon et s'abat au milieu du filet, dont l'oiseleur fait aussitôt jouer les panneaux.

Parfois un vieux faucon de chasse, hors de service, sert à attirer ses congénères. On l'attache au bout d'une gaule pliante, fichée en terre, et l'oiseleur, du fond de sa cachette, courbe vers le sol à l'aide d'une filière, l'extrémité de cette gaule. Le faucon sauvage croit voir un oiseau de son espèce s'abattant sur une proie, fait sa descente sur lui pour le détrousser et se jette dans le piége.

On prenait encore les oiseaux chasseurs avec des filets nommés *araignées*, suspendus à des arbres de façon à former une espèce de chambre ouverte d'un côté, ou *salon*. En face de l'entrée du salon, deux billots étaient placés à 100 pas de distance l'un de l'autre; entre ces billots, une corde était tendue à laquelle on attachait un duc. Cet oiseau nocturne était dressé à voler d'un billot sur l'autre. Le chasseur se tenait caché dans une hutte voisine du salon.

Quand passait un oiseau de proie, le duc le signalait en baissant la tête et en tournant le globe de l'œil vers le ciel et venait se poser sur le billot le plus voisin du salon. Le rapace, emporté par la haine que tous les oiseaux portent à leur ennemi nocturne, se précipitait vers le duc et se jettait dans les filets, qui étaient arrangés de manière à tomber au moindre choc et à envelopper l'imprudent.

Cette méthode était surtout en usage dans le nord de l'Europe.

On s'emparait aussi des faucons passagers au moyen d'un pigeon vivant attaché au bout d'une ficelle engluée ou avec une peau de lièvre engluée, qu'on traînait dans une raie de champ bordée de gluaux des deux côtés.

Enfin on lâchait des faucons dressés auxquels étaient attachées des pelotes de laine recouvertes de plumes, grosses comme des perdreaux et garnies de nœuds coulants en crin de cheval. Le passager, croyant voir les oiseaux privés *charrier* une proie, allait à eux pour la leur arracher, s'empêtrait dans les lacs et tombait à terre (1).

Aussitôt que le passager était captif, on l'enveloppait d'un linge nommé *chemise*; on émoussait ses serres et on lui couvrait la tête, puis on l'emportait à la fauconnerie pour procéder à son *armement* et commencer son *affaitage*.

L'armement d'un oiseau de chasse se compose des sonnettes, du chaperon et des jets avec leurs vervelles.

Armement des oiseaux.

Les *sonnettes* ou grelots, dont l'oiseau niais a été armé dès le moment où il est entré dans la fauconnerie, étaient en métal doré ou argenté, très-légères

---

(1) Sur les diverses manières de prendre les oiseaux de proie, voir Sélincourt. — *L'Encyclopédie.* — Chenu. — Schlegel.

et très-sonores. Les plus estimées se fabriquaient à Milan (1).

Quelquefois on n'attachait qu'une sonnette à la main gauche de l'oiseau ou aux pennes de sa queue (2). Ce système n'était guère usité en France, où l'on mettait d'ordinaire une sonnette à chaque main. Ces sonnettes étaient fixées aux tarses avec de petits liens de cuir placés au-dessus des *jets*.

Les jets sont des courroies d'environ 4 pouces ($0^m,108$) de longueur, en peau de chien, de cerf, de chèvre ou de chien de mer, qui sont passées aux jambes de l'oiseau avec un nœud coulant. A l'extrémité opposée des jets sont fixés deux anneaux plats de métal, nommés *vervelles*, sur lesquels sont gravés le nom ou les armes du maître (3). La *longe*, qui servait à retenir le faucon captif sur sa perche, était passée dans ces vervelles (4).

---

(1) Septembre 1398, 100 sols parisis pour 50 paires de sonnettes de la façon de Milan, pour esperviers. (Comptes du duc d'Orléans.)

Sonnettes dorées pour les oiseaux de mon dict seigneur à 3 sols, 2 sols et 12 deniers la pièce. (*Ibid.*)

Pour 9 douzaines de sonnettes pour les oiseaux de la chambre, 60 sols tournois. (Comptes de Louis XI.)

(2) Frédéric II. — Les Hollandais et les Anglais ont conservé l'habitude de n'attacher qu'une sonnette à la patte ou à la queue de leurs oiseaux. (Voir Schlegel et Freeman.)

(3) Du temps de l'Empereur Frédéric II, on se servait en guise de vervelles de mailles de haubert. — Pour avoir fait tailler et graver les armes de Monseigneur et son mot sur ycelles vervelles, 4 fr. 1/2. (Comptes des ducs de Bourgogne.)

Au xive siècle les vervelles des oiseaux du Roi étaient émaillées aux armes de France. (Laborde, Glossaire.)

Sous Louis XV, elles portaient gravée cette inscription : « Je suis au Roi. » (*Encyclopédie*, planches.)

(4) Il n'y avait souvent qu'une vervelle, où les deux jets venaient se réunir.

Souvent, pour empêcher les jets et la longe de s'enrouler, on interposait entre eux un *touret*, composé de deux anneaux de métal, tournant l'un sur l'autre. Les vervelles entraient dans un de ces anneaux et la longe passait dans l'autre (1).

Avant les croisades, le *chaperon* était inconnu des fauconniers européens; ils en empruntèrent l'usage aux Sarrasins. Au lieu de chaperonner l'oiseau, pour commencer son éducation on le *cillait*, c'est-à-dire qu'on passait un fil dans chacune de ses paupières inférieures et qu'on réunissait les deux bouts du fil au-dessus de la tête ; de cette façon, l'oiseau ne pouvait plus voir qu'en haut et en avant. Ce procédé était encore employé au xviiiᵉ siècle pour des oiseaux très-sauvages et difficiles à affaiter (2).

Les premiers chaperons, semblables à ceux des fauconniers orientaux, étaient de cuir et se terminaient en pointe vers l'occiput; à cette pointe se rattachait une courroie qui descendait le long du dos de l'oiseau jusqu'à l'extrémité des pennes de la queue et servait à mettre et à retirer le chaperon (3).

Cette courroie fut remplacée plus tard par ce qu'on appelait la *cornette* ou le *tiroir*. C'était une aigrette en

---

(1) Le touret est décrit par Frédéric II sous le nom de *tornetum*.

(2) Frédéric II, dans son latin baroque, se sert, pour exprimer cette opération, du mot de *bluire*, évidemment dérivé du français *éblouir*.

(3) Frédéric II. — Les Allemands se servaient encore de ces chaperons à queue au commencement du xviᵉ siècle. (Voir les gravures du *Weiss Kunig*.)

cuir, ornée de plumes, qui surmontait le chaperon et servait aux mêmes usages (1).

Toutes les pièces de l'armement du faucon étaient souvent ornementées avec un luxe extravagant. Les chaperons, les jets, les longes étaient brodés d'or et de perles (2). Les cornettes des oiseaux du Roi étaient empanachées de plumes d'oiseau de paradis (3); les tourets d'or, garnis de pierreries. Les sonnettes et les vervelles d'argent doré n'étaient point chose rare chez les princes et les grands seigneurs du moyen âge (4). Perles, pierres fines et broderies d'or et d'argent brillaient sur les *gants à fauconner* et sur les gibecières ; il n'était pas jusqu'aux *esclissouères à jetter eau* (5) et aux *fers* servant à cautériser les oiseaux malades, qui ne fussent en argent ou en vermeil dans les fauconneries de nos Rois et des ducs de Bourgogne et d'Orléans (6).

---

(1) « La cornette au chaperon est bonne pour un petit oyseau qui ne peut soustenir la main pesante d'un lourd fauconnier, mais c'est chose ridicule entre gens de mestier. » (D'Arcussia.)

(2) Comptes des ducs de Bourgogne et d'Orléans.

(3) Ce luxe existait encore au xviiie siècle. Voir l'*Encyclopédie.*—Dans des comptes royaux du xive siècle, on trouve des *perles de comple* que *Madame la Royne* a fait employer à de *gros boutons de perles*, offerts au Roi et au duc de Bourgogne, pour *garnir* et *estoffer* les *giez* de leurs faucons.

(4)
> Li esperviers avoit un giés
> Riches et biaus à desmesures...
> Si vous di bien que li torès (touret)
> Estoit clers et luisans et nès (net).
> D'un rubin rouge, che m'est vis (*risum*).
> (*Roman de la Violette*).

(5) Seringues servant à *esclisser de l'eau au visage de l'oiseau pour tempérer sa fougue.* (Père R. F. Binet.)

(6) « A Jehan l'essayeur, orfèvre de mon dict seigneur (le duc d'Or-

Le faucon armé était installé sur sa perche ou *bloc*. Cette perche, posée transversalement sur deux supports, était élevée de 4 pieds (1^m,30) au-dessus du sol, éloignée de la muraille de 2 pieds (0^m,65) et de grosseur convenable pour remplir les mains de l'oiseau (1). Elle était recouverte de drap (2) et quelquefois de peau de lièvre (3). Au-dessous, pendait une *toile* de 2 pieds de large, qui empêchait l'oiseau de rouler sa longe autour de la perche et de se blesser en y restant suspendu. Cette *toile*, quelquefois ornée des armoiries du propriétaire, était plus souvent en drap noir uni (4).

L'outillement personnel du fauconnier comprenait le *gant*, le *leurre*, la *fauconnière* et divers menus ustensiles qu'il portait dans une trousse (5).

Le *gant* qui préservait la main et l'avant-bras (6) de l'atteinte des serres était de peau de chamois ou

---

léans), pour un fer d'argent par lui fait, pour donner le feu aux faucons de ma dicte dame, 8 s. 6 deniers. » (Comptes de Blois.)

Ung gant de velours vermeil à faulconner, doublé de cuir blanc et au bout un bouton de perles et une houppe de soye. (Comptes de Bourgogne.)

(1) *Encyclopédie*, planches.

(2) « Jehan de Millan, pour drap acheté pour percher les faucons de Monseigneur Philippe, 17 den. » (*Comptes de l'argenterie.*)

(3) On mettait une peau de lièvre sur le *bloc* des émerillons, *crainte que le froid ne leur endommageât les mains* pendant l'hiver.

(4) Comptes de Bourgogne. — Une *toile* armoriée figure dans un tableau de Bonifazio (mort en 1553) dont la copie est au palais des beaux-arts.

(5)   .....Les fauconniers joyeux
  Portent dessus le poing les gerfaux furieux
  Et les sacres hardis, icy la faulconière,
  Et là le leurre pend, la baguette derrière.
      (Claude Gauchet.)

(6) C'était ordinairement la main droite. Frédéric II dit qu'on peut

de cuir de cerf *mol* et *pasteux* (1). Une brochette, suspendue au gant avec un cordon, servait au fauconnier à manier et à *resplanier* son oiseau (2).

Le *leurre* était un morceau de cuir rouge figurant grossièrement un oiseau ; il était garni, des deux côtés, d'ailes de pigeon. De petites courroies, qui y étaient cousues, servaient, en cas de besoin, à attacher sur le leurre des morceaux de viande pour *paître* le faucon (3).

Ordinairement, le leurre était suspendu à une *laisse*, avec un crochet de corne. Cependant d'Arcussia dit qu'il est mieux de le porter dans la gibecière ou à l'arçon de la selle (4).

Cette gibecière, dite aussi *fauconnière*, était un sac de treillis, à deux poches, dont un côté était à couvercle et l'autre en forme de bourse. Il servait à porter les menus ustensiles du fauconnier, des morceaux de viande pour paître les oiseaux, et même des oi-

---

porter l'oiseau indifféremment sur un poing ou sur l'autre. Dans les comptes de l'*hostel* de Charles VI on trouve 23 *gans senestres* délivrés à Tassin de Gaucourt, *premier fauconnier du Roy.* (Monteil, t. II, notes.)

(1) 6 paires de gans de chamois pour servir pour ledit seigneur (le Roi Jean), à porter son esprevier au pris de 23 sols la paire. (*Comptes de l'argenterie.*)

Gans de cuir de cerf pour autours au pris de 4 sols. — (Comptes de Bourgogne.)

(2) *Le Roy Modus.*

(3) 12 *loires* à 5 sols la pièce. (Comptes de Bourgogne.)

Ceux de la fauconnerie royale étaient fleurdelisés.

(4) D'Arcussia. — *Dictionnaire de Trévoux.* — Pour porter les faucons, les fauconniers se servaient encore d'une *cage* ou brancard, qu'ils suspendaient à leurs épaules avec des bretelles de cuir.

seaux vivants qui servaient à leur éducation ; la fauconnière était plus ou moins ornée (1).

Revenons à l'éducation de nos oiseaux. Une fois armé, il s'agit d'*introduire* le captif, c'est-à-dire de commencer sérieusement son *affaitage*. Un *passager* récalcitrant devait d'abord être soumis au joug par la fatigue. Le fauconnier prenait l'oiseau sur le poing et le portait nuit et jour, sans lui donner un instant de repos ni de sommeil, le maniant et le caressant continuellement soit avec une baguette, soit avec une aile de pigeon, dite *frist-frast*. Quand il était lui-même fatigué, un aide venait prendre l'oiseau sans lui donner de relâche. Cette première épreuve durait ordinairement trois jours et trois nuits.

Quand l'oiseau opposait trop de résistance, on lui lançait des jets d'eau froide avec l'éclissoire, on lui plongeait la tête dans un bassin ; on était même quelquefois obligé de lui *baisser le corps*, c'est-à-dire de le faire maigrir en diminuant sa nourriture et en lui donnant des viandes laxatives.

Lorsque l'oiseau donnait des signes de docilité et se laissait couvrir et découvrir la tête sans résistance, on lui permettait de passer la nuit en repos, on lui donnait sur le poing de menus morceaux de viande, dont on augmentait peu à peu la quantité, puis on le *paissait*

Affaitage.

---

(1) « Pour deux gibessières de toile vermeille, garnies l'une de fers de laiton doré, estoffée d'or de Chippre et de soie de plusieurs couleurs et l'autre de fers blancs et estoffée de fil d'argent blanc et de soie comme dessus... pour servir à porter après ledit seigneur (le Roi) en ceste saison de gibier. » (*Comptes de l'argenterie.*) — Frédéric II dit que de son temps la gibecière se nommait *carnier* (*carneria*).

avec *du vif*, et, pour augmenter son appétit, on lui faisait avaler des *cures* ou petites pelotes de filasse qui faisaient l'effet d'un purgatif.

Pendant le jour, l'oiseau était chaperonné et remis sur le poing, et on le *jardinait*, c'est-à-dire qu'on le posait sur une motte de gazon dans la cour de la fauconnerie. Ensuite on le déchaperonnait et, en lui montrant son *pât*, on l'accoutumait à sauter sur le poing.

Lorsque le faucon était suffisamment *assuré* à cet exercice, on l'accoutumait à connaître le leurre, sur lequel on lui faisait prendre son pât, en ayant soin de faire entendre un cri particulier, qui devait servir plus tard à le *réclamer*.

Quand l'élève commençait à s'habituer au leurre, on lui continuait ses leçons en rase campagne, en le tenant attaché avec une filière de 20 toises (40 mètres) de long. On lui présentait le leurre en le réclamant d'abord à une courte distance, puis de plus en plus loin. Toutes les fois que l'élève venait au leurre, on lui donnait un peu de viande dont on lui laissait prendre *bonne gorge* pour l'affriander.

L'oiseau étant bien *duit* au leurre, on lui donnait *l'escap*, ce qui consistait à lui faire prendre des oiseaux vivants, soit attachés au leurre, soit volant au bout d'une filière, soit enfin en liberté.

L'éducation des oiseaux chasseurs était complète lorsqu'on leur avait fait voir et voler le gibier à la poursuite duquel ils étaient destinés.

A ceux qui devaient voler le héron, la grue ou autres volatiles de grande taille, on faisait tuer une

dinde grise (1), attachée à un piquet. Pour la corneille,
on donnait aux oiseaux une poule noire ; pour le
milan, une poule rousse, etc.

Pour dresser les oiseaux à voler le lièvre, un poulet vivant était enfermé dans la peau d'un de ces animaux et traîné au bout d'une filière, d'abord par un
valet à pied, puis par un homme à cheval. Le faucon
fondait sur le faux lièvre, et on le laissait déchirer le
poulet caché sous la peau.

Après quelques jours de ces exercices préparatoires,
on donnait aux faucons la corneille, le milan ou le
héron, attachés au piquet, les ongles émoussés et le
bec enfermé dans une sorte d'étui.

On passait ensuite au vol des mêmes oiseaux et du
lièvre d'*escap*, à la filière d'abord, puis en liberté.

L'affaitage était alors terminé et l'on pouvait faire
voler les oiseaux *pour bon*.

Tels étaient les principes généraux de l'éducation
des oiseaux chasseurs. Dans l'application, il y avait
une foule de détails particuliers à chaque espèce, suivant sa docilité, l'âge de l'oiseau et les conditions dans
lesquelles il avait été pris. Ainsi les gerfauts, surtout
les tiercelets hagards, étaient ceux dont l'affaitage présentait le plus de difficulté; les oiseaux pris passagers
étaient naturellement plus fiers et plus intraitables
que les branchiers, et ceux-ci que les niais.

L'éducation des oiseaux de bas vol présentait avec

---

(1) Avant l'importation des dindons, on employait probablement une
paonne comme pour les chiens. Voir d'Arcussia.

celle des oiseaux de leurre quelques différences que nous avons déjà indiquées ; on ne les chaperonnait pas, on les dressait à revenir sur le poing, etc. De plus, comme l'autour et l'épervier étaient le plus souvent à l'usage de simples gentilshommes peu riches, leur affaitage se passait dans la cuisine du manoir plus fréquemment que dans un local à part.

La manière de leurrer et de réclamer les oiseaux constituait une partie assez importante de l'art. Il y avait une façon particulière de *huer* et de siffler pour faire revenir chaque oiseau, et un cri différent pour annoncer le départ de chaque espèce de gibier.

En général, nos fauconniers étaient accusés d'être beaucoup trop bruyants et de *criailler jusqu'à s'esgorger* (1).

On réclamait quelquefois les oiseaux avec un cornet. Philippe le Bon rappelait ses éperviers avec un petit cornet d'ivoire garni d'or fin (2).

Les oiseaux de chasse avaient leurs noms comme les chiens.

Nous avons déjà donné, d'après Claude Gauchet, ceux des meilleurs faucons du connétable de Montmorency. D'Arcussia a pris soin de transmettre à la postérité le nom de ses faucons *Borrasque* et *le Corse* et du sacre *le Glorieux*. En suivant les chasses du Roi, il avait vu les gerfauts *la Perle* (*qui estoit blanc comme un cygne, horsmis les aisles*), *le Gentilhomme* et le *Pin-*

---

(1) *Illustrations sur Chalcondyle.*
(2) Comptes de Bourgogne.

son voler le héron, et les émerillons appelés la *Damoy-selle*, le *Moyneau* et le *Fousque*, poursuivre le cochevis.

Dans les fauconneries bien tenues, le nom de chaque oiseau était inscrit sur son bloc, comme on inscrit le nom des chevaux au-dessus du râtelier dans les grandes écuries.

La chasse au vol avait son langage à part, comme la vénerie, et les termes dont on se servait dans l'autourserie n'étaient pas les mêmes que ceux de la fauconnerie proprement dite. Il fallait se garder de les confondre, et le fauconnier qui se serait permis d'appliquer à ses nobles oiseaux des termes d'autourserie aurait fort risqué de se voir bafoué, comme ayant pris ses mots à la *cuisine* (1). On *jetait* un faucon, mais on *lâchait* un autour. Le faucon *liait* sa proie, tandis que l'autour l'*empiétait*. On disait la *main* des oiseaux de leurre, le *pied* des oiseaux de poing, etc. (2).

Le langage de la fauconnerie a fourni à la langue vulgaire quelques locutions proverbiales et métaphoriques, comme *désiller* les yeux, *rendre gorge*, *débonnaire* (de bonne aire, bien né), *leurre, leurrer, niais, hagard, madré, prendre l'essor, faire des gorges chaudes*, etc.

Une partie notable des anciens traités de fauconnerie est consacrée à l'exposition de recettes plus ou moins baroques pour guérir les maladies des oiseaux, et à des dissertations sans fin sur leur nourriture et le

----

(1) D'Arcussia.
(2) Voir d'Arcussia et le P. René François Binet.

régime qu'on doit leur faire observer. Nous nous garderons bien de suivre nos vieux fauconniers dans cette voie, nous bornant à faire remarquer qu'ils étaient complétement de l'école de M. Purgon et droguaient impitoyablement les malheureux volatiles à tout propos et même sans autre dessein que d'augmenter leur appétit et leur ardeur. On leur faisait avaler des *cures* et des cailloux, on les *poivrait*, on assaisonnait leur pât de manne, d'aloès, de clous de girofle; on les bourrait de pilules d'*hiéra*, de musc, de myrrhe, de safran, de pilules blanches, de pilules douces; on les lavait avec de l'eau poivrée ou de l'infusion de tabac.

Les plus grands soins hygiéniques étaient donnés aux oiseaux en bonne santé; en hiver, on les tenait, le jour dehors et la nuit dans des chambres chauffées. Le soir, ils étaient déchaperonnés et attachés sur la perche.

L'été, on les *jardinait* dans des préaux gazonnés et on les baignait au moins tous les huit jours.

Quand un oiseau avait eu quelques pennes rompues, les fauconniers étaient fort habiles à lui en ajuster (ou *enter*) de nouvelles. Ils se servaient, pour cette opération délicate, de pennes provenant d'individus morts de la même espèce (1). On les taillait en biseau et on les faisait entrer dans la penne rompue, où on les fixait au moyen d'une aiguille plate, trempée

---

(1) Quelques *curieux* employaient ce procédé pour enter à leurs oiseaux des pennes appartenant à des espèces différentes et créer ainsi des bigarrures qui leur paraissaient d'un effet original et agréable.

préalablement dans du vinaigre ou du jus de citron, ce qui, en oxydant l'aiguille, augmentait la solidité de l'opération.

Les fauconniers partageaient avec les veneurs les idées superstitieuses attachées à la rencontre d'un moine ou d'une fille. Dans le poëme de Gace de la Buigne, un fauconnier interpelle fort irrévérencieusement un moine qu'il a rencontré en partant pour la chasse :

> Dan (*dom*, seigneur) moyne, Dieu vous puisse huy nu
> Car meshuy bon déduit n'arons
> Depuis qu'encontré vous avons......
> De ribaude, c'est très-bonne encontre,
> Et qui preudhomme encontrera
> Sçachez jà bon déduit n'aura.

Ils avaient bien d'autres superstitions. Deudes de Prades, sur la foi du *preux* et *puissant* Roi d'Angleterre, Henri II, nous enseigne que, lorsqu'on voit paraître la première penne de l'oiseau, il faut dire : « Beau seigneur Dieu, fais ce miracle, tiens tes oiseaux sous tes pieds : *volatilia, Domine, sub pedibus tuis.* »

Pour garantir vos faucons des attaques de l'aigle, il faut dire toutes les fois qu'on va à la chasse : « Le lion de la tribu de Juda a vaincu ; *vicit leo de tribu Juda, radix David, alleluia.* »

Ces attaques des aigles préoccupaient terriblement les fauconniers provençaux. D'Arcussia donne aussi des prières latines pour adjurer les aigles quand ils paraissent en l'air, et bénir de l'eau qui préservera les faucons de leur fureur (1).

---

(1) *Lettres de Philoiérax à Philofalco.*

Il raconte qu'un de ses faucons fut tourmenté pendant la nuit par des esprits malins, et qu'il parvint à l'en délivrer en ayant recours aux prières et aux bénédictions de l'Église (1).

Cependant, le même d'Arcussia se moque des fauconniers qui n'osaient pas aller à la chasse le vendredi et se faisaient scrupule de paître leurs oiseaux de la cinquième, de la septième et de la neuvième perdrix. « Ce sont, dit-il, opinions folles. »

----

(1) *Lettres de Philoiérax à Philofalco.*

CHAPITRE IV.

Vols divers de la fauconnerie et de l'autourserie.

Les diverses chasses ou *vols* pour lesquels on dressait des oiseaux de proie se divisaient, comme nous avons déjà eu l'occasion de le faire remarquer, en deux classes bien distinctes, les *hauts vols* ou vols de la fauconnerie, et les *bas vols* ou vols de l'autourserie (1).

Les premiers étaient considérés comme beaucoup plus nobles et plus intéressants que les autres, et les fauconniers affectaient pour les *autoursiers* le plus profond mépris. Le nom de ces derniers était même de-

---

(1) Quelques anciens auteurs divisent la chasse au vol en *haute volerie*, c'est-à-dire la chasse du milan et du héron, et *basse volerie* qui comprend les chasses qu'on fait au lièvre, aux perdrix, aux canards et à tout autre gibier, soit avec les oiseaux de haut vol, soit avec ceux de bas vol. (Schlegel.)

venu une injure parmi leurs orgueilleux rivaux. Quand on veut se moquer d'un fauconnier, selon Gace de la Buigne on dit : « Esgard! quel autrucier (1)! »

Les infortunés autoursiers répondaient en vain que les autours étaient *beaucoup estimés* partout, que les chasseurs des provinces les réputaient de très-bons oiseaux, ayant obtenu par leurs services le nom honorable de *preneurs*, que même des princes en faisaient cas. Ils n'étaient guère écoutés, aussi cherchaient-ils à se venger en jouant aux fauconniers les plus méchants tours (2).

On trouve, dans d'Arcussia, le récit assez comique d'une querelle entre fauconnier et autoursier.

Un seigneur de son voisinage avait un *glorieux fauconnier*, qui croyait que, s'il eût *traité* un autour, il eût dérogé à sa réputation (erreur commune parmi les valets de chasse aujourd'hui, dit d'Arcussia). *Cet arrogant porteur d'oiseaux* accablait de ses mépris un autoursier qui servait un gentilhomme, proche parent de son maître et grand amateur de basse volerie. Ces deux hommes se défièrent à qui *ferait mieux faire* à ses oiseaux, et dressèrent leurs batteries en conséquence.

Le fauconnier accoutuma deux faucons niais à frap-

---

(1) Voir la note D à la fin de ce volume.

(2) Gommer de Lusancy ajoute à ces arguments en faveur de l'autourserie l'observation suivante : « Chacun connoist que l'autoursier peut entrer dedans la maison du Roy pour reprendre son oyseau, s'il y est chu sur son gibier ou autrement, comme aussi de voler les perdrix par tout pays, sans contredit. »

per en passant un leurre couleur de chair, qu'il
mettait sur sa tête et auquel il attachait leur pât.

L'autoursier avait *apprêté un gros autour pillard*,
qui, lorsqu'il avait empiété un perdreau, sautait au
nez de celui qui voulait le prendre.

Au jour dit, chacun monte à cheval pour voir l'é-
preuve. Le fauconnier et l'autoursier chevauchaient
au premier rang, vêtus de *balandrans* (1) de semblable
couleur. Au partir du logis, le fauconnier quitte son
balandran, sous prétexte de la chaleur. L'autoursier,
homme âgé et chauve, continue son chemin, vêtu de
son balandran, la tête nue, suivant sa coutume, et son
chapeau pendant à un cordon sur le dos. On crie :
« *Guairo* (2)! » L'autoursier, qui devait voler le premier, ouvre la main et lâche son oiseau. Le fauconnier ayant aussitôt pris les devants, *comme les glo-
ricux font toujours*, l'autoursier dit à·son maître :
« Monsieur, si vous piquez, vous aurez du plaisir,
car mon autour va empoigner le nez du fauconnier. » Le seigneur, voulant empêcher l'exécution de
cette mauvaise plaisanterie, part à toute bride; « mais
il ne sceut arriver si tost qu'il ne trouvast que l'autour qui avoit empiété le perdreau ne l'eust desjà
quitté pour s'accrocher au nez du fauconnier, lequel,
bien qu'il criast à l'aide, l'autoursier ne se hastoit
point trop de secourir. »

Le fauconnier, débarrassé des ongles *tout d'acier* du

---

(1) Grosses casaques.
(2) Cri pour annoncer le départ des perdrix.

maudit animal et affectant de rire du tour, demande
à son maître la permission de *deslonger* ses faucons
et de les *mettre à mont*. Or les oiseaux étant *en aile*
aperçoivent le balandran de l'autoursier, semblable à
celui que porte ordinairement leur fauconnier, et sa
tête pelée, dont la couleur rappelle celle du leurre
auquel ils sont accoutumés. Aussitôt, les voilà qui
fondent sur le pauvre diable, *tantôt l'un, tantôt l'autre*,
bourrant, frappant, choquant, *buffetant* à qui mieux
mieux, et donnant tant de coups sur cette tête chauve,
que le malheureux autoursier est contraint de se jeter
à terre et de se réfugier sous le ventre de son cheval,
ce qui ne l'eût pas sauvé s'il n'eût été secouru, tant
les faucons étaient acharnés. Il fallut que le fauconnier vînt reprendre ses faucons avec son fameux leurre.

Pour cela, leur querelle ne fut pas terminée, car
l'autoursier disait : « Mon oiseau seul a pris le fauconnier et le mangeait tout vif si l'on ne fût venu à
son aide. » L'autre ripostait : « Mes faucons, sans le
secours, l'eussent assommé. »

Il en fut de même partout et toujours; la question
ne fut jamais jugée sans appel entre fauconniers et
autoursiers, pas plus qu'entre fauconniers et veneurs.

§ 1. VOLS DE LA FAUCONNERIE.

On trouve, dans le *Roman des Oiseaux* de Gace de la
Buigne, l'énumération des différents vols auxquels
s'adonnaient les fauconniers du xive siècle, et des oiseaux qui y étaient affectés.

On volait avec les faucons (1) : hérons , grues , *an-nettes* (canettes), moretons, outardes, canards, faisans, perdrix, bihoreaux, busards, oies sauvages,

> Les turquès, les alérions,
> Sont vistes comme esmérillons
> Et prennent faisans et perdris,
> Et moult d'aultres oyseaux petis.

Les émerillons et les *hobes* ou hobereaux volaient principalement l'alouette et quelquefois le perdreau et le pigeon (2).

Près de trois siècles après Gace de la Buigne, d'Arcussia nous donne une liste complète des vols très-variés que pratiquait la fauconnerie royale sous Louis XIII.

Le vol du milan , de l'aigle pêcheur ou balbusard (3), de la buse et autres oiseaux du même genre, se faisait avec des gerfauts, tiercelets de gerfauts et sacres.

Le vol du héron avec des gerfauts, tiercelets de gerfaut, sacres, sacrets et faucons.

On prenait, avec des faucons, le *fau-perdrieu*, le Jean-le-Blanc, l'oiseau Saint-Martin (soubuse bleuâtre),

---

(1) Pris ici pour tous les oiseaux de haut vol et de forte taille.

(2) *Alb. Magnus. — Mesnagier de Paris.* — Guillaume, fauconnier du Roi Roger de Sicile, auteur souvent cité par Frédéric II et Albert le Grand, prétendait avoir pris des grues avec des émerillons. D'Arcussia dit de même que les Turcs volaient la grue avec 30 ou 40 émerillons.

(3) D'Arcussia affirme que les oiseaux du Roi pouvaient mettre bas le grand aigle noir *à force de corps.* Gace de la Buigne raconte l'histoire d'un faucon qui, donnant la chasse à une orfraie ou grand aigle de mer, la *buffeta* si bien, qu'il lui fit lâcher un gros brochet qu'elle emportait dans ses serres.

le chat-huant, la canepetière, le courlis, le choucas, le hobereau, le corbeau, la corneille, l'épervier et le canard.

Le *gabereau* (1), la poule d'eau, la pie, la chouette, l'hirondelle de mer, la crécerelle et le vanneau étaient *volés* par des tiercelets de faucons, ainsi que le coucou et le *sabat* (2);

Le butor par des sacrets;

La perdrix par des laniers, des sacres, des sacrets, des faucons et tiercelets de faucon et des alèthes;

La caille, l'étourneau, la huppe, la pie-grièche, le merle, l'alouette légère, le cochevis, la grive et le roitelet par des émerillons;

Le pigeon cillé par des émerillons et des tiercelets de faucon.

La chauve-souris se chassait avec des tiercelets de faucon niais et des crécerelles.

Plusieurs de ces vols étaient de l'invention du Roi (3), et ne furent jamais en usage hors de sa fauconnerie. Quelques autres chasses, qui se faisaient avec les oiseaux de haut vol, ne sont pas mentionnées parce que la fauconnerie royale n'avait pas occasion de s'y livrer ou les avait en dédain.

---

(1) Probablement une espèce de plongeon, dit en provençal *Gabrian* ou *Gabriau*.

(2) Inconnu. — Pour voler la pie, on associait quelquefois des oiseaux de haut vol, comme des tiercelets de faucon, avec des éperviers, oiseaux de basse volerie. (D'Arcussia.)

(3) Il en était ainsi du vol des oisillons avec les pies-grièches que l'absence de tout renseignement nous empêche de classer dans la haute ou dans la basse volerie.

Les vols de l'outarde, du *cygne cornant* (ou sauvage) (1), de la grue et de l'oie sauvage, qui se faisaient avec les oiseaux les plus vigoureux, comme gerfauts (2), sacres et faucons pèlerins, le vol du faisan avec le sacre (3); ceux de la bécasse, du geai, du *bechebois* (pivert) avec deux tiercelets de faucon (4); les vols du perdreau, de la caille et de l'alouette avec le hobereau ne figuraient pas parmi les vols de la grande fauconnerie, non plus que parmi ceux de la Chambre et du Cabinet.

De toutes ces chasses, il n'en était qu'un certain nombre qui fussent réellement en usage.

C'étaient le vol du héron, le vol pour champs, le vol pour rivière, le vol de la corneille, celui de la pie, les vols qui se faisaient avec les émerillons.

Le vol du héron était le plus beau de tous, il tenait dans la fauconnerie la place éminente qu'occupe dans la vénerie la chasse du cerf.

Tous les auteurs ont célébré à l'envi ce vol royal. De Thou l'a chanté en beaux vers latins; Claude Gauchet en vers français moins pompeux.

Il y avait deux manières d'attaquer le héron. Lors-

Vol du héron.

---

(1) Gace de la Buigne dit que les paysans font bien plus de cas d'un lièvre que du meilleur faucon qui aurait pris des *cygnes cornans* près de Paris. (Vraisemblablement sur l'étang d'Enghien.)

(2)   Comme un gerfaut qui de roideur se laisse
    Caler à bas, ouvrant la nue espaisse
    Dessus un cygne amusé sur le bord. (Ronsard.)

(3) Belon.
(4) D'Arcussia.

qu'on le surprenait à terre, on tirait quelques coups d'arme à feu pour le faire *monter*, et on lui donnait en queue un oiseau nommé *haussepied*, qui le forçait de s'élever à une grande hauteur ; lorsqu'il y était parvenu, on jetait deux autres oiseaux, le *teneur*, qui poursuivait le héron, et le *tombisseur*, chargé de le *lier*. Si ce dernier manquait son atteinte, les deux autres donnaient tour à tour, jusqu'à ce que le malheureux échassier, ne pouvant plus résister, se laissât choir, les ailes ouvertes, les pieds devant et le col en haut. Comme le héron ne frappait dangereusement avec son bec que lorsqu'il était à terre, on le faisait saisir par des lévriers à gros poil, dressés à le tuer et à le rapporter au fauconnier. Le premier héron pris, on en *faisait plaisir* aux oiseaux (1).

Cependant les fauconniers tenaient un second vol tout prêt pour attaquer les hérons qui, aux cris de leur compagnon, se mettaient *à la branloire* et venaient tourner autour de la victime et des chasseurs.

L'autre manière était de voler le héron au *passage*. On se postait à bon vent sur le chemin qu'il suivait d'habitude au retour de la pêche, et on lui jetait de même trois oiseaux vigoureux.

Vol du milan. Le milan était très-rare partout ailleurs que dans quelques capitaineries où l'on avait construit des *milanières* pour favoriser la propagation de l'espèce ; aussi sa chasse était-elle éminemment royale ; les meilleurs oiseaux de fauconnerie étaient mis en ré-

------

(1) D'Arcussia. — *États de la France* et tous les auteurs.

quisition pour ce vol, qui présentait un vif intérêt, à cause de l'agilité extraordinaire du milan, admirablement organisé pour se jouer des poursuites de ses ennemis dans les hautes régions de l'atmosphère.

Le milan noir était encore plus rare que le milan roux ou *milan royal*. Un antique usage, qui se perpétua jusqu'à la suppression des équipages de fauconnerie, voulait que, chaque année, le premier milan noir que le chef du vol pour milan prenait en présence du Roi lui donnât le droit de réclamer le cheval que montait Sa Majesté, sa robe de chambre et ses mules : le tout rachetable pour la somme de 100 écus (1).

Pour attirer les milans, on exposait en rase campagne un grand-duc, auquel on avait attaché une queue de renard, *pour rendre sa figure plus extraordinaire*. L'énorme oiseau de nuit, ainsi affublé, volait à fleur de terre, se posant çà et là. Le milan, l'apercevant de loin, s'approchait de lui soit pour le combattre, soit, comme dit Buffon, pour l'admirer, et restait assez absorbé dans sa contemplation pour qu'on pût lui *jeter* à portée les oiseaux de haut vol : gerfauts, sacres ou faucons, destinés à le prendre.

D'Arcussia raconte, d'une façon vive et pittoresque, une chasse au milan à laquelle il avait assisté le jour de la Sainte-Catherine, en présence du Roi Louis XIII.

Le milan, attaqué par quatre gerfauts, s'éleva si haut, que ceux des spectateurs qui n'avaient pas la vue

---

(1) Dangeau, t. II et VI. — *États de la France.*

bonne *étaient bien en peine* et *n'avaient point de part
au plaisir*. Un gerfaut, nommé l'*Ostarde*, oiseau *fort
gaillard*, donne le premier au milan; les autres fondent
tour à tour sur lui, le frappant alternativement, *comme
les forgerons sur l'enclume*, avec un grand *singlement*
d'ailes.

Le pauvre milan, ainsi *buffeté*, ne savait comment
se défendre; il s'efforçait d'esquiver les attaques re-
doublées de ses ennemis, pliant les ailes, tantôt d'un
côté, tantôt de l'autre; essayant parfois de jouer des
griffes, et poussant des cris de détresse. Enfin, un
des gerfauts le lie, les autres en font autant et les
cinq oiseaux viennent à bas tous ensemble.

Le Roi, M. de Luynes, chef du vol, et tous les fauconniers accourent pour empêcher le milan de blesser les oiseaux du bec ou des griffes *qu'il a veni-
meuses;* on lui rompt les jambes, on lui arrache la
tête, et l'on paît les gerfauts d'une poule de même
plumage, *étant la chair du milan puante et malsaine
aux oiseaux*.

Louis XIII était *si benin*, dit le même auteur, qu'il
sauvait fréquemment la vie aux milans pris par ses
oiseaux et les lâchait par les fenêtres du Louvre après
leur avoir fait couper les deux *couvertes* de la queue.
« Acte digne de luy! » s'écrie pompeusement d'Arcussia.

Vol pour champs. Le vol des perdrix en plaine ou *vol pour champs* était
la chasse favorite des gentilshommes particuliers, qui y
trouvaient à la fois plaisir et profit, car *une perdrix ne
vient jamais mal à propos à la cuisine* (1). Ce vol avait

(1) D'Arcussia.

de plus l'avantage de durer neuf mois de l'année.

Pour voler la perdrix, il fallait de très-bons oiseaux, affaités avec un soin tout particulier. Les plus propres à ce vol étaient les sacrets, les laniers passagers et les faucons niais, surtout ceux qu'on tirait d'Espagne (1).

Le vol pour champs avec les oiseaux de leurre se faisait de deux manières. On *mettait à mont* ces oiseaux, qui tournaient et *soutenaient* au-dessus des chasseurs et des chiens. On les menait ainsi quelquefois *jusqu'à près de demi-lieue, tenant toujours sur ailes.* Lorsque les chiens faisaient *bourrir* les perdrix on criait : *Guéraux* (2)! et les oiseaux, faisant leur descente, les frappaient avec tant de roideur que souvent elles étaient mortes avant de toucher terre.

D'autres fois on chassait avec des oiseaux *bloqueurs* (3), qu'on déchaperonnait aussitôt que les perdrix partaient. Ces oiseaux poussaient les perdrix à tire-d'aile jusqu'au fort ; là, ils se branchaient ou *prenaient la hauteur d'une maison* pour marquer la remise, et le fauconnier allait avec ses chiens les servir en faisant repartir les perdrix (4).

Les oiseaux qui servaient au *vol pour rivière*, ou vol des oiseaux aquatiques, étaient des faucons sors

Vol pour rivière.

---

(1) Sélincourt. — Morais. — Dans la fauconnerie royale on se servait de faucons, tiercelets de faucons, sacres, sacrets, laniers, lanerets, *alets*, émerillons et *maróts. (Maslots*, émerillons mâles). — *États de la France.*

(2) Ou *Guairo.* — En beaucoup de lieux on crie encore *guéraux* pour signaler les perdrix en battue.

(3) Un oiseau *bloque* lorsqu'il arrête une perdrix, se tenant en l'air sans remuer les ailes. (Goury de Champgrand.)

(4) *États de la France.*

ou hagards; le gerfaut volait aussi pour rivière, *mais il n'était pas si agréable comme sont les faucons* (1).

Pour qu'il fût possible de voler les oiseaux aquatiques, il fallait les surprendre sur des mares, des fossés, des cours d'eau étroits et encaissés. Les canards sauvages et autres palmipèdes ne quittant guère les grandes eaux avant le mois de février, la chasse en rivière commençait à cette époque et se terminait en avril ou en mai pour le commun des mortels.

Mais les grands seigneurs, lorsqu'ils voulaient prendre le plaisir de cette volerie, avaient soin de faire tirer des coups de feu le matin sur les grands étangs, ce qui renvoyait le gibier sur les ruisseaux et les mares (2).

Un cavalier bien monté allait d'abord reconnaître de loin sur quels points se trouvait le gibier. Conformément à son rapport, on se dirigeait vers l'endroit désigné, on mettait les oiseaux *à mont*, puis on faisait partir les canards; au moment où ils prenaient leur vol, on criait : *Hà, hà!* ou bien encore *hou, hou!* à la mode flamande. Les faucons fondaient aussitôt sur leur proie et l'assommaient; si elle leur échappait, on la remettait sur une autre mare.

Souvent les palmipèdes, terrifiés par l'apparition de l'ennemi qui planait au-dessus d'eux, refusaient de s'envoler, malgré les cris des fauconniers et les

____

(1) *Miroir de fauconnerie.*
(2) Ainsi faisait le connétable de Montmorency — Voir Claude Gauchet.

poursuites des barbets, on déchargeait alors une arme à feu pour les décider à partir (1).

Avant l'invention des armes à feu et jusqu'au xvie siècle on se servit de tambours dans le même but (2).

On volait la corneille avec deux faucons et un tiercelet de gerfaut ou avec trois faucons; pour attirer en plaine les oiseaux qu'on voulait chasser on leur montrait un duc et, dès qu'on les voyait approcher pour l'attaquer, on criait : *Corneille en beau!* La corneille, apercevant les faucons, faisait de son mieux pour regagner le couvert; si elle y parvenait, les fauconniers lui faisaient quitter son fort en battant les arbres et les buissons et en criant : *Hale, hale* (3)!

Ce vol était le plus aisé de tous et convenait d'autant mieux à un simple gentilhomme que les oiseaux qui prenaient la corneille n'en étaient pas moins bons pour les autres vols (4).

Vol
de la corneille.

---

(1) Claude Gauchet.

(2) C'étaient surtout les autoursiers qui se servaient de *tabours*; cependant on voit, dans le passage cité précédemment de Pero Nuñez, des tambours jouant leur rôle pendant une chasse au héron avec les faucons gentils. Matthieu Pâris, à propos du pygargue dressé dont nous avons parlé plus haut, dit qu'une sarcelle s'envola au bruit de cet instrument qui est appelé *thabur* par les chasseurs en rivière (*ripatoribus*). Le traducteur a rendu ce dernier mot assez singulièrement par *moissonneurs*. (Chr. de Matth. Pâris, t. II.) Dans une miniature d'un des plus anciens manuscrits du *Roy Modus* un fauconnier volant un héron a le *tabour* à l'arçon de sa selle.

(3) Les oiseaux de Louis XIII prenaient quelquefois le grand corbeau, ce qui était considéré comme chose merveilleuse. (D'Arcussia.)

(4) D'Arcussia. — Morais. — *États de la France.*

Les corneilles *emmantelées de gris* étaient *les plus
propres à voler*, avec les plus petites qu'on nomme
choquettes (choucas), mais il faut se garder des corneilles à bec rouge (1).

Vol de la pie. Trois tiercelets de faucon étaient l'équipage requis
pour voler la pie, que les fauconniers poursuivaient
d'arbre en arbre et de buisson en buisson à grands
coups de gaule et de pierres pour la forcer à prendre
son vol. La maligne bête mettait souvent tant d'obsti-
nation à ne point partir, qu'il fallait faire grimper un
aide-fauconnier dans les arbres pour l'en faire *vuider* (2).

« Toutes les fois qu'elle part ou vuide, on crie :
Houya, houya (3). »

Fouquet de la Varenne, qui, après avoir été *fouille-
au-pot* chez la duchesse de Bar, avait gagné des
sommes considérables à servir les amours de Henri IV,
s'était retiré sur ses vieux jours dans ses terres. Il
s'amusait une fois à voler la pie. L'oiseau rusé s'était
relaissé dans un arbre, et les fauconniers frappaient
autour avec leurs bâtons pour la faire *vuider*, lorsque
dame Margot s'avisa d'articuler fort nettement une
injure grossière, qui alla droit au cœur de l'ancien

---

(1) Voir d'Arcussia, qui n'explique pas pourquoi on ne devait pas
voler les corneilles à bec rouge (ou *coracias*).

(2) Cl. Gauchet. — *Poëme de la fauconnerie* dans d'Arcussia. —
États de la France.

(3) *États de la France.* —

Puis, au partir de l'arbre, hoya, hoya se crie.

(Cl. Gauchet.)

Mercure de Henri IV (1). « Le bonhomme la Varenne, » dit Saint-Simon, « en fut atterré comme du
renouvellement de la parole de l'âne de Balaam. Il ne
douta point du miracle, et que l'oiseau ne lui repro-
chât ses crimes. Il tourna bride sur-le-champ, le fris-
son le prit en arrivant chés lui et en trois jours il en
mourut sans que jamais on pût lui persuader que
c'étoit quelque pie apprivoisée qui avoit appris à parler et qui s'étoit envolée de chés son maistre (2). »

On se servait des émerillons pour voler les jeunes
perdreaux, pendant que les autres oiseaux légers
étaient en mue. On s'en servait aussi pour voler le
merle, le *burisson* (burichon, roitelet), le rouge-gorge,
le cochevis, l'alouette légère, le cul-blanc et le pigeon
cillé.

Les émerillons qui prenaient l'alouette légère
étaient considérés comme extraordinairement bons (3).
Cet oiseau, se sauvant ordinairement *par haut*, attirait jusque dans les nues les deux émerillons qu'on
lui jetait. Ces courageux petits faucons, gagnant le
dessus, forçaient la pauvre alouette de se *ravaler*
pour *se rendre* en quelque buisson, où on la prenait à la main, quand les émerillons lui laissaient
le temps d'y arriver, ce qui était rare.

Vols avec
l'émerillon.

---

(1)   Il eut l'emploi, qui certes n'est pas mince
      Et qu'à la cour, où tout se peint en beau
      Nous appelons être l'ami du prince,
      Mais qu'à la ville et surtout en province
      Les gens grossiers ont nommé maq.....
(Voltaire.)

(2) *Mémoires*, t. X. — Additions à Dangeau, t. XV.
(3) D'Arcussia.

Cette chasse passait pour la plus agréable de celles qu'on faisait avec les émerillons, parce que dans aucune *ils ne marquoient plus leur feu et leur courage* (1).

Le vol du perdreau avec les émerillons se faisait de *poing en fort* (quoiqu'ils fussent essentiellement oiseaux de haut vol), c'est-à-dire qu'on ne jetait les oiseaux chasseurs qu'après le départ des perdreaux devant les chiens. L'émerillon volait en ce cas comme le faucon *bloqueur*, avec cette seule différence qu'on le pouvait porter découvert et sans chaperon.

Lorsqu'on volait le merle ou les autres oisillons, on portait des épieux pour faire sortir le gibier des haies où il cherchait un refuge (2).

Le pigeon cillé était lancé avec la main le plus haut possible, puis, lorsqu'il était à hauteur convenable, les fauconniers lui jetaient les émerillons qui le gagnaient de vitesse et le *buffetaient* jusqu'à ce qu'ils l'eussent lié et attiré à bas ; ce combat durait parfois longtemps (3).

« Le vol pour émerillons, » dit l'*Etat de la France*, « est particulier au Cabinet du Roy, n'étant dans aucune autre Fauconerie Roïale que dans celle du Cabinet. » C'était Louis XIII qui avait introduit dans sa maison ce vol pour lequel il était très-passionné.

---

(1) *États de la France.*
(2) *Ibidem.*
(3) *Ibidem.*

§ 2. VOLS DE L'AUTOURSERIE.

Le domaine de l'autourserie était beaucoup plus étendu au moyen âge qu'il ne le fut pendant les siècles suivants. Gace de la Buigne, après avoir énuméré les vols qu'on doit exclusivement réserver aux faucons, permet aux *austruciers*,

> De prendre butours et badians (1)
> Poches (spatules) aguettes (aigrettes) hairons blancs,
> Moyennes de mer (2), plusieurs oyseaux,
> Cormarens, cornilles (3), corbeaux,
> Cines (cygnes) bistardes (outardes) et aussi gruës
> Et oyes grosses et menües
> Gentes (4), perdris, faisans (5), cailleux,
> Que trouveront en plusieurs lieux....

Plus tard, quoiqu'on chassât encore quelquefois avec l'autour les canards et le faisan, le rôle principal de ce grand oiseau de poing fut de voler pour champs (6), ce dont il s'acquittait du reste à la satis-

---

(1) Inconnu. — Peut-être faut-il lire *gabian*, nom de la mouette en Provence.

(2) On appelle *petites de mer* les bécasseaux et maubèches sur les côtes de Normandie.

(3) D'Arcussia dit que, si un autour ou un tiercelet était accoutumé au vol de la corneille, *il y ferait rage.*

(4) Espèce d'oies sauvages, en allemand *Gænse.*

(5) On volait le faisan dans de jeunes tailles où se trouvaient quelques grands arbres. Si l'autour manquait d'empiéter son gibier au cul-levé, il se branchait pour le guetter près de la remise. Au xviiᵉ siècle, cette chasse se faisait surtout en Italie. Les Turcs la pratiquaient en Asie Mineure à la fin du siècle dernier. Voir, sur le vol du faisan, Aldrovande.— *Le caccie di Eugenio Raimondi.* (Brescia, 1621).—Bloome. — Sélincourt. — Buffon, art. *Faisan.*

(6) « On ne s'en sert guère qu'aux perdrix en attendant que les autres oiseaux soient sortis de la mue. » (Morais.)

faction des gens *qui aimaient à voir le crochet de leur cuisine garni de gibier* et qui craignaient la fatigue ou la dépense. En effet, il n'y avait pas d'oiseau qui fît prendre plus de perdrix ; les maîtres pouvaient suivre les chasses *sur le traquenard* ou *la mule* (1) et faire donner du secours à leurs oiseaux par des valets de pied. Les fauconniers ajoutaient dédaigneusement à ces motifs de préférence que l'autourserie convenait surtout aux ignorants, car, avec *peu de science, ils feront voler ces oiseaux, d'autant plus que cette volerie ne consiste toute qu'en ruse* (2).

Pour bien réussir à prendre des perdrix avec l'autour, il fallait éviter que le gibier partît de trop loin, et dans une direction défavorable.

Vol pour champs avec l'autour.

A cet effet, les chasseurs à pied et à cheval s'avançaient en ligne, précédés de leurs chiens ; deux autours ou tiercelets étaient portés par des autoursiers, qui marchaient aux extrémités de la ligne. Lorsque les perdrix s'envolaient, l'autour fonçait sur elles en ligne directe (*à la source, à lève-cul* ou *à la couverte*) ; s'il ne parvenait pas à en empiéter une, il suivait la chasse *d'amont* ou se branchait sur quelque arbre du voisinage, pour fondre sur les perdrix quand on les faisait repartir de la remise. En manœuvrant bien,

---

(1) Même en chaise, suivant Liger (*Amusements de la campagne*).

(2) Voir Gommer de Lusancy. — D'Arcussia. — Liger. — Goury de Champgrand. — D'Arcussia dit qu'on pourrait fort bien chasser le héron avec des autours. Il ajoute que plusieurs seigneurs en font l'exercice et le pratiquent tous les jours.

les autoursiers se renvoyaient les perdrix de l'un à
l'autre et en prenaient grande quantité.

La chasse des oiseaux de rivière avec l'autour, qui
se pratiquait encore de temps à autre au xviie et au
xviiie siècle, ne pouvait réussir que dans des circonstances toutes particulières. Il fallait pouvoir approcher cette sauvagine rusée et défiante d'assez près
pour que l'autour pût l'empiéter au *lève-cul*. Or
cela n'était possible que lorsque le gibier se tenait sur
des eaux très-encaissées ou bordées de grands joncs
et de saulées épaisses. Lorsqu'on s'était assuré de
pouvoir surpendre les canards en lieu propice, on ga-
gnait les devants, le long du fossé ou du ruisseau,
l'autour sur le poing.

Arrivé en face des canards, l'autoursier s'avançait
brusquement au bord de l'eau, les canards s'enlevaient, l'autoursier lâchait son oiseau qui en empiétait un *à la source* (1).

Si, au moment où on lâchait l'autour, les canards,
au lieu de s'élever, se rabattaient sur l'eau et plon-
geaient, il arrivait quelquefois que l'oiseau chasseur,
emporté par sa fougue, s'approchait trop de la surface
liquide, mouillait ses ailes et courait risque de se
noyer (2).

C'était surtout à ces chasses en rivière avec l'autour
que les tambours faisaient rage. Dans le poëme de
Gace de la Buigne, comme dans celui de de Thou, il est

Vol
pour rivière,
avec l'autour.

---

(1) D'Arcussia. — Goury de Champgrand.
(2) De Thou.

parlé de ces instruments bruyants avec lesquels les autoursiers forçaient les palmipèdes effrayés à sortir de leurs roseaux (1). Dans les gravures de Philippe Galle d'après Stradan, les chasseurs en rivière ont non-seulement des tambours, mais des timbales et des trompettes.

Vols avec l'épervier ou espreveterie.

Les éperviers chassaient comme les autours, proportion gardée, et jouissaient même de plus de considération auprès des délicats en matière de volerie.

Les vols de l'*espréveterie* étaient très-variés au moyen âge (2). En été, on faisait voler par l'épervier la perdrix, la caille et l'alouette; en automne et en hiver, les faisandeaux (3), les râles des champs, les râles noirs ou râles d'eau, les bécasses, les sarcelles, les vanneaux, les grives, les merles, les pics, les geais, les choucas (4).

Vol pour champs avec l'épervier. Perdreaux.

Sélincourt dit que ceux qui ont l'adresse de se bien servir des éperviers en tirent plus de service que des autours. Avec deux ou trois éperviers qui volent l'un après l'autre pour leur donner haleine, on prend *plus*

---

(1) « Past de Béry, pour deux tabours achetez de li pour Mons' Philippe, pour chacer les oiseaux de rivière, 12 s. » (*Notes et documents relatifs à Jean, Roi de France. — Comptes de Denys de Collors.*) Reste à savoir s'il s'agit d'autourserie ou de fauconnerie. — Les Persans et les Indous, lorsqu'ils chassent au vol, portent pour le même usage de petites timbales d'argent suspendues à la selle.

(2) Sur l'espreveterie, voir surtout le *Mesnagier de Paris*, t. II.

(3) Du temps de d'Arcussia, ce vol, qui est mentionné dans Gace de la Buigne, n'avait plus lieu qu'en Italie, où les éperviers étaient très-bons et en très-grand honneur.

(4) *R. Modus. — Mesnagier. —* Belon. — D'Arcussia.

Le *Mesnagier* range l'*oustarde* parmi les oiseaux qu'on vole avec l'épervier. Il y a évidemment confusion avec l'autour.

de perdreaux qu'aucuns avant la Saint-Remi (1), et, quand ils sont grands, ils continuent à en prendre jusqu'à la Toussaint (2).

En Provence, lors du passage des cailles, on en prenait des quantités énormes avec l'épervier.

Dans les environs de Toulon, un homme à pied, une gaule à la main et sans chien, prenait avec son oiseau jusqu'à six douzaines de cailles en un jour.

Le passage durait pendant les mois de septembre et d'octobre. Cette saison passée, les Provençaux mettaient leurs éperviers dans une chambre et les gardaient jusqu'à l'été suivant. Au mois de juillet, ils s'en servaient pour voler les perdreaux, *à quoi ils étoient merveilleusement bons* (3).

Le vol de l'alouette était un des grands plaisirs de la noblesse campagnarde (4). Elle se faisait au *chault temps*. « Les grands seigneurs s'ébatent lors au plus gay gibier de l'année. » Le fabliau du *chevalier à la robe vermeille* nous montre un de ces nobles *espréveteurs* vêtu d'une robe d'*escarlate novcle*, fourrée d'her-

Cailles.

Vol de l'alouette.

---

(1) Jour où *tous perdreaux sont perdrix*.

(2) « Et en vole on aux pertriseaulx aux aloes et aux cailles et est un déduict trop plaisant pour ce qu'on vole souvent, comme pour les beaux vols que ung esprevier fait, et aussi pour la compagnie avec qui on est. Car moult de gens, hommes et femmes, se puent (peuvent) déduire et voler de l'esprevier, et faire ung grant renc à travers les champs et voler chascun en droict soy, et là voit on qui mieulx vole. » (*Le Roy Modus.*)

(3) D'Arcussia.

(4) « Dieux, comme c'est beau déduit, c'est plaisant déduit que de veoir [prendre une aloe à l'estourse (à la source) à bon esprevier ! » (*Le Roy Modus.*)

mine (1), ses éperons d'or aux talons, mais n'ayant point de chausses à cause de la chaleur (2).

> Il prist son esprevier mué
> Que il méisme ot (eut) mué
> Et maine deux chienès (3) petiz
> Qui estoient trestoz fetiz
> Por fère aus chans saillir l'aloë (4).

Une chasse à l'alouette avec l'épervier a fourni à l'auteur du *Roman de la Violette* un de ses plus ingénieux épisodes (5).

Les éperviers étaient parfois assez bien *duits* pour rapporter sur le poing du chasseur l'alouette qu'il venait de prendre. Ces éperviers étaient appelés *éperviers aux dames*, parce qu'on les offrait de préférence

---

(1) La passion pour les fourrures était telle, qu'il fallait en porter même par les plus grandes chaleurs.

(2) Les chausses d'alors étaient une sorte de longs bas qui montaient jusqu'à mi-cuisse et s'attachaient au *brayer* ou caleçon.

(3) Chiennets, petits chiens.

(4) Propres à faire partir l'alouette.

(5) Gérard de Nevers sort de Cologne pour *duire* son épervier à voler l'alouette. Il entend un de ces oiseaux *qui aloit moult cler chantant* et l'aperçoit planant en l'air, les ailes étendues, puis se posant.

> A l'esprevier ses loingnes (longes) oste
> A garder les baille à son oste,
> Et l'esprevier qui vit de loing
> L'aloëte, desour son poing
> Se couche et a laské (lâché) ses giés,
> Molt fut biaus à véoir cis giés (jet).

Gérard pique des deux, et après avoir laissé l'oiseau *s'esplumer* un peu et se repaître de la cervelle, il descend et lui prend sa proie. En ôtant l'alouette à son épervier, le comte de Nevers aperçoit un anneau autour de son col, il reconnait celui de de sa mie Euriaut qu'il a abandonnée, et part aussitôt pour se mettre à sa recherche.

aux belles chasseresses, qui étaient généralement très-assidues au vol de l'alouette (1).

A l'exception de la petite chasse des pies, des geais, des merles et des grives dans les haies, qui se faisait encore au xviie siècle comme au temps du *Mesnagier de Paris,* les vols pour champs restèrent seuls en usage chez les gentilshommes jusqu'à la fin de l'*espréveterie* (2).

Quoiqu'on fît un cas médiocre de la basse volerie dans la fauconnerie royale, on y volait cependant les perdrix avec l'autour, et, avec l'épervier, la caille, le geai, le *bèchebois,* le merle, le *peschevéron* ou martin-pêcheur et diverses sortes d'oisillons (3).

§ 3. VOL D'ANIMAUX QUADRUPÈDES.

Il nous reste à parler d'une chasse qui se faisait avec des oiseaux de proie dressés et qui néanmoins, par sa nature n'est pas susceptible d'être classée dans la haute pas plus que dans la basse volerie, puisqu'il s'agit de prendre un animal qui ne vole pas, un quadrupède.

Nos anciens auteurs ont parlé de chasses merveilleuses au blaireau, au renard, au *chevrel sauvage,* qui se faisaient avec des aigles dressés. Le chevreuil aurait aussi été chassé avec le sacre et l'autour (4).

---

(1) *Le Roy Modus.*
(2) *Mesnagier.* — D'Arcussia.
(3) D'Arcussia. — *États de la France.*
(4) *Alb. Magn.* — P. de Crescens. — *Mesnagier.* — G. Tardif. — De Thou. — En Orient, les aigles dressés prenaient le sanglier, l'onagre,

On disait que ces oiseaux chasseurs harcelaient le chevreuil, s'efforçaient de lui crever les yeux et le battant des ailes du bec et des serres, retardaient assez sa course pour mettre les chiens lancés à sa poursuite à même de le saisir (1).

Malgré le témoignage de ces auteurs, il est fort douteux qu'on ait volé en Europe le blaireau, le renard et même le chevreuil. Ce qu'ils disent en parlant de ce dernier quadrupède doit avoir été emprunté aux récits que font de la chasse à la gazelle les fauconniers orientaux (2). On sait que nos anciens fauconniers ont puisé très-abondamment à cette source, sans y apporter toujours tout le discernement désirable (3).

De toutes les chasses de quadrupèdes faites avec l'oiseau de proie, il n'y a guère que celles du lièvre et du lapin qui aient été véritablement usitées en France.

On prenait le lièvre avec le gerfaut, le sacre, le lanier, le faucon ou l'alfanet (4).

L'autour chassait aussi le lièvre (5).

Le vol pour lièvre était en usage dans la fauconne-

---

le cheval sauvage, le loup, le daim et la gazelle. — Voir Marco Polo, — De Thou, — Pallas, — Buffon.

(1) P. de Crescens. — G. Tardif.

(2) D'Arcussia avait connaissance de cette chasse qui se fait encore en Orient et en Afrique.

(3) C'est l'opinion de M. le baron J. Pichon dans une notre très-judicieuse de son *Mesnagier de Paris*, t. II.

(4) D'Arcussia.

(5) *Ibidem*.

rie royale sous Louis XIII et Louis XIV. Il se faisait ordinairement avec un gerfaut et un méchant lévrier sans beaucoup de force, pour secourir quelquefois l'oiseau (1).

Le lapin était aussi chassé avec l'autour. Pour que l'oiseau de poing eût le temps de l'empiéter, il fallait le lancer loin du terrier, dans un terrain découvert (2).

Selon le *Mesnagier de Paris*, l'épervier volait *laperiaulx* et *levrats* (3).

§ 4. CHIENS ET CHEVAUX EMPLOYÉS DANS LES CHASSES AU VOL.

Il nous reste à parler des chiens et des chevaux dont on se servait pour chasser au vol.

Les chiens étaient de deux sortes, les *chiens d'oisel* qui quêtaient le gibier et le faisaient lever, et les lévriers qui venaient en aide au faucon, lorsqu'il avait lié et porté bas un oiseau de forte taille et capable de résistance (4).

Ces lévriers étaient ordinairement *à gros poil* et on

Chiens
servant à la
chasse au vol.

---

(1) *États de la France.*

(2)   Et se connins veulent manger
         Si les quièrent loing du terrier.
                  (Gace de la Buigne.)

(3) M. baron J. Pichon met en doute que l'épervier ait eu la force de prendre des levrauts et des lapereaux. Il croit qu'il y a confusion avec l'autour, cependant on voit tous les jours les jeunes levrauts attaqués dans les champs par des oiseaux moins forts et moins hardis que l'épervier femelle. Les pies et les corbeaux ne se gênent guère pour attaquer un levraut ou même un grand lièvre blessé.

(4) Gace de la Buigne. — Gaston Phœbus. — De Thou. — Claude Gauchet. — D'Arcussia.

les dressait à aller à l'eau et à rapporter les oiseaux qui y tombaient, frappés par le faucon (1).

Les chiens d'oisel étaient des épagneuls, des épagneuls d'eau, des griffons, des barbets et des braques (2).

Pour le vol des champs, les épagneuls étaient préférés aux braques, qui se permettaient trop souvent de *détrousser* l'oiseau à leur profit et de dévorer la perdrix (3). Les épagneuls noirs étaient fort estimés. Néanmoins, M. de Morais conseille de préférer les épagneuls blancs et orangés parce qu'ils se voient de plus loin. Il ne les faut ni grands ni petits, ajoute-t-il (4).

Ces chiens étaient dressés à quêter et à marquer le gibier plutôt qu'à l'arrêter très-ferme. Lorsqu'on volait aux champs avec des oiseaux de leurre, on faisait battre la plaine par un grand nombre de chiens, quatre à six couples chez les simples particuliers; chez le Roi, le vol pour champs du Cabinet avait, pour son service seul, dix-huit épagneuls entretenus.

Le vol pour champs avec les oiseaux de poing exigeait un moins grand attirail de chiens. « Nul ne peut exploicter d'esparvier sans chien bonnement, » dit Gace de la Buigne : il faut donc à l'espréveteur

---

(1) D'Arcussia. — *États de la France*

(2) De Thou. — D'Arcussia.

(3) Olivier de Serres préfère également les épagneuls aux braques « pour ce qu'estant mieux vestus, ils ne craindront ni le froid ni les espines. »

(4) *De moyenne taille*, dit Olivier de Serres.

Quatre chiens et bien doublans
D'Espaigne et bien retournans
Qu'ils soient à commandement.

Le *Mesnagier* estime qu'il suffit de trois *espaignols*
bien dressés, qui quêtent deux ou trois toises devant
l'épervier.

Pour voler en rivière, les meilleurs chiens étaient
les barbets, plus dociles et moins pillards que les griffons. Les épagneuls d'eau anglais et flamands étaient
également fort bons (1), et rapportaient aussi bien que
leurs descendants plus ou moins directs, les *retrievers*
de l'Angleterre moderne.

Il paraît que quelques fauconniers avaient l'habitude
d'emmener des *chiens d'Artois* ou bassets. D'Arcussia
les blâme et dit que ces chiens ne font que *clabauder
et appeler en faux.*

Quant aux chevaux, les chasses de haute volerie
demandaient des chevaux aussi vites et aussi vigoureux que les chasses à courre les plus vives.

Chevaux
servant à la
chasse au vol.

On choisissait ces chevaux plus petits que grands,
ayant la jambe large et le pied bon, peu d'épaules,
l'encolure longue et la tête petite. On ne les voulait ni
trop ardents ni trop sensibles à l'éperon.

Au xviie siècle, les chevaux anglais de petite taille
étaient considérés comme les meilleurs chevaux de
maître, mais chaque chasseur devait en avoir au moins
trois à son rang (2).

Les autoursiers pouvaient se contenter d'un *rous-*

---

(1) De Thou. — D'Arcussia.
(2) Morais.

sin bon trotteur, d'un bidet d'allure ou même d'une bonne mule. La chasse avec l'épervier, plus animée, exigeait deux chevaux (1).

(1) Gace de la Buigne veut que l'espréveteur soit monté *sus ung gros roussin, bas, bien troctant, et bon et fin.*

Mais si ne veult faire défault
Pour l'esparvier deux luy en fault.

LIVRE VIII.

LA CHASSE A TIR.

L'histoire de la chasse à tir se trouve naturellement divisée en deux grandes périodes essentiellement distinctes, l'une antérieure, l'autre postérieure à l'invention des armes à feu.

Il y a de plus une période intermédiaire assez longue, durant laquelle les anciennes armes de jet et les armes à feu furent employées simultanément.

CHAPITRE PREMIER.

Chasses avec les anciennes armes de jet.

---

§ 1. L'arc et les flèches.

Les plus anciennes armes de chasse sont le javelot
et l'arc. Nous ne parlerons pas du premier qui n'a jamais été d'un usage habituel dans notre pays depuis
les Gaulois (1).

Quant à l'arc, il remonte, comme arme de guerre
et de chasse, aux premiers âges de l'humanité.

Chasses
avec l'arc chez
les Gaulois. Les Gaulois, qui dédaignèrent longtemps de s'en
servir à la guerre, en faisaient un emploi continuel à
la chasse. Ils empoisonnaient leurs flèches, soit avec

---

(1) Au dire de Strabon, les Gaulois se servaient d'un trait en bois,
semblable à ceux des vélites romains (*Grosphos*). Ils le lançaient à la
main, sans *amentum* ou courroie de jet, à de plus grandes distances
que la portée d'une flèche. Cette arme était surtout en usage pour la
chasse des oiseaux (liv. IV). Quelle que fût l'adresse des chasseurs
gaulois, il est évident qu'ils ne pouvaient atteindre avec cette arme
que des oiseaux de forte taille et posés.

de l'ellébore, soit avec une plante nommée en langue celtique *limeum* (1). Lorsque la bête était abattue, ils cernaient la plaie et enlevaient la chair qu'avait touchée le poison. Moyennant cette précaution, la venaison pouvait être mangée sans aucun danger, on la considérait même comme plus délicate (2).

Les Francs et les autres Germains s'adonnaient comme les Gaulois à la chasse avec l'arc, ainsi qu'en témoignent leurs codes. Les chefs barbares se piquaient d'y exceller et se plaisaient à montrer leur adresse à tirer à cheval, se faisant indiquer par leurs compagnons de chasse un but que leurs flèches manquaient rarement (3).

Les Rois et les Empereurs de la race carlovingienne, notamment Charlemagne (4) et Louis le Débonnaire, chassaient également avec l'arc et les flèches (5).

Sous la troisième race, la chasse à *berser* (6), comme

Chez les Francs et autres Germains.

Rois carlovingiens.

Chasses à l'arc sous la 3ᵉ race.

---

(1) On croit que c'était une espèce de renoncule sauvage (*ranunculus thora*) dont les habitants des Alpes utilisaient de même les vertus toxiques au moyen âge. (Voir le *Mesnagier de Paris*, t. II, p. 257, note.) Au XVIᵉ siècle, les Espagnols empoisonnaient leurs traits d'arbalète avec le suc de l'ellébore blanc (*veratrum album*) qu'ils appelaient par ce motif *yerva da ballestero*. (Espinar. — Magné de Marolles.)

(2) Pline, liv. XXV et XXVII. — Strabon dit que *l'arbre* dont le suc empoisonnait les flèches des Gaulois portait des fruits en forme de chapiteau corinthien.

(3) Voir le passage cité plus haut de Sidoine Apollinaire sur Théodoric, Roi des Visigoths de Toulouse.

(4) Il existe des vers latins d'Alcuin où sont célébrées les chasses de Charlemagne et les grandes tueries de bêtes noires et de cerfs qu'il faisait avec ses flèches.

(5) Ducange, vᵒ *Foresta*.

(6) Sur ce mot, dérivé du tudesque *Birsen*, en allemand moderne *Pirschen*, voir Ducange, vᵒ *Birsare*.

on disait alors, ne fut pas moins en vogue parmi les princes et les seigneurs français.

Fulbert de Chartres (mort en 1029) parle d'une chasse à l'arc que le Roi Robert doit venir faire, à l'époque du rut des cerfs, dans une de ses forêts (1).

Les dames nobles elles-mêmes se livraient parfois à cet exercice, témoin une charte de l'an 1240 par laquelle la comtesse Aanor de Saint-Valery est autorisée par son époux, Henri de Sully, à tirer de l'arc (*arcuare*) et à en faire tirer dans les forêts de leurs domaines (2).

Ducs de Normandie.Les ducs de Normandie et la noblesse de leurs états paraissent surtout avoir eu une prédilection marquée pour ce genre de déduit.

Les traditions normandes nous font voir Richard Ier (3) chassant à *berser* dans la forêt de Lyons. C'est à la fin d'août, il envoie ses forestiers *viser où il pourroit grand cerf trouver*, puis il fait porter arcs et *sagettes* et conduire ses brachets et ses limiers par une route détournée, de crainte que les animaux les voient venir (4).

---

(1) *In Silvam legium.* — Ducange, v° *Rugilus.* — Peut-être Saint-Germain-en-Laye.

(2) Ducange, v° *Arcuare.* — *Charta Henrici de Soliaco.* — Aanor de Saint-Valery, comtesse de Dreux, avait épousé en secondes noces Henri, sire de Sully. (P. Anselme, t. 1.)

(3)   En bois sout cointement è berser è vener
                        (*R. de Rou.*)

Richard Ier, dit *Sans Peur*, héros de mainte légende fantastique, mourut en 996.

(4) *Roman de Rou.* — Ce furent les Normands qui importèrent en Angleterre l'usage de l'arc long qui donna plus tard un avantage si

De même, le *sergent* envoyé par la garnison normande du Mans pour demander secours au Roi Guillaume le Roux le trouve prêt à aller *berser en bois* avec ses brachets.

Nous avons raconté précédemment de quelle façon ce même Guillaume périt dans la *Nove Forest* en *bersant* cerfs et biches.

« Je ne sais, » dit le chroniqueur Robert Wace, « qui *traist* (tira), ni qui *lésa* (blessa), ni qui *férit* (frappa), ni qui *bersa*, mais on dit que ce fut Tirel qui occit le Roi (1). »

Henri, frère puîné du Roi, était aussi à cette chasse fatale ; mais, en tendant son arc, un brin de la corde se rompit, il fallut entrer dans *l'hôtel d'un vilain*

> Pour corde ou pour fil pourchasser
> Et sa corde apareiller (2).

Circonstance qui parut suspecte à plusieurs.

Ce prince Henri, qui devint Roi d'Angleterre après le *Roi Roux*, aimait à *berser* presque autant que lui (3).

Le roman de Tristan, écrit sous son règne en dialecte anglo-normand, ne manque pas de s'étendre sur l'adresse incomparable de son héros à *s'aider de l'arc* (4).

Marie de France, qui, malgré son surnom, paraît

---

désastreux à leurs armées sur les nôtres. (Voir **Aug.** Thierry, *Histoire de la conquête de l'Angleterre.*)

(1) *Roman de Rou.*

(2) *Ibidem.*

(3) *Ibidem.*

(4) En Tristan out molt buen archier
  Molt se sout bien de l'arc aidier.

aussi avoir écrit à la cour des Rois anglo-normands, met également l'arc aux mains du damoisel Gugemer, lorsqu'il blesse la biche fée, toute blanche, qui avait sur la tête des *perches* de cerf (1).

Au xiv° siècle, le Normand Godefroy d'Harcourt est blessé accidentellement d'un coup de flèche à la chasse (2).

L'arc paraît avoir été assez en vogue dans le nord de la France à cette époque. Le *Roy Modus* s'étend complaisamment sur la *science d'archerie*, dont il donne minutieusement les préceptes.

Gaston Phœbus, au contraire, tout en consacrant à cette chasse quelques chapitres curieux, se hâte de renvoyer pour plus amples détails aux Anglais, dont c'est, dit-il, *le droit mestier.*

Au siècle suivant, et même au xvi°, le tir avec l'arc long entrait encore dans l'éducation des Princes. Charles le Téméraire, le sire de la Trémoille, Maximilien d'Autriche, le connétable de Bourbon, Henri II se piquaient d'y exceller (3).

---

(1) Dans cette chasse merveilleuse, les veneurs à cheval et les *berniers s'aroutent* à la bête, découplent les brachets et suivent, l'arc en main :

> Li veneor curent devant
> Li damoisiaus s'en va criant
> Son arc li porteit un vallez
> Sun hansart et sun berserez.
> Traire vossist, se mès (moyen) éust
> Ains que d'ieuc se reméust (que de là se retirât)

(2) Gaston Phœbus.
(3) Voir plus haut.

On ne sait pas précisément à quelle époque l'arc et les flèches furent complétement abandonnés en France pour la chasse. Ces armes sont encore comprises parmi celles qu'il est défendu aux voisins des forêts royales de garder en leurs maisons par les ordonnances de 1515 et 1548 (1).

Le Roy Modus et Gaston Phœbus sont entrés dans les détails les plus circonstanciés sur la fabrication des arcs et des flèches destinés à la chasse et sur la manière d'en faire usage.

L'arc de chasse, ordinairement moins long que l'arc de guerre (2), avait 20 à 22 poignées d'une *osche* (coche), *où la corde se met* jusqu'à l'autre (3). Il était fait de bois d'if bien *assaisonné*, ou, à défaut d'if, de buis, de cormier ou d'*aubour* (cytise); la corde était de soie.

La flèche de chasse, ou *sagette berserette*, avait 8 à 10 poignées de long, de la coche aux barbes du fer (4).

Ces flèches, en bois soigneusement préparé, bien sec et bien léger, étaient toujours empennées (5) et

______

(1) Voir le *Code des chasses*. Selon Mich. Ang. Blondus (*De Canibus el venatione*, Rome, 1544), l'arc n'était plus usité de son temps en Italie. Les Anglais sont restés attachés longtemps après tous les autres peuples à cette arme nationale, pour la chasse comme pour la guerre. Dans une lettre du 21 août 1616, Gilbert, comte de Shrewsbury, raconte qu'il a tué trois cerfs avec son arc à Hatfield. (*Illustrated London news*, 20 janvier 1855.) En 1624, Abbot, évêque de Canterbury, blessa mortellement un garde d'un coup de flèche en tirant un daim.

(2) L'arc de guerre anglais avait 6 p. 4 pouces (anglais) (1 m. 90 c.).

(3) En comptant la poignée à 0^m,09, 1^m,80 à 1^m,98.

(4) « Flesches à berser bestes. » *Comptes des ducs de Bourgogne.*

(5) Quelquefois de plumes de paon. (Comptes de l'évêque de Winchester sous le règne de Henri V, dans Hewitt, *ancient arms*, t. II.)

garnies d'une coche de corne ou d'os, dans laquelle entrait la corde de l'arc.

Le fer, à douille, affectait diverses formes :

Le plus souvent il était en forme de V, barbelé, long de 5 doigts, large de 4 à l'endroit des *barbeaux*, bien affilé et bien tranchant (1).

Hardouin de Fontaines-Guérin se plaint que les braconniers de son temps détruisaient beaucoup de cerfs avec ces *sagettes à large fer*.

Pour tirer des animaux de petite taille comme le lièvre, ou des oiseaux, on se servait de *bougons* ou *boujons*, flèches terminées, au lieu de fer, par une tête obtuse en plomb (2).

Des différentes méthodes de chasser avec l'arc.

Magné de Marolles, dans son excellent chapitre sur l'arc, fait remarquer très-judicieusement que jamais les chasseurs de l'antiquité, non plus que ceux du moyen âge n'ont pu tirer au vol avec des flèches, malgré les anecdotes racontées à ce sujet par les poëtes, les historiens et les voyageurs (3).

---

(1)   Et ij sectes empénées
         Barbelées et l'en menées.
                      (Roman de Tristan).

En Angleterre il était défendu aux voisins dés forêts d'avoir des flèches à fer barbelé, on ne leur permettait que des *pilles*, ou flèches non barbelées, « arcs et *setes* (sagettes) hors de forestes, et dedenz forestes, arcs et *piles*. » (Hewitt, 1.)

(2) Voir Carpentier, glossaire, v° *Bolzonus*. — Tous les détails qui précèdent sont tirés de Gaston Phœbus et du *Roy Modus*. — « Le féage de Bossart en Anjou estoit tenu du duc au devoir d'un *bouson* empenné d'une plume d'aigle, ferré et coché d'argent aux deux bouts, à nuance de seigneur. » (Carpentier, *ubi suprà*.)

(3) Y compris ce que disent des sauvages quelques voyageurs modernes.

En admettant la réalité de quelques-uns de ces hauts faits d'*archerie*, qui sont toujours présentés comme dignes de l'admiration des siècles présents et futurs, il faut y voir des coups de hasard merveilleux et tout à fait exceptionnels (1), et reconnaître qu'on n'a jamais pu tirer les oiseaux, et même les petits quadrupèdes avec quelques chances de succès, que lorsqu'ils étaient immobiles.

Quant aux grands animaux, on s'efforçait autant que possible de les surprendre arrêtés ou allant d'assurance (2); cependant on les tirait quelquefois courant devant les chiens, comme nous allons le voir, en ayant soin de viser fort en avant de la bête.

On chassait avec l'arc le cerf, le daim, le chevreuil, le sanglier et le lièvre.

Pour *berser* les grands animaux, il fallait avant tout les faire passer à portée ou les approcher à bonne distance.

On faisait passer le gibier avec des chiens ou des traqueurs.

Dans les deux cas, les archers étaient placés en ligne, à un jet de pierre l'un de l'autre, ou plus près si le pays était très-couvert, chacun adossé à un arbre (3). Ils devaient être vêtus de vert et munis d'une lime

---

(1) C'est ainsi qu'il faut prendre les coups d'adresse de l'abbé Guido cités plus haut, et ceux de Maximilien d'Autriche qui se vantait de tuer des oiseaux au vol avec ses flèches en tirant à cheval et d'atteindre des canards au moment où ils s'enlevaient (*im Auffliegen*), ce qui est moins invraisemblable.

(2) Le *Roman de la Rose* compare Cupidon au *Vénière qui attend.* — *Que la beste en bel leu se mete — por lessier aler la sajete.*

(3) De là le mot d'affût ou plutôt *à fust,* contre le bois.

pour affiler les flèches, et d'une corde de rechange
en leur bourse, la main droite couverte d'un gant et le
bras gauche armé d'un *bracer* pour le garantir du
frottement de la corde (1). Chaque tireur devait, en
outre, avoir sur lui un briquet, une pierre à feu, une
hache, un pain *troussé derrière* et un barillet de vin.
« Car on ne scet les aventures qui aviennent en
chasse. »

On postait ensuite des *défenses* autour du bois, et
l'on découplait les chiens ou bien les traqueurs se
mettaient en marche (2).

Dès que la chasse était commencée, les tireurs devaient encocher leurs sagettes, et de manière à n'avoir
plus qu'à *entoiser* l'arc (3) en écartant les deux bras,
et amener la sagette presque à l'oreille droite quand
la bête apparaissait.

Si celle-ci venait droit au chasseur, il la laissait
approcher le plus possible et la tirait à la poitrine,
visage à visage. En attendant qu'elle passât à côté de
lui, le tireur s'exposait à ce qu'elle prît sa droite, ce
qui lui rendait fort difficile de bien ajuster.

Si la bête venait par la gauche, il fallait la tirer en
flanc, mais en ajustant devant elle. Tirer *droit à droit*
sur la ligne était dangereux pour les voisins. « Car

---

(1) Ce *bracer* ou brassard était fait de cuir d'Espagne tourné en
dehors du côté le plus lisse. (*Le Roy Modus*.)

(2) *Le Roy Modus* ajoute qu'on faisait des haies qui ne laissaient
passage aux bêtes qu'aux endroits où étaient embusqués les archers.
« Ainsi comme on faict les hayes du laz. »

(3) C'est-à-dire faire plier l'arc en attirant à eux la flèche encochée,
de façon à n'avoir plus qu'à lâcher la corde.

on faut (manque) moult de fois à férir la beste,
ou se elle est férue, la sayette passe tout outre,
et ainsi pourroit tuer ou blesser un de ses compai-
gnons qui scroit au ranc. » C'était de cette façon que
messire Godefroy de Harcourt fut *afolé* de l'un des
bras (1).

Lorsque l'archer a atteint sa bête, il doit *huer* un
long mot, ou siffler pour avoir les *chiens de sang*,
braquets ou limiers, tenus en réserve à l'autre bout de
l'enceinte (2), et se mettre à la poursuite de l'animal.
S'il retrouve sa flèche, il verra, d'après la manière
dont elle est ensanglantée, à quel endroit elle a frappé,
et si l'animal est atteint mortellement (3).

« C'est beau déduit et très-belle chasse, dit Gaston
Phœbus, quand on ha bon limier et bon chien pour
le sang... et aussi est belle chose le trère et le suyvir
du limier et le chassier. Et au vespre, après souper y
sera le débat grant, et en la fin de vin en fera la
pais (4). »

On pouvait aussi *traire* aux bêtes rousses et noires
à *la revenue* de leurs *vianders* ou *mangeures*, en allant
se poster deux heures avant le jour entre les lieux où
elles vont se repaître et leur fort (5).

Chasse à la
revenue
du viander.

---

(1) G. Phœbus.

(2) Le limier faisait son office tenu à la botte, et les *braquets* en
liberté.

(3) Les choses se passent exactement de même dans les chasses au
cerf qui se font en Allemagne avec la carabine. Même emploi du *chien
de sang* (*schweisshund*); mêmes pronostics tirés de la couleur du sang.
Voir les ouvrages de MM. Hartig et Bechstein, analysés dans le *Journal des chasseurs*, 5ᵉ année.

(4) Chap. LXXIᵉ.

(5) *Ibid.*, ch. LXXIX.

Chasse
du sanglier
au souil.

Les sangliers étaient encore tirés au *souil* (1). Lorsqu'on avait reconnu une mare où ces animaux s'adonnaient, on construisait sur quatre fourches de 2 pieds de haut, ou sur une souche de même hauteur, un petit échafaudage sur lequel s'installait l'archer deux heures avant le jour, par un beau clair de lune. « Tiens fermement, dit le Roy Modus, que se les bestes noires sont près de toy, soit aval le vent, ou contre le vent, jà n'aront le vent de toy, puisque tu seras deux pieds de haut sur terre. » Phœbus dit de même qu'un sanglier ni autre bête *n'a mie le vent de hault, fors que de bas.*

Chasses en
s'approchant
des animaux.

Outre ces chasses dans lesquelles les animaux avançaient sur les tireurs, on connaissait plusieurs méthodes pour les approcher à portée de flèche.

Chasse
à l'aguet.

La chasse *à l'aguet* consistait à s'en aller sous bois à l'aventure, à pied, sans autre chien qu'un brachet mené en laisse à quelque distance, arc en main, les *sayettes* au côté. Quand il apercevait de loin les bêtes, l'archer prenait le vent et s'efforçait de les approcher en se glissant sur ses genoux d'arbre en arbre, ou même en rampant (2), le visage caché par un *feuillet* vert qu'il tenait dans sa bouche.

Dans le poëme anglo-normand de Tristan de Léonois, c'est de cette manière, *droit devant lui et au cul*

---

(1) G. Phœbus, ch. LXXVIII. — *Le Roy Modus.* — Ce dernier écrit seulg.

(2) *R. Modus.* — Phœbus. — C'est encore ainsi que procèdent les chasseurs écossais pour tirer le cerf à la carabine dans les Highlands (*Deerstalking*).

levé, comme nous dirions aujourd'hui, que chasse le héros, qui était archer aussi adroit qu'habile veneur.

> Or voit (va) Tristan en bois berser
> Afaitiez (équipé) fu, à un dain trait
> Li sans en chiet (tombe) li brachet brait
> Li dains navrez (blessé) s'enfuit le saut
> Husdent (1) li bauz en crie en haut
> Li bois du cri au chien résone.

On s'y prenait de même pour tirer à cheval, sous les hautes futaies; le chasseur décrivait autour des bêtes une spirale qui le rapprochait peu à peu sans les effaroucher. Arrivé à portée, il arrêtait son cheval et tirait derrière lui en s'appuyant sur son étrier gauche.

Outre ces moyens fort simples, diverses ruses ingénieuses furent mises en usage pour arriver près des animaux sans les effrayer. *(Ruses pour approcher les animaux.)*

Les Francs savaient dresser des cerfs qu'ils faisaient *(Cerfs dressés.)* marcher devant eux, et qui servaient à masquer leur approche comme les chevaux et les bœufs enchevêtrés dont on se servit plus tard en France et en Espagne. Ils employaient ces animaux non-seulement pour approcher les *bêtes rouges*, mais encore pour tirer les *bêtes noires* (sangliers, ours, bisons, etc.) (2).

---

(1) Nom du brachet.

(2) Chateaubriand, dans ses *Études historiques*, suppose que ces cerfs dressés servaient à *embaucher* les cerfs sauvages. De ce qu'on les employait pour tirer les bêtes noires, il résulte évidemment qu'ils ne pouvaient avoir d'autre usage que celui que nous indiquons. Une manière analogue de chasser le renne sauvage se retrouve chez les Samoyèdes. Le chasseur, affublé d'une peau de renne, marche courbé au milieu de cinq ou six rennes dressés et s'approche ainsi du troupeau. (Tooke, *Hist. de l'Empire de Russie*, t. IV.)

La loi salique porte que si quelqu'un tue un cerf domestique ayant une marque (ou une clochette, *signum*), et que son propriétaire puisse prouver par témoins qu'il l'a mené à la chasse et a tué avec deux ou trois bêtes, le délinquant devra payer 30 sols.

Si le cerf n'a pas encore été à la chasse, l'amende n'est que de 15 sols.

La loi des Ripuaires contient des dispositions analogues, seulement les amendes sont plus fortes (1) (45 sols et 30 sols). Dans cette loi il est question de biches dressées et non dressées.

Chasse au rut. Pendant le rut, les cerfs rendaient à leur maître un autre genre de service. Il mettait à profit l'ardeur batailleuse qui anime ces bêtes, et leur bramement attirait sous les flèches du chasseur des rivaux aveuglés par la jalousie (2).

L'instinct querelleur des cerfs en rut continua d'être mis à profit par les chasseurs après qu'on eut perdu l'habitude et l'art de dresser ces animaux.

Les premiers Capétiens allaient tirer des cerfs dans les forêts de leur domaine pendant la saison du rut, et le *Roy Modus* enseigne à ses disciples l'art de *traire* les cerfs *à aguet* après la mi-août, quand ils *musent* et *quièrent les biches et hurlent tellement les uns aux autres qu'ils sont ouys de bien loing.*

L'archer profitait de leurs combats pour se glisser

---

(1) Dans la loi des Alamans, elles sont, au contraire, plus faibles.

(2) Loi des Alamans. — Les Indiens du *Far-West* savent encore exploiter cette fureur belliqueuse des cerfs pour les attirer en leur montrant une tête au-dessus d'un buisson et en imitant le cri du cerf en rut avec un appeau. Voir Mayne Reid, *the hunters frast.*

jusqu'auprès d'eux, et parvenait quelquefois à les approcher assez pour les frapper d'une lance. On se servait pour tirer à cette chasse d'un arc faible et court, plus commode pour *entoiser.*

Cette chasse au rut n'était pas sans danger, la fureur des combattants se tournait quelquefois contre l'indiscret qui se permettait d'intervenir dans leurs querelles. Louis, Empereur d'Italie, fut blessé grièvement en 864 par un cerf en rut qu'il se préparait à tirer.

Les chasseurs du moyen âge savaient bien. d'autres ruses pour approcher les grands animaux. *Une manière bien seure et de povre gent* consistait à envoyer en forêt un homme à cheval et un archer à pied, qui se tenait couvert par le cheval. Arrivé à belle portée, l'archer s'arrêtait, pendant que le cavalier poursuivait son mouvement en tournant, ce qui attirait l'attention des bêtes, et permettait au tireur de bien *aviser son coup et férir* à son aise (1).

La chasse *au tour* se faisait de la même manière, mais avec deux cavaliers vêtus de vert et coiffés d'un *chapelet de bois* (guirlande de feuillage), et plusieurs archers également vêtus de vert, portant des arcs peints de la même couleur. Les deux chevaux marchaient à la file, le museau du second sur la queue de l'autre, et s'en allaient sous le vent des bêtes, accompagnés des archers, qui se cachaient derrière eux et se postaient contre des arbres de distance en dis-

----

(1) G. Phœbus, ch. LXXIV.

tance. Les deux cavaliers continuaient à *environner* les bêtes en chantant ou *flajolant* (sifflant), et les amenaient petit à petit vers les archers, comme un *perdrisseur* mène les perdrix à la tonnelle (1).

On *mettait* aussi les bêtes *au tour* avec une charrette bien *enfaillolée* de branches vertes, dont les roues étaient ajustées de façon à faire grand bruit pour amuser les bêtes. L'archer ou les archers, vêtus de vert et ceints *par les côtés* et sur la tête de feuillages, marchaient derrière la charrette ou montaient dedans; le cheval était également couvert de feuilles, ainsi que le conducteur qui le menait en postillon (2).

On approchait encore les bêtes en se couvrant d'une toile *tendue à bastons,* sur laquelle était peinte une biche, souvenir lointain des cerfs dressés de l'époque mérovingienne, ou affectant la forme et la couleur d'un bœuf (3). L'archer faisait porter cette machine devant lui, ou quelquefois la portait lui-même.

Arrivé à portée, on fichait en terre le bois qui soutenait la toile, l'archer tendait son arc et tirait pardessus (4).

Chasse des bêtes noires. Pour *traire* aux bêtes noires dans la saison des glands et des faînes, deux ou trois archers les *routaillaient* avec un aboyeur, *le meilleur trouvéour* de leurs chiens, à peu près comme le font encore les

---

(1) G. Phœbus, ch. LXXII.
(2) G. Phœbus, ch. LXXIII.
(3) Les Kabyles du Djerdjera se servent, pour approcher le menu gibier, d'une machine du même genre, surmontée d'une tête de chacal, qu'ils nomment *izar* (*les Kébaïles du Djerdjera,* par C. Devaux).
(4) G. Phœbus, ch. LXXVI. — *Le Roy Modus.*

Allemands (avec la carabine au lieu de l'arc, bien entendu). Il arrivait souvent que le sanglier, tiré pendant qu'il tenait au ferme, ne restait pas sur la place ;
on découplait alors un autre des brachets que les
chasseurs avaient fait mener en laisse, et on se mettait à la poursuite du sanglier pour le tirer dès qu'il
recommençait à charger les chiens. Ce manége durait
fort souvent jusqu'à la nuit, et obligeait les chasseurs
à coucher en forêt. C'était surtout pour ces occasions
qu'il était important d'avoir avec soi le pain, le barillet de vin et les outils nécessaires pour faire du
feu (1).

Les archers ne tiraient le lièvre qu'en *fourme*. La
meilleure saison était le mois d'avril, quand les blés
commencent à être assez hauts pour cacher l'animal
aux longues oreilles. Le chasseur parcourait la plaine
à cheval, accompagné d'un valet à pied, qui tenait un
ou deux lévriers en laisse. Dès qu'il découvrait un
lièvre au gîte, il faisait approcher ses lévriers et s'a-
vançait lui-même, *entoisant* son arc sans arrêter sa
monture. Le lièvre, voyant les lévriers, se rasait et
attendait le trait d'aussi près qu'on voulait.

L'archer pouvait, s'il le préférait, tirer à pied en
se tenant près de son cheval, ou même sans cheval.
L'arc dont il se servait n'avait besoin d'être ni long ni
fort, et la *sagette* la plus usitée était un *bougon* ou
flèche à grosse tête (2).

Chasse
du lièvre.

---

(1) G. Phœbus, ch. LXXVII.
(2) Miniature d'un mss. de G. Phœbus, Bibl. imp., n° 7097.

C'était aussi avec le bougon et l'arc que les dames du xve siècle tiraient des merles dans les haies, tandis que leur épervier, perché au-dessus, les tenait fascinés et immobiles de frayeur (1).

Nous n'avons pas pu trouver, dans les anciens théreuticographes, d'autre chasse faite aux oiseaux avec l'arc ; seulement, dans la *Maison rustique* de Charles Estienne et J. Liébaut (1570), il est parlé assez vaguement de grands oiseaux tirés sur maisons, arbres, buttes, avec l'*arc* ou l'arbalète.

§ 2. CHASSES AVEC L'ARBALÈTE.

Chacun sait que l'arbalète se compose d'un arc en acier, en corne ou en bois, et d'un fût nommé *arbrier*, sur lequel cet arc est fixé transversalement et qui reçoit le trait. La corde de l'arc bandé est retenue par une pièce particulière en os ou en *meule* de cerf, nommée *la noix*, faite en forme de disque et présentant deux entailles, dont l'une reçoit la corde, et l'autre sert d'arrêt à la détente. Cette détente ou clef, pressée par la main droite du tireur, rend la liberté à noix et fait ainsi partir le trait.

Des divers systèmes qui ont été successivement inventés pour tendre les arbalètes de guerre, deux seulement étaient applicables à la chasse, le *pied-de-chèvre* ou *pied-de-biche*, et le *cric* ou *guindaz* (2).

---

(1) *Mesnagier de Paris*, t. II.

(2) Voir le livret du Musée d'artillerie, par le lieutenant-colonel Penguilly Lharidon. — Au xive siècle on tendait l'arbalète de chasse avec le *baudre* ou *baudré*. (Voir plus bas.)

Le pied-de-chèvre, dit aussi *cranequin* ou *signolle* (1), était un levier articulé, dont le petit bras portait deux fourches à crochets. L'une s'arc-boutait contre des tourillons fixés dans l'arbrier, l'autre saisissait la corde de l'arc et l'engageait dans le cran de la noix lorsqu'on ramenait en arrière le grand bras du levier (2).

L'arbalète, qui se tendait avec cet appareil, et qui en avait pris le nom de *cranequin* ou *crennequin*, pouvait se manier facilement à pied et à cheval. C'était celle que portaient les arbalétriers montés, dits *crennequiniers* (3).

Le cric ou *guindaz* était une manivelle dont le levier faisait tourner un pignon. Les dents de ce pignon menaient une crémaillère dont les crochets saisissaient la corde et la plaçaient sur la noix.

Cet appareil (4) tendait des arbalètes beaucoup plus fortes que le *cranequin*. C'est avec cette arme que Maximilien d'Autriche tirait les chamois et les cerfs. Il chassait quelquefois ces derniers à cheval ; il faillit un jour se tuer pour avoir porté son arbalète toute bandée, avec le trait sur la corde, en courant à cheval sous bois (5).

La bonne arbalète de chasse est ainsi décrite par

---

(1) Cranequin vient du mot flamand *kranekin*, diminutif de *kranc*, grue, comme *signolle* est dérivé de *ciconella*, diminutif de *ciconia*.

(2) Livret du Musée d'artillerie.

(3) Voir un passage curieux des *Mémoires de Comines*, édit. de Melle Dupont.

(4) Une fois l'arbalète bandée, on attachait le cric à la ceinture avec un crochet.

(5) *Theuerdannck.*

Espinar. « Elle doit être douce à la joue du tireur, (*sabrosa*, mot à mot *savoureuse*), douce aussi à la détente et point sujette à partir d'elle-même étant bandée. Elle doit porter juste, et c'est sa qualité la plus essentielle. L'arc doit être bien ajusté à l'arbrier, de façon que ses deux bras soient d'égale longueur et bien horizontaux. Les deux extrémités du tourillon où s'appuient les branches du bandage ou pied-de-chèvre seront aussi parfaitement de niveau , de même que le cran de la noix (1). »

Les arbalètes de chasse lançaient des traits de diverses sortes, *empennés*, les uns de plumes, les autres de cuir ou de corne très-mince. Ces traits étaient armés de fers très-variés et recevaient divers noms, suivant leur forme et leur dimension (2).

Ainsi il y avait les *quarreaux* à fer quadrangulaire et épais ; les *passadoux*, plus forts que les quarreaux; les *viretons* ou *vires*, ainsi nommés parce que leurs pennes avaient une légère inclinaison sur l'axe du trait , ce qui les faisait *virer* en l'air ; les *raillons* ou *cizeaulx* à fer plat, tranchant et coupé carrément (3).

Les *matras* (4) étaient terminés par un disque circulaire, portant un filet saillant suivant un des dia-

(1) Magné de Marolles.

(2) Selon Espinar, les quarreaux (*jaras*) servaient pour tirer la grosse bête et portaient à 150 pas.

(3) Le mot de *raillon* parait venir de *reille* qui signifie soc de charrue dans les patois du Midi.

(4) « Matelas, qui sont grosse pilette, » dit le *Mesnagier de Paris.*

mètres. Ils servaient à assommer les petits animaux sans gâter leur plumage ou leur fourrure (1).

On tirait aussi les grands animaux avec des *sagettes doubles forchées*, c'est-à-dire de grosses flèches terminées par un fer en croissant, avec un tranchant intérieur.

Maximilien tirait les cerfs et les chamois avec cette sorte de traits, et Shakspeare (qui passe pour avoir été braconnier dans sa jeunesse), dans la pièce intitulée « *As you like it*, » déplore en vers gracieux le sort des pauvres fols mouchetés (les daims), habitants naturels de la cité du désert, dont les hanches arrondies sont ensanglantées au sein de leur propre domaine par des flèches à tête fourchue (*forked heads*).

Il y avait encore de *petits dards* nommés *gimbelettes* ou *tarières* (2), dont les caractères distinctifs ne sont pas connus, et des traits armés d'un fer barbelé en forme de V se trouvent représentés dans les vignettes d'un beau manuscrit de Gaston Phœbus dont nous allons avoir occasion de reparler.

Nous avons décrit l'arbalète, les appareils qui servaient pour la tendre, et les traits qu'elle lançait tels que ces divers objets existaient au xv° et au xvi° siècle. Cette arme n'était arrivée à ce degré de perfection qu'après de longs tâtonnements.

En effet, l'arbalète, comme arme de guerre, re-

---

(1) Les Lapons, les Finnois et les Sibériens se servent encore d'une espèce de matras pour chasser avec l'arbalète les hermines et autres petits animaux à fourrure.

(2) Borel.

monte jusqu'au Bas-Empire. Oubliée en Orient, elle resta en usage parmi les Occidentaux jusqu'aux croisades, et les Grecs la virent avec étonnement aux mains des fantassins de Bohémond et de Godefroy. C'était alors une arme d'une construction grossière et fort incommode ; n'ayant pas d'engin pour la tendre, l'arbalétrier était obligé de se coucher sur le dos, d'appuyer ses deux pieds sur l'arc, et de tirer la corde à lui avec les deux mains (1).

L'arbalète reçut, peu d'années après, des modifications qui la rendirent si meurtrière, qu'en 1139 le concile de Latran crut devoir en défendre l'emploi dans les guerres entre chrétiens. Cette prohibition ne fut observée que pendant quelques années, et vers la fin du xiie siècle Richard Cœur de Lion en avait rendu l'usage à son infanterie. Lui-même fut tué d'un trait d'arbalète en 1199, ce qui fut regardé comme une punition du ciel.

On ne trouve pas trace de l'arbalète comme arme de chasse avant le xiie siècle, c'est-à-dire avant les perfectionnements qui rendirent possible de s'en servir avec quelque facilité pour *berser* les bêtes (2).

Il semble, chose assez bizarre, que l'époque où l'arbalète a été le plus souvent employée à la chasse est celle de l'invention des premières armes à feu

---

(1) Voir un passage très-curieux d'Anne Commène dans *la Bibliothèque des croisades*, et dans *la France au temps des croisades*, t. II. — Cette arbalète primitive était à tube.

(2) Le premier texte où il soit question de l'arbalète à ce point de vue est un règlement de l'Empereur Frédéric Barberousse (mort en 1190) Radevic, *de Gestis Friderici I.* cité par Ducange, v° *Bersa*.

portatives, probablement parce qu'elle reçut alors de nouveaux perfectionnements qui la rendirent encore plus maniable et d'une exécution plus facile et plus prompte.

Le Roi René était grand amateur d'arbalètes ; dans une lettre adressée au sire du Plesseys, il mande à ce seigneur que le sachant *très-bon arbalestrier*, et en *revange* de deux belles arbalètes d'acier qu'il en a reçues, il *l'advise* que toute sa vie, il y a lui-même pris grand plaisir. Il ajoute que pour lui faire voir comment il est *artillé*, il lui envoie une de ses arbalètes faite de la main d'un Sarrasin à Barcelone, lequel n'a jamais voulu apprendre aux chrétiens à en faire de pareille. « Et pour ce qu'elle est d'estrange façon et qu'elle tire plus loing selon la petitesse de quoy elle est que nulle autre arbaleste de son grant que je veisse oncques, je la vous envoie, en vous priant que la tenez bien chière et ne la veuilliez donner à personne que vive, car vous n'en trouveriez point de telle, ne jamais jour de ma vie n'en vis de si belle façon (1). »

Maximilien d'Autriche aimait beaucoup la chasse à l'arbalète ; il s'est plu à conserver à la postérité la mémoire de ses exploits en ce genre dans le texte et les planches du *Theuerdannck* et du *Weiss Kunig*.

Un document de 1480 nous apprend qu'un certain chevalier « estoit ung destructeur de garennes

---

(1) *OEuvres du Roi René*, par M. le comte de Quatrebarbes, t. I.

et hayronnières du pays, et n'estoit gibier qu'il ne gastast à l'arbaleste (1). »

Les placards flamands de 1514 sur la chasse défendent de se servir du *cranequin* (2).

Les comptes de dépense de François Ier font mention de *huit arbalèstres garnies et montées de leurs bandaiges, et chevrettes* (pieds-de-chèvre), marquées de *feuillaiges anticques*, achetées de Robert Dumesnil, *dict le Normand, maître arbalestrier*, demeurant à Paris, au prix de 205 livres tournois (3).

Dès qu'il s'inventait quelque nouveau modèle d'arbalète, il en était fait hommage au duc François de Guise, grand veneur (4).

Les ordonnances sur la chasse de 1548, 1552, 1578, 1596, 1600 et 1601 défendent encore de posséder des arbalètes à proximité des forêts royales.

Nos Rois, jusqu'à Louis XIII, eurent des porte-arbalètes attachés à leur personne. Le dernier de ces officiers fut un sieur d'Esplan qui, grâce à sa charge, devint en faveur et reçut de ce Roi le marquisat de Grimault, en Provence (5).

Sélincourt parle d'arbalètes employées de son temps dans les *chasses au feu*. Peut-être s'agit-il d'arbalètes *à jalet*, dont il nous reste à parler.

Outre les arbalètes qui lançaient des traits, on se

Arbalète à jalet.

---

(1) Lettre de rémission citée par Carpentier, *gloss.* v° *Hairo*.
(2) Merlin.
(3) Voir les Pièces justificatives, t. Ier.
(4) *Hist. des ducs de Guise*, t. I.
(5) Tallemant des Réaux, t. I.

servait beaucoup, pour la chasse des petits auimaux, d'une arbalète légère, dite *à jalet* (1), qui lançait des balles de plomb ou de terre cuite, et se tendait à la main.

L'arbrier était cintré, et la corde à double brin était munie, à son centre, d'une petite bourse ou *fronde* qui recevait le projectile. Ces arbalètes avaient toutes un fronteau et un point de mire.

Certaines arbalètes à jalet, usitées surtout en Italie, étaient munies d'un tube ou canon. On les nommait en français *boucon*, et en italien *arco bugio* (arc troué ou percé) (2).

Les chasses à l'arbalète ne paraissent pas avoir été jamais très en faveur en France. Le *Roy Modus* n'en dit pas un mot. Gaston Phœbus, dans les chapitres où il annonce vouloir *deviser* comment on peut *traire* aux bêtes à l'*arcbaleste* ou à l'*arc de main* se borne à dire que ceux qui chassent *au tour* peuvent porter la première de ces armes au lieu de l'arc long, et que leurs arbalètes doivent être peintes en vert. A la vérité, dans le beau manuscrit de Phœbus, conservé à la bibliothèque impériale et exécuté au commencement du xve siècle (3), on voit l'arbalète figurer avec l'arc dans les mains des tireurs, en tête des chapitres LXXII (*comment on puet mctre les bestes au tour pour trère*);

Chasses à l'arbalète.

---

(1) Du mot *galet* ou *jalet* signifiant un caillou rond ou une bille. Au xive on se servait, en Angleterre, pour le combat, de balles de terre cuite, lancées avec l'arbalète. (Hewitt, t. II.)

(2) Quelques étymologistes en font dériver le mot *arquebuse*.

(3) Bibl. imp., n° 7097.

LXXIII (*comment on puet metre la charrette*); LXXV (*comment on puet aller ès forestz pour trère aux bestes*); LXXVI (*comment on puet porter la toile*); LXXVII (*ci devise que on puet trère aux bestes noires*); LXXVIII (*comment on puet trère au sueill*); LXXIX (*comment on puet trère aux bestes à la revenue de leurs vianders ou menjures*), et LXXX (*comment on puet trère aux lievres*) (1).

Les chasseurs tirent les grands animaux avec des flèches à large fer barbelé. Ils portent à la ceinture un *baudre* ou *baudré*, crochet de métal suspendu à une courroie qui leur sert à tendre leur arbalète, et une trousse ou *carcas* couvert de peau de blaireau, où leurs traits sont placés la pointe en haut.

On y voit aussi un arbalétrier se cachant pour approcher le gibier dans une charrette entourée de feuillage,.et un autre qui se couvre d'un cheval artificiel, auquel on substituait souvent, en Espagne, un bœuf véritable, enchevêtré et entravé, derrière lequel se glissait le tireur (2), qui lançait son trait par-dessous le ventre ou l'encolure. Les Espagnols nommaient ce bœuf dressé et·enchevêtré, *buey de cabestrillo*.

Ces ruses employées pour approcher le gibier étaient d'autant plus nécessaires dans la chasse à l'ar-

---

(1) Voir, au § 1, le détail de ces diverses chasses. Avec l'arbalète comme avec l'arc, on se servait d'un *bougon* pour tirer le lièvre. — Dans un manuscrit *historié* de Phœbus, faisant partie de la bibliothèque de Monseigneur le duc d'Aumale, on trouve des arbalètes employées aux mêmes chasses et à quelques autres.

(2) Magné de Marolles.

balète, qu'avec cette arme, plus encore qu'avec l'arc long, il était impossible de tirer les bêtes autrement que posées (1).

Le *Mesnagier de Paris* enseigne à sa femme à tirer les pies, *cornillas* et *choes* (2), avec des *matelas* (matras) et de faibles arbalètes lorsqu'ils sont posés dans les branches des arbres. Pour les tirer sur leurs nids, il faut *traire* de plus forts *bastons pour abattre nid et tout* (3).

Au milieu du xvie siècle, on faisait usage de l'arbalète pour tirer les ramiers, soit *au charivari*, soit *à la muette*.

Ces deux chasses se faisaient la nuit après avoir observé sur quels arbres les bandes des ramiers allaient se jucher au déclin du jour ; on allumait sous ces arbres de grands feux de paille.

Pour chasser au *charivari*, on apportait *force poesles et autres métaux* et *bassins à faire grand bruit*. « Car les ramiers s'espoventent si fort de cela qu'ils ont peur et n'osent partir, par quoy les arbalestriers qui sont au-dessous leur tirent et en tuent quelques-uns (4). »

L'autre chasse nocturne se faisait au contraire dans le plus profond silence, et les arbalétriers tiraient à la lueur des feux les ramiers endormis sur les branches.

---

(1) Magné de Marolles.
(2) Chouettes, pris ici pour choucas.
(3) T. II.
(4) Belon.

Cette chasse *à la muette* était fort usitée en Dauphiné du temps de Bruyérin-Champier (1530-1560) (1).

Les arbalétriers espagnols tiraient encore les *palomes*, en les faisant venir au moyen d'appelants sur des arbres voisins d'une cabane où le tireur se tenait embusqué. « Il y a des jours, dit Espinar, où un homme seul tue de cette manière 40 à 50 pièces de palombes avec l'arbalète (2). »

Comme les chasseurs des Pyrénées françaises employaient la même méthode au xviiie siècle pour tirer les *palomes* avec le fusil, il est vraisemblable qu'anciennement ils faisaient cette chasse avec l'arbalète comme leurs voisins espagnols (3).

Chasses au chien d'arrêt. On tirait aussi à l'arbalète le lièvre, la perdrix et la bécasse sous l'arrêt d'un chien très-ferme (4).

Pour tuer de grands oiseaux *sur maisons, arbres et buttes,* les arbalétriers se servaient de ces *fortes sagettes à fer bien aigu et forchées en la partie de devant,* dont nous avons parlé. Ces traits tranchent l'aile ou le col qu'ils atteignent, tandis que la flèche ordinaire pourrait blesser l'oiseau sans lui ôter le pouvoir de s'envoler et d'aller mourir au loin (5).

---

(1) Voir son livre *de Re cibariâ,* écrit en 1530, imprimé en 1560. — En Espagne, on faisait cette même chasse avec l'arbalète, à la lueur d'une simple lanterne. (Espinar.)

(2) Magné de Marolles.

(3) *Ibidem.*

(4) Voir les passages de Quiqueran de Beaujeu et d'Espinar, cités précédemment. Dans les tapisseries du château d'Haroué qui sont du temps de Charles VIII ou de Louis XII, un arbalétrier tire des oiseaux d'eau arrêtés par son chien. (*Tapisseries historiques* de Jubinal.)

(5) *Maison rustique,* 1566.

Les loups, attirés par une traînée auprès d'une embuscade, étaient tirés avec un *cizeau* d'arbalète (1).

Un *apatz* composé de saindoux, de cantharides, de satyrion et d'assa fœtida, renfermé dans un sachet et traîné par les bois, puis enterré à belle portée d'un affût, servait aux paysans du temps de Henri III à attirer sous les coups de leur arbalète les renards, ennemis de leur basse-cour.

> .... Si le renard y passe
> Et vienne à deffouir le sachet enterré
> Là Thienot est caché, qui d'un garrot ferré
> Poussé d'un arc d'acier, tout oultre le transperce (2).

On voit, par ces exemples, que l'usage de l'arbalète à traits se perpétua jusqu'à la fin du xvie siècle en France. En Angleterre et en Espagne, on n'abandonna guère cette arme qu'une cinquantaine d'années plus tard (3).

Quant à l'arbalète à jalet, il n'en est pas question avant le milieu du xvie siècle. Cette arme, à cause de sa dimension et de la nature de ses projectiles, ne pouvait abattre que les menus oiseaux et les plus petits quadrupèdes (4). Les gravures de Philippe Galle, exé-

---

(1) Clamorgan.

(2) Claude Gauchet. — Raimondi, théreuticographe italien qui publia en 1621 son livre *delle Caccie*, enseigne la manière de faire venir les renards pour les prendre au piége ou les tuer le soir avec l'arbalète.

(3) Voir Espinar, les planches du *Système d'équitation* de Newcastle (1657) et Magné de Marolles.

(4) Dans les chasses de Stradan, on voit une arbalète à jalet employé

cutées vers 1584 sur les dessins de Stradan, font voir cette arbalète dirigée contre des lapins, contre des perdrix, que le tireur approche à l'aide de la vache artificielle (1) et contre des oisillons dans une chasse nocturne *à la fouée*, sur des arbres voisins d'une vigne.

Claude Gauchet décrit la chasse du merle et du mauvis avec l'arbalète à jalet. L'oiseau, poursuivi par un épervier, se réfugiait dans une haie ou dans un buisson.

Lors, dit le bon aumônier :

> .....Avec l'arbalestre à la main je m'approche,
> Je bande, et le boulet dans la fronde j'encoche
> Et l'œillet dans la noix, puis par le trou je voy
> Et le merle et le poinct ; alors m'arrestant coy
> Je désserre la clef. La serre se desbande
> Et l'arc qui se rejette avecque force grande
> Envoye en l'air le plomb, qui vers l'oiseau dressé
> L'atteinct et l'abat mort, d'oultre en oultre percé.

D'Arcussia dit qu'en certains pays les *espréveteurs* chassent de cette manière pendant l'hiver, non-seulement les grives et les merles, mais encore la pie et le *jay* (2).

Cette petite chasse se faisait encore au xviiie siècle avec les émerillons de la fauconnerie royale.

à tirer le chat sauvage. C'est probablement une fantaisie du dessinateur qui s'en permettait souvent. Il est en effet invraisemblable qu'on puisse tuer avec cette arme une bête aussi dure que le chat.

(1) Cette vache est ici un mannequin couvert de toile dans lequel marche un homme courbé.

(2) Olivier de Serres, contemporain de d'Arcussia, dans son *Théâtre d'agriculture*, dont la première édition est de 1600, parle de chasses aux lapins dans les garennes avec l'*arc agelet*.

Enfin, jusque dans la seconde moitié du règne de Louis XV, les braconniers tiraient les faisans branchés avec des *arbalètes faites exprès qui chassent le plomb presque aussi vivement que le fusil* (1).

Les chasses avec l'arbalète à jalet étaient fort goûtées par les dames. « Catherine de Médicis, dit Brantôme, aimoit fort à tirer de l'arbaleste à jalet et en tiroit fort bien, et toujours quand elle s'alloit promener faisoit porter son arbaleste, et quand elle voyoit quelque beau coup, elle tiroit (2). »

La Reine Elisabeth d'Angleterre prenait aussi plaisir à montrer son adresse en tirant cette arme, notamment dans le parc de Cowdray, où elle engagea un *match* avec sa dame d'honneur, qui eut la complaisante discrétion de se laisser battre dans la proportion de 3 à 1 (3).

L'arbalète à jalet disparaît à peu près en même temps que la grande arbalète, peut-être un peu plus tôt. Toutes deux furent reléguées dans l'ombre et dans l'oubli par les perfectionnements introduits dans la confection des armes à feu.

---

(1) Labruyerre.

(2) Dames illustres. — L'arbalète à jalet de Catherine est conservée au Musée des souverains.

(3) Skelton, t. II. — Cet archéologue avance à ce propos qu'en Angleterre on tirait les bêtes fauves (*deer*) avec l'arbalète à jalet, ce qui n'est guère vraisemblable.

CHAPITRE II.

Chasses avec les armes à feu.

---

§ 1. Premières armes a feu portatives. — Arquebuses. — Couleuvrine.

Couleuvrines
à main.

L'époque de l'invention des premières armes à feu portatives peut être fixée aux dernières années du xive siècle, ou au commencement du suivant (1). Ces armes portaient le nom de *canons*, *bombardes* et *couleuvrines à main*. C'étaient des tubes en bronze ou en fer forgé, liés à un fût de bois au moyen de cercles de métal ou de cordes. On y mettait le feu avec une mèche tenue à la main.

A la fin du xve siècle, on ajouta à ces couleuvrines à main le bassinet destiné à contenir la poudre d'a-

---

(1) Voir les *Études sur l'artillerie*, par l'Empereur Napoléon III. — Le *Catalogue du Musée d'artillerie*, par le commandant Penguilly Lharidon. — Hewitt.

morce, puis le serpentin sur lequel on ajustait la mèche, et qui, au moyen d'une détente, s'abaissait sur le bassinet.

Cette nouvelle arme à feu prit le nom d'*escopette* et de *hacquebute* ou *arquebuse* (1). On continua cependant durant quelque temps à lui donner celui de *couleuvrine à main*.

C'est ainsi qu'on doit expliquer les textes où il est question de chasses faites avec la *couleuvrine,* car il paraît matériellement impossible qu'on ait jamais pu chasser avec cet engin par trop primitif.

Quoi qu'il en soit, dans le poëme de *Theuerdannck,* on voit Maximilien d'Autriche s'amuser à tirer des oiseaux aquatiques avec l'arquebuse (*pirschbüchse*) d'un bateau sur lequel il descend de Gueldres en Hollande. L'imprudent Maximilien faillit faire périr sa barque en approchant sa mèche allumée d'un baril de poudre (2).

Le cardinal Adrien de Saint-Chrysogone, dans un poëme sur la chasse, imprimé en 1505, décrit en un latin fort élégant une arme à canon de cuivre, inventée par un *Sicambre* nommé Libs. Lorsqu'on mettait le feu par une étroite ouverture à cet engin *horrifique*, merveilleux, menaçant, la balle de plomb

Arquebuse
à mèche.

---

(1) De l'italien *arco bugio* (arc troué) suivant les uns ; de l'allemand *haken-büchse*, arme à feu à croc, suivant les autres.

(2) Cette aventure doit remonter à l'époque de la prise de possession des Pays-Bas par Maximilien, c'est-à-dire aux dernières années du XVe siècle.

ardent qu'il renfermait allait frapper le gibier avec l'impétuosité de la foudre (1).

Un *placard* flamand de 1514 défend de tirer *bestes rouges et noires, lièvres, connins, perdrix, phaisants, hairons, butoirs et aultres volailles et sauvagines*, avec la *couleuvrine*.

L'ordonnance de 1515, interdit de posséder près des forêts royales *échopètes* et *haquebutes*.

Arquebuse à rouet. C'est vers ce temps que les archéologues allemands placent l'invention des platines à rouet (2). La première mention que nous en trouvons dans notre histoire ne remonte qu'à 1544 (3).

Dans les arquebuses à rouet le feu est donné par une *pierre de mine* (pyrite), maintenue avec force sur une rondelle d'acier à laquelle un mécanisme particulier imprime un mouvement de rotation très-accéléré. Par son frottement, cette rondelle ou *rouet*, cannelée sur la tranche, fait jaillir de la pierre une quantité d'étincelles qui mettent le feu à l'amorce.

Quoique présentant quelques avantages sur l'arquebuse à mèche, l'arme à rouet ne fit pas abandonner celle-ci. Toutes deux continuèrent d'être em-

---

(1) Ici, c'est un porc-épic :

« *Histrix continuo forata fumat.* »

(*Hadriani cardinalis S. Chrysogoni ad Ascanium cardinalem S. Viti vice-cancellarium Venatio*). — Cet opuscule a été réimprimé en 1582 par S. Feyerabend, en tête du recueil intitulé : *Venatus et Aucupium iconibus artificiosiss. ad vivum expressa*, fig. de Jost Amman. — La première édition est de Venise, Alde, 1505.

(2) En 1512, à Nuremberg, selon Hefner : *Costumes du moyen âge chrétien*, t. III.

(3) *Mém.* de du Bellay.

ployées simultanément pour la guerre comme pour la chasse (1).

Les armes à feu, quel que fût le système de leur construction, ne jouirent pas d'abord d'une grande faveur près des princes ni près des gentilshommes français, et longtemps l'usage en fut abandonné aux paysans et aux mercenaires qui chassaient pour le profit.

En pays étranger, surtout en Italie, l'arquebuse jouissait de plus de considération. L'illustre artiste Benvenuto Cellini était grand amateur d'armes à feu. Dans ses curieux mémoires, le Florentin vantard se complaît presque autant au récit de ses exploits de chasseur qu'à celui des coups partis de sa main qui, s'il faut l'en croire, auraient atteint le connétable de Bourbon et le prince d'Orange (2).

Benvenuto Cellini.

Le souverain aux généraux duquel Cellini faisait une si rude guerre, Charles-Quint, fut aussi un adroit tireur d'arquebuse. Au couvent de Groenendal, dans

---

(1) Dans les chasses de Stradan, on voit partout figurer l'arquebuse à mèche, probablement préférée par les Flamands. Dans les gravures de Jost Amman (1582), il n'y a que des arquebuses à rouet, invention allemande, en vogue alors parmi les populations germaniques.

(2) Le premier tué, le second blessé pendant le siége de Rome (1527). — Benvenuto raconte que, pendant son séjour à Rome, il s'amusait à tirer à balle franche les ramiers qui hantaient les ruines. « J'avais, dit-il, moi-même arrangé mon arquebuse, elle était nette comme un miroir dedans et dehors. De plus, je faisais moi-même de la poudre à tirer, très-fine, pour la fabrication de laquelle j'avais des secrets que personne n'avait découverts.... » (Liv. I, ch. v.) Il prétend, en outre, avoir su fabriquer de la poudre muette avec laquelle il chassait aux paons dans le parc du duc de Ferrare (L. III, ch. III.) Voir aussi sa chasse aux canards dans les environs de Rome. (Liv. II, ch. XII.)

la forêt de Soignes, il abattit un jour d'un coup d'arquebuse chargée à balle un héron posé à une distance considérable sur le bord de l'étang du prieuré.
Les religieux célébrèrent cet exploit en vers latins et
firent ériger au milieu de l'étang, à l'endroit où le
héron était tombé, une petite colonne surmontée d'un
héron de bronze (1).

Un compatriote de Benvenuto Cellini, le colonel-
général Philippe de Strozzi, qui introduisit dans
l'armée française l'usage des *mousquets* (2), et plusieurs autres améliorations notables, avait, comme lui,
la passion des armes à feu pour la chasse ainsi que
pour la guerre.

Philippe
de Strozzi.

« Si tost qu'il commença à avoir la force de manier
une arquebouse, il en fait faire une d'une longueur de
canon non encore veüe pour giboyer, à quoy il estoit
sy ardent qu'il passoit quelquefois dès le grand matin
les plus longs jours d'esté entiers par les bois à tirer
aux bestes et aux oyseaux.....

« L'hyver, et lorsque la terre estoit plus couverte
de neiges, ne bougeoit le long des estangs, rivières ou

---

(1) Galesloot, d'après la *Chorographia sacra Brabantiæ*. Bruxelles,
1659.

(2) Arquebuses à mèche de fort calibre, qui se tiraient sur une fourchette. Strozzi s'occupa aussi très-activement de remplacer, par des
canons de Milan, les canons de Pignerol, en usage jusque-là. — « Luy
mesme au siége de la Rochelle (1573) faisoit tousjours porter un mousquet à un page ou à un laquais, et quand il voyoit un beau coup à
faire, il tiroit...... Je vis et plusieurs avec moy ledit M. de Strozze tuer
un cheval de cinq cents pas avec son mousquet, et le maistre se sauva. »
Brantôme, *Discours sur les couronnels de l'infanterie de France*,
art. XI.

ruisseaux, et souvent tapy contre un saule ou petit buisson (se traisnant mesmes au besoin), pour couvert et sans bruit n'effaroucher le gibier, ains ainsy tant patienter qu'il le veist arrangé à son avantage, affin de faire un bon coup, ou , si les estangs estoient gelez, il alloit aux marets ou lieux marécageux, ès quels endroits où l'eau ne geloit, (sortant de quelque source vifve), toutes sortes d'oiseaux de rivière des environs s'assembloient en troupes, commodité qui récompensoit la patience, la peine et l'aspreté du froid (1). »

L'exemple de Strozzi et les perfectionnements introduits par lui dans l'arquebuserie contribuèrent beaucoup à rendre plus général en France le goût de la chasse à tir. La *grande arquebuse à giboyer* de Charles IX est restée fatalement célèbre dans la tradition. Henri IV aimait à chasser les canards *avec l'arquebuse et le barbet* (2).

Un des plus vaillants compagnons de guerre du Roi Henri , le baron de Chantal, aïeul de madame de Sévigné, périt misérablement en 1601 d'un accident survenu dans une partie de chasse à tir. Revenu malade en son château de Bourbilly, il se laissa entraîner à une chasse à l'arquebuse par un de ses parents et amis, M. d'Anlezy de Chazelle. Fatigué de la

----

(1) *Vie, mort et tombeau du haut et puissant seigneur Philippe de Strozzi.* Paris, 1608. Nous avons cru devoir donner ce passage en entier, parce que c'est le plus ancien document écrit en français que nous ayons sur les chasses à l'arquebuse.

(2) On voit, dans les gravures de Jost Amman, qu'à cette époque les gentilshommes allaient chasser au marais en bas de soie et hauts-de-chausse taillladés, ce qui devait être médiocrement commode.

chaleur, et d'ailleurs médiocrement amateur de cet exercice, il se coucha à l'ombre d'un buisson. M. de Chazelle, trompé par la couleur de l'habit du baron, qui était ventre-de-biche, lui tira un coup d'arquebuse dans la cuisse, et le mit au tombeau après neuf jours de souffrances (1).

Louis XIII forgeait des canons d'arquebuse. Des malveillants osèrent prétendre qu'il ne devait son surnom de *Juste* qu'à son adresse au tir de cette arme, adresse qui paraît toutefois s'être plutôt signalée en tirant à la cible qu'à la chasse (2).

Pendant les deux premiers tiers du XVIe siècle les arquebuses à mèche et même à rouet étaient de trop peu d'exécution à la chasse pour que les lois et règlements sur la matière aient jugé à propos de leur accorder grande attention.

Mais le menu plomb ou dragée, ayant été inventé vers 1580 (3), et rendant l'effet des armes à feu infiniment plus meurtrier, la législation devint très-sévère pour les chasseurs à l'arquebuse. Henri IV voulut

---

(1) *Notice sur les ancêtres de Mme de Sévigné*, par Gault de Saint-Germain.

(2) Sauf celle des oisillons qu'il tirait probablement posés. Dans la *Ludovicotrophie ou journal de toutes les actions et la santé de Louis, Dauphin de France, qui fut ensuite Louis XIII*, par son médecin Hérouart (mss. de la bibl. imp., cité par M. de la Saussaye, *Château de Chambord*), on lit que, lors de sa seconde visite à ce domaine, en 1616 : « le Roy s'en va tirer de la hacquebuse, tüe plus de vingt moineaux. » — Un vitrail conservé à Troyes et provenant, à ce qu'on croit, de l'hôtel de l'Arquebuse de cette ville, représente Louis XIII tirant de l'arquebuse à rouet, avec cette devise portée par un ange : *Rien de plus beau*. (Willemin, *Monuments français inédits*, t. II.)

(3) Claude Gauchet, — Magné de Marolles.

même interdire l'usage de cette arme *absolument et en tous lieux* (1), mais il fut obligé, après moins d'une année, de lever cette prohibition (2).

On continua de se servir d'arquebuses à mèche et surtout à rouet, longtemps après l'invention des platines à silex. La grande ordonnance des eaux et forêts (1669) défend encore aux garde-plaines des capitaineries de porter des arquebuses à rouet. Il existe au musée d'artillerie et dans les collections particulières, des carabines de précision à rouet, de l'espèce dite *arquebuse butière*, ou *rainoise* (3), qui portent des dates de la fin du xviiᵉ et même des premières années du xviiiᵉ siècle. Il faut observer que ces armes sont toutes ou presque toutes de fabrication allemande, et qu'en Allemagne on a longtemps conservé une prédilection marquée pour les platines à rouet, qu'on nommait *platines allemandes* (4). On voit, dans l'œuvre de Ridinger, que vers 1750 on se servait encore d'arquebuses à rouet dans ce pays, pour

---

(1) Ord. de déclaration du 14 août 1603.

(2) Voir le livre II de cet ouvrage.

(3) Parce que ces arquebuses servaient surtout à tirer au *but* et que le canon était sillonné de *rainures*.

(4) Dans le *Traité* du chevalier de Fleming (1719) à côté du fusil (*Flünde*), on trouve décrits et représentés l'arquebuse à dragée (*Schrotbüchse*), le mousqueton à sanglier (*Sau-stülz*) et la carabine (*Pirschbüchse*) avec des platines à rouet. Fleming déclare hautement sa préférence pour les armes *à platine allemande*. Quoique d'une exécution un peu plus compliquée, ces armes avec leurs crosses coupées à l'allemande sont plus commodes à mettre en joue ; elles ne peuvent partir sans que la pierre ait été abattue sur le rouet. En mettant un morceau de drap entre le rouet et la pierre on tient poudre, pierre et rouet secs, et l'on peut tirer en retirant le drap.

tirer à coup posé les coqs de bruyère, les oiseaux d'eau et le gibier de montagne. De nos jours quelques pauvres paysans du Tyrol et des montagnes de la Bavière emploient ces armes surannées pour la chasse du chamois et le tir à la cible (1).

La forme des arquebuses à mèche et à rouet varia beaucoup pendant le xvi⁰ siècle. Les plus anciennes étaient montées avec des crosses fort longues et fort grossières qu'on appuyait non contre l'épaule, mais par-dessus l'épaule.

Dans les planches de Stradan, qui sont cependant de la fin de ce siècle, on voit encore des chasseurs tenant l'arquebuse à mèche dans cette singulière position (2).

On appuya ensuite l'arquebuse contre l'épaule; puis, du temps de Strozzi, la longue crosse ayant été remplacée par une *courte et gentille*, on trouva plus commode de *coucher* contre l'estomac. Brantôme dit que cette nouvelle manière de tirer fut trouvée par

---

(1) *Illustrirte Zeitung*. —Une arquebuse à rouet allemande du *Musée d'artillerie* (n° M. 304 du livret) porte la date de 1745. Magné de Marolles dit que de son temps (1788) *on fait encore, pour la chasse, des armes à rouet en Allemagne*. Les Italiens paraissent avoir conservé l'arquebuse à mèche pour la chasse jusqu'au milieu du xviie siècle. — (Marolles.)

(2) On s'explique difficilement cette attitude qui n'est peut-être qu'un caprice du dessinateur, d'autant plus que quelques planches présentent des poses physiquement impossibles, notamment des arquebuses qui partent sans que la main du tireur soit à la détente et sans que le serpentin soit abaissé sur le bassinet ou même garni de sa mèche allumée. Cependant les Chinois mettent encore en joue par-dessus l'épaule leurs grossières arquebuses. (Voir un dessin chinois reproduit par l'*Illustration* du 17 septembre 1853.)

un *honneste gentil homme,* qu'il ne veut point nommer de peur de se glorifier, et qui n'est autre que lui-même (1).

Avant la réforme de Strozzi, les arquebuses de guerre n'avaient que des canons *fort longs et menus,* fabriqués à Pignerol. Strozzi y substitua des canons de Milan, de fort calibre. Mais les canons de Pignerol continuèrent d'être recherchés par les chasseurs, *à cause de leurs bontez* (2).

Les arquebuses à rouet étaient presque toutes fabriquées en Allemagne.

On commença de fort bonne heure à rayer le canon des armes à feu dont on se servait pour tirer la grosse bête. Selon quelques auteurs allemands, cette invention remonterait jusqu'au xve siècle. L'invention des raies en spirales est attribuée à Auguste Kotter, de Nuremberg (1500 à 1520) (3).

Pendant la plus grande partie du xvie siècle, il fut impossible de se servir de l'arquebuse pour tirer les oiseaux au vol et les quadrupèdes aux grandes allures, non-seulement à cause de la pesanteur et de l'imperfection de l'arme, mais encore parce qu'on ne

---

(1) *Vie de M. de Strozzi.* — En Espagne on se servit pendant quelque temps, pour la chasse, de gros mousquets qu'on appuyait sur une fourchette ou sur l'épaule d'un valet. (Juan Mateos, *Origen y dignidad de la Caza,* 1634.)

(2) On fabriquait aussi des canons d'arquebuse à Metz et à Abbeville (*ibid.*). Selon Fleming, les canons d'arquebuse doivent être forgés en novembre, sous le signe du Sagittaire, et on doit coller sous le bois de l'arme, en la montant, un petit morceau *primi menstrui.*

(3) *Catalogue du musée d'artillerie.*

savait la charger qu'à balle franche ou à plusieurs balles (1).

A partir de l'invention du menu plomb, que nous supposons, avec Magné de Marolles, dater à peu près de 1580, il devint possible de tirer quelquefois au vol, quoique difficilement et incommodément (2). En effet, il fallait que le canon de l'arme restât à peu près parallèle à l'horizon ; autrement la poudre du bassinet, qu'il était indispensable de découvrir avant de tirer, risquait fort de tomber dans l'œil du tireur.

La nécessité de surprendre le gibier posé rendait presque aussi indispensable aux arquebusiers qu'aux archers l'emploi de ces ruses dont nous avons déjà parlé à propos des chasses avec l'arc et l'arbalète, et qui furent toutes adoptées et perfectionnées par les arquebusiers du xvi° siècle.

La toile qui ressemble à un bœuf de Gaston Phœbus avait été remplacée par une machine ou mannequin en osier, ayant au col une clochette de vache et recouverte d'une toile traînante (3). Un homme marchait le dos courbé dans cette machine, et le tireur s'avançait derrière.

La vache artificielle pouvait être remplacée par un bœuf enchevêtré ou par un cheval entravé de façon à ne pouvoir marcher que lentement, et ayant la tête

---

(1) Magné de Marolles.

(2) Les passages de Claude Gauchet cités par Magné de Marolles prouvent surabondamment que, même après l'invention du menu plomb, on ne tirait presque jamais qu'à coup posé.

(3) On voit, dès le xv° siècle, une machine analogue, figurant un cheval, servir à cacher un arbalétrier. (Miniatures du *Beau Phœbus.*)

attachée entre les jambes pour avoir l'air de pâturer (1). Les Allemands se servaient encore, au xviiie siècle, d'un cheval équipé de cette manière pour tirer des oiseaux d'eau avec l'arquebuse à rouet (2).

La charrette et la hutte ambulante étaient réunies de manière à ne former qu'un seul engin, ayant la forme d'une cabane de feuillage portée sur des roues (3).

Les arquebusiers cherchaient aussi à joindre leur gibier en se traînant à terre et en se cachant derrière les mouvements de terrain, les arbres et les buissons, ou l'attendaient *au guet* et à l'affût; enfin le chien couchant leur rendait les mêmes services qu'aux arbalétriers (4).

Avant les rigoureuses défenses faites par François Ier de tuer les *bêtes rousses* (5), les grands animaux comme cerfs, chevreuils, sangliers, étaient fréquem-

---

(1) C'est le *Stalking horse* de Shakspeare, qui a fort bien pu servir aux arbalétriers avant l'arquebuse, comme il a servi depuis pour tirer au fusil. Dans sa pièce intitulée *As you like it*, le grand William dit d'un fol de cour qu'il se sert de sa folie comme d'un *stalking horse*, sous le couvert duquel il *tire son esprit*.

(2) V. Ridinger.

(3) Chasses de Stradan. — Cette machine est employée comme la vache artificielle pour approcher des cerfs à portée d'arquebuse. — En Espagne on tirait les grues et autres oiseaux de passage dans les plaines découvertes au moyen d'un petit chariot à deux roues sur lequel un mousquet de gros calibre était fixé par un pivot.

(4) Voir le livre VI.

(5) Voir le livre II.

> J'apperçoy d'un grand cerf la teste nompareille
> Qui marchant d'asseurance à son chemin brouttoit
> Selon son appetit, le bourgeon qu'il trouvoit.
> Je l'approche assez prests, mais voyant que la béste
> N'avoit à ses costez aucune biche preste,
> Je passe mon chemin, n'ayant point le désir

ment tirés à l'affût ; *l'arquebusier blessier*, ainsi nommé parce que la bête restait rarement sur le coup, emmenait avec lui un *chien de sang* qui suivait l'animal par les *rougeurs* (1).

Médiocrement préoccupé, à ce qu'il semble, des ordonnances récemment fulminées par Henri IV contre les armes à feu et les chiens couchants, Olivier de Serres, dans son *Théâtre d'agriculture*, conseille au simple gentilhomme d'aller *durant l'automne, l'hyver et le printemps, l'arquebuse au poing, avec le chien couchant fait au poil et à la plume, arrester et prendre perdrix et levraud.* « Le gentilhomme chassera aussi au canard, à l'arquebuze, en se pourmenant le long des eaux durant les gelées et grandes froidures (2). »

Cette chasse aux canards avec l'arquebuse, aimée de Strozzi et de Henri IV, est une des plus anciennement pratiquées. Nous venons de voir Maximilien d'Autriche s'y adonner dès la fin du xv⁰ siècle (3).

Dans les tapisseries conservées au château d'Haroué, qui, d'après les costumes des personnages, sont de la même époque, un chasseur tire des oiseaux de rivière avec une arquebuse à serpentin (4).

De tirer sur cela qui donne aux Roys plaisir
Estimant un tel faict acte de villenie.

(Claude Gauchet.)

Il semblerait, d'après ce passage, que les défenses n'étaient observées à la rigueur que pour les cerfs portant tête.

(1) D'Arcussia.

(2) Livre VIII, chap. vii. *De la chasse et autres honnestes exercices du gentil-homme.*

(3) Voir ci-dessus, p. 233.

(4) *Tapisseries historiques*, publiées par M. A. Jubinal.

Une gravure de Jean de Tournes, éditée en 1556, représente un arquebusier, le *flasque* sur les reins et le *pulverin* au col, envoyant son barbet à la poursuite d'un canard démonté (1).

La chasse aux canards avec l'arquebuse se trouve aussi figurée dans les œuvres gravées de Jost Amman et de Stradan.

§ 2. FUSILS.

Dans les dernières années du xvie siècle ou au commencement du suivant, fut inventé un nouveau système pour donner le feu aux armes de guerre et de chasse (2). La pierre à feu (ici c'est un silex) est tenue dans les mâchoires d'un chien, qui par l'effet d'un ressort assez semblable à celui des platines modernes, mais le plus souvent extérieur comme dans beaucoup d'armes à rouet, s'abat sur une pièce d'acier cannelée, placée *au delà* du bassinet et fait jaillir l'étincelle qui enflamme l'amorce. A la différence des fusils à pierre, cette pièce d'acier ne couvrait pas le bassinet (3).

Fusils
Snaphaus.

---

(1) Reproduite dans le recueil intitulé *the varieties of dogs as they are found in old sculptures, pictures*, etc., *by* Ph. C. Berjeau. *London*, 1863.

(2) Le plus ancien document connu jusqu'à présent où il soit question de ces armes, dites *Snaphans*, est anglais et de l'année 1588. Voir Hewitt, t. III. — Les pistolets *à focile* dont parle Pietro della Valle, dans ses voyages sous l'année 1617, *che non s'ha da perder tempo a tirar sù la ruota* (pistolets à fusil avec lesquels on n'a pas à perdre son temps à remonter le rouet), étaient probablement de cette espèce.

(3) Voir les deux platines de grandeur naturelle gravées dans l'ouvrage de Skelton. t. II, et Hewitt, t. III.

La nouvelle platine fut probablement inventée en Espagne ou dans les Pays-Bas espagnols.

On lui donna en France (nous le supposons du moins) le nom de *platine de Miquelet*, de celui des partisans espagnols qui s'en servirent les premiers. En Angleterre et en Hollande, elle reçut le nom de *Snaphans* (écrit en vieux anglais *Snaphaunce*), qui était aussi le nom d'un corps de partisans assez mal famés, les *chenapans* (1).

Commode pour la guerre en ce qu'elle était d'une exécution plus prompte et plus facile que le rouet, la platine *snaphans* n'avait pas un très-grand avantage à la chasse, puisque le perfectionnement qu'elle introduisait ne faisait pas disparaître le plus grand inconvénient des arquebuses à mèche et à rouet, l'impossibilité de tirer haut sans risquer de faire tomber la poudre de l'amorce.

Ces fusils, fort en vogue parmi les chasseurs espagnols, comme on peut le voir dans les tableaux de Vélasquez (2), ne paraissent pas avoir été très-usités en France. Rien n'est plus difficile, du

---

(1) En général, on dérive le nom de l'arme *Snaphans* de ces *chenapans* (en allemand *Schnapphahne*, en hollandais *Snaphaans*, ce qui peut signifier voleurs de coqs, maraudeurs). Cependant *Schnapphahn* peut aussi être dérivé des deux mots allemands *Schnappen*, faire partir, débander un ressort, et *Hahn* le chien d'une arme à feu. Comme la différence entre le *Snaphans* et l'arquebuse à rouet tient précisément à ce que le *chien* se *débande* au moyen d'un ressort, il est plus probable que ce détail de construction a donné son nom à l'arme et que celle-ci l'a communiqué aux *chenapans* qui s'en servaient.

(2) Notamment dans le portrait de l'Infant don Balthazar (gravé dans l'*Histoire des peintres* de Ch. Blanc) et celui de Philippe IV, exposé dans les galeries du Louvre (non catalogué).

reste, que de distinguer ce qui s'applique à ce fusil primitif d'avec ce qui concerne le fusil à silex et à couvre-feu (1), ces deux armes n'ayant jamais eu qu'un seul nom dans notre langue, celui de *fusil* ou *arquebuse à fusil*, dérivé de la manière dont le feu était produit par le choc d'une pierre contre une espèce de *fusil* ou briquet (2).

Le fusil à couvre-feu, dont on s'est servi jusqu'aux premières années du présent siècle, fut inventé en France de 1620 à 1630 (3).

Fusils à couvre-feu.

La date de l'invention est à peu près impossible à préciser, par les raisons que nous venons de déduire.

Le chevalier de Fleming, dans son *Traité de chasse* imprimé en 1719 (4), nous accorde l'honneur de ce perfectionnement, tout en discutant patriotiquement son mérite, qui lui paraît en certains cas inférieur à celui de la platine à rouet ou *platine allemande* (5). « Ces armes, dit-il, sont parfaitement appropriées à l'usage d'un tireur allemand, mais je laisse aux Français leurs platines à pierre comme arme prompte à

---

(1) On ignore, par exemple, à quelle espèce d'arme il faut rapporter les *longues harquebuses à fusil* dont il est parlé dans une *Relation du siége de la Rochelle*, publiée en 1628, non plus que les *beaux fusils* conservés en 1617 dans le Cabinet du Roi, selon les *Mémoires* du marquis de Montpouillan. On peut cependant conjecturer que ces derniers étaient des *Snaphans*.

(2) Jusqu'au xviie siècle on a désigné sous le nom de *fusil* le petit instrument de fer qui sert à battre la pierre à feu.

(3) Skelton, t. II. — En Angleterre on continua jusqu'en 1645 au moins, à se servir de *Snaphans* pour la guerre. Voir Hewitt, t. III.

(4) *Der vollkommene deutsche Jäger. Leipzig*, 1719.

(5) Voir ci-dessus, p. 239.

exécuter pour les soldats, les gens de guerre et les voyageurs. »

Le fusil à couvre-feu n'en fit pas moins son chemin dans toute l'Europe, et son adoption est le véritable point de départ de la chasse à tir telle que nous la comprenons et la pratiquons aujourd'hui, c'est-à-dire en abattant les oiseaux dans leur vol le plus rapide et les quadrupèdes lancés à toute course (1). « Quoique parfois nuisible par la grande destruction du gibier, cette chasse, dit Fleming, est par elle-même une belle et noble science dans laquelle les Français ont la gloire d'exceller, et qui, avant cela (avant l'invention des fusils à couvre-feu), était absolument inconnue dans ce pays-ci (2). »

Fusils doubles.

Le dernier perfectionnement de l'arme de chasse, pendant la période qui nous occupe, fut l'invention du fusil à deux coups.

Ces fusils datent des dernières années du règne de Louis XIV. Suivant une tradition assez accréditée, le premier fusil double à canons parallèles fut fabriqué pour ce Roi (3). Magné de Marolles dit que l'habile arquebusier Jean Leclerc fit le premier à Paris, vers 1738, des fusils doubles à canons *soudés*, mais que

---

(1) D'Arcussia, dans son *Convy pour l'assemblée des fauconniers*, publié en 1827, partage, à son point de vue exclusif, l'opinion défavorable de Fleming sur le *tir en volant*.

(2) *Der vollkommene Deutsche Jäger*, I, Vᵉ part.

(3) *Vénerie française*, par le comte Le Couteulx. Il existe dans les musées des armes du xvɪᵉ siècle à deux ou trois canons superposés et tournants. — En 1701, le chevalier de Callières, gouverneur du Canada, fit présent à un chef iroquois d'un fusil à deux coups. (*Histoire de l'Amérique septentrionale*, par le Sʳ de Bacqueville de la Potherie.)

l'invention, plus ancienne de quelques années, venait de Saint-Etienne. « Quant aux canons assemblés parallèlement avec des tenons et des vis, ils datent de beaucoup plus loin qu'on ne le croit communément, » dit le même auteur qui avait vu au garde-meuble de la couronne deux anciens *fusils* de cette espèce, l'un à rouet, paraissant avoir été fabriqué vers 1600, l'autre ayant *des platines à peu près construites comme celles d'aujourd'hui, mais ne paraissant guère moins ancien* (probablement un *snaphans*).

Au xviii° siècle, les meilleurs fusils de chasse étaient fabriqués à Saint-Etienne, à Charleville, à Paris et à Pontarlier (1). Les canons de Paris étaient déjà préférés à tous les autres canons français (2). Ils rivalisaient avec les canons d'Espagne, excessivement renommés alors, et fabriqués avec de vieux fers de mule choisis, dont on forgeait cinq ou six pièces, soudées ensuite l'une au bout de l'autre.

Les canons français étaient à rubans, filés ou tordus (3). On croyait volontiers à cette époque que la portée des fusils était en raison directe de la longueur des canons. Cette idée commençait à être fortement

Fabrication des fusils de chasse au xviii° siècle. Canons français.

---

(1) Il y avait aussi des manufactures d'armes à feu à Maubeuge et à Tulle, mais elles ne travaillaient presque pas pour les chasseurs.

(2) Magné de Marolles donne la liste et les marques des maîtres *canonniers* de Paris. Les plus renommés étaient de la nombreuse famille des Leclerc. Il y a une trentaine d'années, on recherchait encore les canons de fusil poinçonnés de la marque de Nicolas Leclerc, une fleur de lis entre les lettres L. C.

(3) Voir dans Magné de Marolles les procédés de ces diverses fabrications, qui ne différaient pas de ceux employés actuellement, autant que je puis en juger.

combattue du temps de Magné de Marolles, et les fusils de chasse avaient été réduits de 45 pouces de canon ($1^m,21$) à 30 ou 32 pouces ($0^m,81$ ou $0^m,86$).

Canons espagnols.

Les canons espagnols, fabriqués dans l'origine à 40 pouces, furent aussi raccourcis à 33 et 34 pouces ($0^m,89$ et $0^m,91$). Ces canons étaient à huit pans sur les deux cinquièmes de leur longueur; à 10 pouces ($0^m,27$) de la culasse se posait une mire ou visière d'argent, et, à l'extrémité du canon qui se terminait un peu en trompe, le guidon (1).

Les montures de fusil se firent d'abord en poirier, cerisier et merisier. Ces bois furent remplacés, au XVIIIe siècle, par l'érable, et surtout par le noyer. Les baguettes étaient en baleine ou en bois de micocoulier dit *perpignan* (2).

Chasses à tir de Louis XIV.

Les grandes chasses à tir, royales et princières, ne remontent pas plus haut chez nous que le règne de Louis XIV, époque où le fusil à couvre-feu et le *tir en volant* devinrent en même temps d'un usage habituel.

L'histoire et la chronique, qui n'ont mis en oubli aucun des exploits de Louis XIII comme veneur et comme fauconnier, ne disent pas un mot de ses succès comme chasseur à tir (3).

---

(1) Magné de Marolles.

(2) *Ibidem.*

(3) Voir précédemment. — Louis XIII possédait cependant des fusils à couvre-feu. Une très-belle arme de ce genre, portant les écussons de France et de Navarre et lui ayant probablement appartenu, est con-

Son fils, au contraire, avait un goût tout particulier
pour la chasse à tir, et se piquait avec raison d'y exceller (1). En 1657, pendant que la cour habitait le
château de Vincennes, le Roi, alors âgé de dix-neuf
ans, s'exerçait à la chasse *avec une telle affection*, qu'il
y allait à pied avec son fusil comme un simple gentilhomme de campagne.

Un jour, le cardinal Mazarin voulut gager avec lui
qu'en cinq heures de temps il ne tuerait pas 100 lapins ; le jeune Roi, ayant accepté le pari, se donna
tant d'exercice, qu'il parvint à en tuer 112 dans le
délai prescrit (2). Les courtisans et le sévère Saint-
Simon lui-même admiraient son adresse et sa bonne
grâce à tirer. Dangeau, qui enregistre jour par jour
les faits et gestes du grand Roi, le fait voir allant au
moins une ou deux fois la semaine tirer dans ses
parcs ou dans ses capitaineries, notamment dans les
plaines de Saint-Denis, de Longboyau et de Créteil.
Il tirait assez souvent à cheval, et y demeurait jusqu'à
quatre heures de suite, bravant le froid et le vent. Il
chassait aussi quelquefois en voiture (3).

. servée dans la collection d'armes de l'Empereur de Russie, à Tsarskoé-
Selo. Voir l'ouvrage publié par Rockstuhl et Asselineau, t. II. —
Lorsque Louis XIII fit à Chambord, en 1616, ce grand carnage de moineaux dont parle le médecin Herouart, il se servit sans doute d'une
arme à rouet.

(1) Voir plus haut, liv. I.

(2) *Journal d'un voyage à Paris en* 1657-1658, publié par M. Faugère.
— On voit dans le même ouvrage que les arquebusiers d'Abbeville continuaient de fabriquer des armes à feu renommées.

(3) Voir Dangeau, *passim*, et la note F.

Nous ne voulons pas répéter ici les détails donnés précédemment (1) sur le goût très-vif que montrèrent pour la chasse au fusil Louis XIV, Louis XV et les princes de leur maison, et sur leurs exploits de tireurs (2).

Pour épargner des redites à nos lecteurs, nous nous bornerons à dire qu'exercés dès l'adolescence, et parfois dès l'enfance, au maniement de l'arme à feu, ayant à leur disposition les tirés des capitaineries où s'accumulait un gibier innombrable, ils furent tous des tireurs de premier ordre, et nous passerons à la description du cérémonial observé dans ces chasses, où ils immolaient de si prodigieuses hécatombes, cérémonial observé rigoureusement et sans grandes modifications pendant le règne du grand Roi et celui de son successeur.

Sous Louis XIV et sous Louis XV, lorsque le Roi allait tirer, six pages de la petite écurie et le porte-arquebuse avaient l'honneur de porter les fusils de Sa Majesté. Le gibier tué par le Roi était ramassé par le plus ancien page, et apporté par lui dans le *carnier* (3) jusqu'au cabinet de Sa Majesté, qui ne manquait pas d'en donner quelques pièces à ce page et à ses cama-

____

(1) Voir le livre Ier, ch. IV.

(2) Sur les chasses à tir de Louis XIV, de ses fils et petits-fils. Voir les notes F, G, H à la fin de ce volume.

Sur celles de Louis XV et de Louis XVI, les notes I et K, *ibid*.

Chasses des princes de Condé à Chantilly, Pièces justificatives, *ibid*.

(3) On appelait *carnier* deux *poches à l'antique en manière d'escarcelles*, plus larges du bas et tenant ensemble. Le dessous était en cuir et le dessus à jour, pour donner de l'air au gibier. Sous Louis XV, ce

rades (1). Le chien couchant du Roi était porté en trousse sur le cheval d'un autre page.

Louis XIV s'étant quelquefois trouvé incommodé à la chasse par la foule des tireurs qu'il avait invités à y prendre part, ainsi que par celle des curieux qu'on laissait approcher de sa personne, avait pris la résolution de restreindre très-sévèrement le nombre de ses invitations. M. de Nangis ayant cru lui faire sa cour en lui demandant de le suivre à la chasse à tir, le Roi lui dit qu'il était bien jeune (il n'avait alors que vingt-cinq ans), puis qu'il lui en savait bon gré, parce que ce n'était pas une chose amusante. Il finit par lui accorder cette permission à deux conditions : la première qu'il n'en parlerait point, la seconde qu'il en userait modérément. Quelques jours après, Nangis, prévenu indirectement par Bontemps, va rejoindre à cheval la chasse du Roi. Le duc de Berry, croyant à une étourderie de sa part, court à lui et l'engage à retourner. Nangis, sans rien avouer, continue son chemin, donnant de mauvaises raisons au duc et à *M. le Premier*, et vient se placer derrière tout le monde.

Le Roi, s'étant retourné, l'aperçut : « Que dites-vous de ma chienne, lui dit-il, trouvez-vous qu'elle chasse bien ? » Ce fut un coup de théâtre (2).

Louis XV était aussi jaloux que son aïeul de ses

---

carnier fut remplacé par des paniers portés sur un mulet qui reçurent le même nom.

(1) *États de la France*, 1698.

(2) *Mémoires de Luynes.* — *Mémoires de Bescuval.*

chasses à tir. Il interdisait parfois, aux princes de sa maison qui l'accompagnaient, de porter un fusil et de tirer, comme il le fit un jour pour le prince de Conti, accusé d'avoir été chasser avant le Roi, dans la plaine de Gennevilliers, réservée aux plaisirs de Sa Majesté, et d'y avoir tué, avec ceux qui l'accompagnaient, 800 pièces (1).

M. le Duc, qui, ce même jour, avait tué 80 pièces sur l'invitation formelle du Roi, avait assisté plusieurs fois à ces chasses avec Louis XV et son prédécesseur sans y tirer, car, dit le duc de Luynes, « il n'y a ni droit ni même usage, pour les princes du sang, pour tirer avec le Roi (2). »

Quelquefois, pendant ses chasses à tir, Louis XV permettait à MM. de Courtenvaux et de Soubise de tirer avec des pistolets, et, après s'être amusé quelque temps de leur adresse, il leur faisait donner un de ses fusils (3).

Louis XVI fut un grand amateur de chasse à tir, comme l'avaient été le Dauphin son père et son aïeul Louis XV, et comme en témoigne son journal autographe, conservé aux archives de l'Empire (4).

Chasses du duc de Liancourt.

Arthur Young, dans la relation des voyages qu'il fit en France, pendant les années 1787, 1788, 1789, raconte les chasses à tir auxquelles il prit part chez le duc de la Rochefoucauld-Liancourt.

____

(1) *Mémoires* du duc de Luynes.
(2) *Ibidem.*
(3) *Ibidem.*
(4) Voir la note G, t. I.

Pour le *cerf* (1), les chasseurs formaient autour du bois une ligne qu'ils allaient toujours resserrant, et il était rare que plus d'une personne pût tirer. « C'est plus ennuyeux qu'on ne saurait aisément se l'imaginer : comme la pêche à la ligne, une attente incessante et un désappointement perpétuel.

« La chasse aux perdrix et aux lièvres est presque aussi différente de ce qui se pratique en Angleterre. Nous nous y livrions dans la belle vallée de Catenoy, à 5 ou 6 milles de Liancourt.

« On se mettait en file, à 30 yards environ l'un de l'autre, ayant chacun derrière soi un domestique avec un fusil chargé tout prêt, pour quand on aurait fait feu ; de cette façon nous parcourions la vallée en travers, forçant le gibier à se lever devant nous. Quatre ou cinq couples de lièvres et une vingtaine de couples de perdrix formaient les trophées de la journée (2). »

On voit que les chasses à tir du duc de Liancourt étaient fort loin des grandes tueries qui se faisaient chez les princes du sang royal, et même chez quelques hauts et puissants seigneurs, comme l'était ce cardinal de Rohan, dont le marquis de Valfons a décrit les magnifiques battues avec une verve si gauloise, dans un chapitre de ses *Souvenirs*, cité précédemment (3).

Cette manière de chasser le chevreuil en battue et le gibier de plaine en front de bandière est tout à

---

(1) On ne chassait pas le cerf à tir. Young se sert probablement du mot *deer* qui s'applique à tous les grands fauves et qui très-vraisemblablement veut dire ici *chevreuil* (*Roe-deer*).

(2) *Voyages en France*, t. I.

(3) Voir au livre I, ch. IV.

fait conforme à ce qui se pratique aujourd'hui. En effet, dès l'invention du fusil à couvre-feu, et celle du tir des oiseaux *en volant* qui en fut la conséquence, on adopta pour la chasse à peu près les méthodes d'opérer que nous suivons encore à présent. Le plus ancien traité connu de chasse au fusil, la *Caccia coll' arcobugio* (1) du capitaine Vita Bonfadini (Milan, 1647), enseigne déjà les mêmes façons de procéder. D'Arcussia, dans un de ses ouvrages publié en 1627 (2), énumérant les chasses auxquelles peuvent s'amuser les gentilshommes campagnards, pendant que leurs oiseaux sont en mue, cite la chasse à *l'arquebuse* (3), avec le chien couchant, « à tirer aux oyseaux de rivière, puis au ramier, au biset, aux palombes, aux pérengues (variété du biset), aux cailles, aux tourterelles, aux tourdes (grives), soit à l'appeau, soit à la cabane. On peut encore tirer en l'air, mais telle chasse est pernicieuse, et si Sa Majesté ne la fait prohiber bien estroitement, dans peu de jours elle ne trouvera de quoy voler (4). »

Sélincourt, sous l'empire des mêmes idées, dit qu'il ne veut pas parler de la chasse à *l'arquebuse*, par deux raisons, premièrement « parce que l'or-

---

(1) *Arcobugio à focile*, arquebuse à fusil.

(2) *Discours de chasse où sont représentez les vols faits en une assemblée de fauconniers, ou Convy pour l'assemblée des fauconniers.*

(3) La date et surtout ce qui est dit à la fin de ce passage sur le *tir en l'air* nous autorisent à affirmer qu'il s'agit d'une *arquebuse à fusil*. Le mot d'*arquebuse* pour désigner une arme à feu quelconque est encore employé par Sélincourt dans son livre publié en 1683.

(4) D'Arcussia ajoute que cette chasse a été prise en passion par les artisans, qui abandonnent leur métier par bandes pour s'y *exercer*.

donnance des lois la défend aux ignobles, et qu'il n'y a rien de plus défendu en France que le port des armes, et si cette défense étoit étroitement observée partout, comme elle l'est dans les plaisirs des Rois et des princes, l'abondance de toutes sortes de gibier se manifesteroit partout comme en Allemagne, au lieu que la stérilité s'y rencontre » et secondement : « parce que les bourgeois et paisans, auxquels il est défendu de chasser et de porter des armes, se rendroient plus hardis à contrevenir aux défenses qui leur en sont faites, si l'on mettoit en évidence toutes les chasses qui se peuvent exécuter par elle. Il vaut donc mieux s'en taire que d'en parler, ce qui ne serviroit que de véhicule pour porter les esprits à ce qu'ils n'aiment que trop. »

Le premier auteur français qui ait traité *ex professo* de la chasse au fusil est Goury de Champgrand (1769) (1); ce qu'il en dit est fort succinct et ne présente rien qui diffère essentiellement de nos chasses modernes. Voici cependant quelques remarques sur les chasses en front de bandière qui présentent un certain intérêt.

« Nos pères, » dit-il, « alloient à la chasse en plaine, avec un ou deux gardes et un laquais ou deux, pour mener un cheval, en cas qu'ils fussent fatigués, et pour porter le gibier : mais aujourd'hui on mène cinq ou six valets pour porter les fusils et les charger;

---

(1) A la suite des *Ruses innocentes du Solitaire inventif*, édition de 1688, on trouve un opuscule de quelques pages sur la chasse au fusil qui ne contient rien de bien particulier.

et les trois quarts de ces grivois-là en ont encore d'autres, que l'on nomme des *guénards*, pour les servir. Cette petite armée, qui se met en front de bandière, fait partir devant elle tout le gibier, et prive le maître du plaisir de le chercher et de voir travailler son chien. Je ne prétends pas réformer personne, et j'imagine que ceux qui chassent ainsi y trouvent apparemment leur plaisir. »

Chasses au fusil à la fin du xviiie siècle.

Magné de Marolles publiait moins de 20 ans après (1788) son excellent livre de la chasse au fusil, qui est resté jusqu'à nos jours le travail le plus complet sur la matière. Il y décrit dans le plus grand détail toutes les chasses à tir qui se faisaient en France à la fin du xviiie siècle, et l'on peut aisément se convaincre qu'elles différaient fort peu de celles qui se font au xixe.

Suivant les traces de cet exact et judicieux auteur, nous allons donner l'analyse très-sommaire de son ouvrage, en nous conformant à la classification qu'il a adoptée, quoiqu'elle présente quelques légères différences avec celle que nous avons suivie en décrivant les *animaux chassés en France* (1).

Nous insisterons seulement sur celles des chasses indiquées par lui qui diffèrent notablement des chasses de nos jours.

La première section de l'ouvrage (2) contient des

---

(1) Livre III de cet ouvrage.

(2) C'est-à-dire de la seconde partie, la première étant consacrée à des recherches sur les anciennes armes de jet, sur la fabrication des fusils, etc.

instructions préliminaires sur la chasse au fusil en général et sur la manière de dresser les chiens couchants, plus l'exposé de quelques ruses dont on peut se servir à la chasse, principalement pour surprendre certains oiseaux qui se laissent difficilement approcher.

Ces instructions préliminaires ne contiennent rien de bien différent de ce qui se pratique actuellement ; quant aux ruses de chasse, dont l'emploi devenait de jour en jour moins fréquent à mesure que les armes à feu se perfectionnaient, c'étaient toujours à peu près les mêmes que du temps des arquebuses à rouet et à mèche : la vache artificielle, le cheval entravé, la charrette et la hutte ambulante.

Magné de Marolles passe ensuite à la chasse au fusil des quadrupèdes.

Le cerf et le daim, bêtes réservées aux plaisirs des Rois et des princes, ne sont même pas mentionnés dans le *Traité de la chasse au fusil* : le cerf, parce qu'il est *sous la sauvegarde de l'ordonnance des chasses*; le daim, *parce qu'il ne se trouve guère en France que dans les forêts des maisons royales* (1).

Magné de Marolles aurait pu ajouter que ceux mêmes qui avaient le droit de tuer ces nobles animaux auraient, en général, rougi d'y employer l'arme à feu, comme d'un crime de lèse-vénerie.

Le Roi et les princes tiraient quelquefois des cerfs dans les toiles; mais cette chasse, si aimée des souve-

---

(1) Magné de Marolles. — *Avant-propos*.

rains allemands, ne fut jamais en vogue à la cour de France.

Dans le journal des chasses du prince de Condé (1), on trouve plusieurs mentions de daims tués au fusil, notamment par le duc de Bourbon (2), qui prit plaisir à ce genre de chasse. On monta pour lui en 1776 un petit équipage de bassets et de briquets avec lesquels il allait souvent tirer des daims dans les parcs dépendants de Chantilly et dans les bois voisins (3).

On faisait aussi au fusil des destructions de biches quand les forêts étaient trop peuplées en fauve, et le duc de Bourbon y prenait part avec son petit équipage (4).

En dehors de ces chasses princières, restent à la merci des simples chasseurs au fusil, le sanglier, le chevreuil, le lièvre, le lapin, le renard, le blaireau et la loutre (5).

On chassait le sanglier soit en le routaillant avec ou sans sonnette, comme nous avons dit ci-dessus qu'on faisait pour le loup, soit avec des chiens cou-

---

(1) *Journal des chasses de S. A. S. Monseigneur le prince de Condé à Chantilly et autres lieux circonvoisins*, etc., depuis l'année 1748 jusque et y compris l'année 1778. — Voir les Pièces justificatives à la fin de ce volume.

(2) Louis-Henri-Joseph, duc de Bourbon, le dernier des Condés. Né en 1756, mort en 1830.

(3) Voir le *Journal* précité.

(4) *Ibidem*.

(5) Magné de Marolles parle, en outre, du loup, du lynx et du castor, dont la chasse a été décrite précédemment (liv. III et VI), ainsi que celle des *mustéliens* (martre, fouine, putois, belette), du chat sauvage et de l'écureuil. La chasse des animaux de montagne, ours, chamois, bouquetins, marmottes, formera le sujet d'un paragraphe spécial.

rants ou des mâtins; on tirait encore les sangliers à l'affût et au souil (1); enfin les princes et les grands seigneurs en faisaient des tueries énormes dans les toiles.

Le chevreuil était chassé avec 3 ou 4 chiens courants; on le routaillait comme le sanglier, on l'affûtait pendant les chaleurs de l'été, en le guettant au bord des mares et des ruisseaux où il venait s'abreuver; enfin les braconniers de quelques provinces, notamment les bûcherons et les charbonniers des forêts de la Bourgogne, savaient attirer la chevrette en imitant le cri de ses petits.

Les chasseurs du xviiie siècle tiraient comme nous le lièvre, soit en plaine *au cul levé*, ou à l'arrêt du chien couchant, soit au bois, avec des bassets ou autres chiens courants.

A cette époque, où la chasse n'était pas défendue en temps de neige, on prenait grand plaisir à suivre en plaine les traces d'un lièvre jusqu'à son gîte, pour le tirer *à la partie*.

En avril et mai, pour ne pas endommager les récoltes ni troubler la ponte des perdrix, on chassait les lièvres *à la raie*, dans les blés verts.

Cette chasse, impossible avec nos lois actuelles, se faisait le matin et le soir. Deux chasseurs longeaient une pièce de blé, chacun par une extrémité, allant doucement, du même pas, et regardant attentivement les raies ou sillons du champ. Celui qui découvrait

___

(1) Les Corses routaillaient les sangliers de nuit, avec un chien d'espèce particulière tenu au trait, comme un limier.

un lièvre cherchait à l'approcher pour le tirer. Si le lièvre prenait la fuite, le chasseur faisait un signe à son compagnon, qui guettait l'animal au bout de la raie.

L'affût après le coucher du soleil, chasse également prohibée à présent et pratiquée seulement par des braconniers de bas étage, était considéré du temps de Magné de Marolles comme un moyen commode de tuer des lièvres sans se fatiguer, surtout pendant la saison du *bouquinage*.

Lapin.

La chasse des lapins aux bassets, à l'affût, à la surprise n'a rien qui mérite de fixer notre attention (1).

Mais Magné de Marolles décrit, d'après Espinar, une chasse assez curieuse qui se faisait avec un appeau, au son duquel les lapins accouraient en foule, même du fond de leurs terriers. Cette chasse, que les Espagnols appelaient *piper les lapins (chillar los conejos)*, était usitée en Provence dès le temps de d'Arcussia. Il parle de la chasse des lapins *avec l'appeau que nous appelons chifflet.* « Cette chasse est peu connue en France, dit l'auteur de la *Chasse au fusil ;* je sais ce-

---

(1) La chasse des lapins à l'affût est décrite d'une façon charmante par La Fontaine dans sa fable si connue, dédiée à M. le duc de la Rochefoucauld. (Liv. X, fable xv.)

> « A l'heure de l'affût, soit lorsque la lumière
> Précipite ses traits dans l'humide séjour,
> Soit lorsque le soleil rentre dans sa carrière
> Et que, n'étant plus nuit, il n'est pas encor jour,
> Au bord de quelque bois sur un arbre je grimpe
> Et nouveau Jupiter, du haut de cet Olympe,
> Je foudroie à discrétion
> Un lapin qui n'y pensoit guère...
> Etc., etc. »

pendant qu'elle est pratiquée en Provence par quelques chasseurs, qui se servent, pour piper, d'une patte de crabe, espèce d'écrevisse de mer, et ce qu'il y a de particulier, c'est que là on lui donne le nom de *chiller*, qui n'est autre chose que le verbe espagnol *chillar* francisé. »

Le renard était chassé aux bassets (1) et à l'affût, avec ou sans une traînée de carnage ou un appât. Magné de Marolles donne diverses recettes pour composer l'appât qu'on traînait comme la charogne ou dont on enduisait la semelle de ses souliers ; on se servait aussi, pour l'attirer, d'une poule vivante (2).

« On ne peut guère tuer de blaireaux au fusil qu'en les guettant à la sortie du terrier par le clair de lune depuis la fin du jour jusque vers minuit. »

Cette chasse nocturne n'est plus praticable sous l'empire de la loi qui nous régit depuis 1844.

Nous avons décrit précédemment la chasse de la loutre à courre. Pour la tirer, on s'y prend exactement de la même manière ; seulement les chasseurs, postés aux passages, sont armés de fusils au lieu de *fourches fières*. On tirait aussi la loutre à l'affût.

---

(1) Le chevalier de Laujon, secrétaire des commandements du duc de Bourbon, qui aimait la chasse aux bassets, a introduit dans sa pièce de l'*Amoureux de quinze ans* la description assez animée d'une chasse au renard. Voir la note L.

(2) La composition pour frotter la semelle des souliers était composée de vieux oing, de galbanum et de hannetons pilés, le tout cuit ensemble. Un autre appât peu connu et d'un succès encore plus assuré consistait en petits morceaux de pain qu'on faisait frire avec de la graisse d'oie et un peu de camphre en poudre.

Magné de Marolles passe ensuite à la chasse des *oiseaux de terre*. Il comprend sous ce titre générique tous ceux qu'on tire en plaine, au bois ou dans les montagnes, y compris les *corvidés*, les oiseaux de proie, les oisillons et diverses espèces qui n'ont jamais été considérées comme gibier.

Nous allons, comme précédemment, le suivre dans cette nouvelle partie de sa carrière.

Nous renvoyons seulement à un paragraphe spécial placé à la fin de notre travail sur la chasse à tir, ce qui a rapport aux oiseaux des montagnes, comme nous l'avons déjà fait pour les quadrupèdes.

En première ligne des oiseaux de terre viennent les perdrix. Leur chasse ne présente rien qui diffère d'une manière notable de ce que nous pratiquons journellement.

Il n'y a que la chasse à la chanterelle et celle que leur faisaient la nuit, en temps de neige, des tireurs accompagnés d'un chien d'arrêt et vêtus d'une chemise par-dessus leurs habits, qui soient interdites par les lois actuelles.

Lorsque arrivait le temps du passage des cailles pour retourner en Afrique, c'est-à-dire du 15 août aux premiers jours d'octobre, il se faisait aux environs de Marseille, dans cette zone couverte de bastides qu'on appelle le *Taradou*, une chasse très-agréable, pour laquelle on se servait d'appeaux vivants. C'étaient de jeunes mâles de l'année, pris au filet, élevés dans des chambres ou en volière et aveuglés au printemps. Ces appelants, placés dans des cages qu'on suspend à des pieux au milieu des vignes, chantent dès l'aube du jour et attirent autour de leur cage toutes les cailles qui passent ou se trouvent répandues aux environs. Deux heures après soleil levé, quand la rosée est essuyée, le chasseur se rend sur les lieux sans chiens et bat les vignes, doucement et à petit bruit. Cette première battue faite, il prend son chien pour faire lever celles qui ne sont pas parties. Un seul tireur peut tuer 50 ou 60 cailles dans une matinée.

Nous ignorons si cette chasse se fait encore aux environs de Marseille.

La chasse du râle de genêts était, comme elle est encore, la même que celle de la caille. Seulement cet oiseau n'est pas assez commun pour qu'on lui ait jamais appliqué le système d'appelants que vient de décrire Magné de Marolles.

L'alouette se chassait au miroir et au *cul levé*, lorsqu'il y avait un peu de neige sur la terre.

La chasse à tir du faisan n'offrait aucune particularité digne de remarque, non plus que celle de la bécasse.

L'outarde, en sa qualité d'oiseau très-défiant et se tenant d'habitude dans de grandes plaines découvertes, obligeait le chasseur à recourir aux ruses expliquées précédemment, vache artificielle, charrette, hutte ambulante. La canepetière était aussi fort difficile à approcher, mais on ne voit pas qu'il fût indispensable, pour la tirer, d'avoir recours à ces moyens extraordinaires. Il en était de même du courlis de terre. Quant à la *grandoule* ou ganga, on ne pouvait la tirer qu'au moment où elle venait boire, soir et matin. Les chasseurs de la Crau creusaient des rigoles et des abreuvoirs artificiels auprès desquels ils construisaient leurs huttes d'affût. Ceux du *Plan de Diou* approchaient les *grandoules* au moyen d'une charrette dans laquelle ils se plaçaient.

Vanneaux, pluviers, guignards. — Les vanneaux, pluviers et guignards, oiseaux craintifs et défiants, étaient tirés à peu près de la même manière; on se cachait dans une hutte auprès d'une saignée ou rigole pratiquée exprès, et on les attirait à l'aide d'un appeau.

Ramiers, bisets. — La hutte et les appeaux étaient aussi les moyens employés pour tirer les ramiers et bisets, lors de leur passage dans nos provinces méridionales.

Grue, cigogne. — La grue et la cigogne ne se chassent guère que par hasard (1).

Tourterelles. — Les tourterelles étaient tirées *à la partie* dans les blés ou branchées dans les arbres (2).

Grives. — On tirait les grives à l'*arbret*. Cette chasse, dite aussi *chasse au poste*, est encore le divertissement favori des Provençaux.

Merles. — *Faute de grives, on tue les merles* à la partie, en battant les haies.

Étourneaux — L'étourneau, malgré sa réputation d'étourderie, se laisse approcher difficilement. Comme il ne mérite pas qu'on se donne beaucoup de peine pour le joindre, on ne le tue que par hasard.

---

(1) En Espagne, on se servait, contre les grues, d'un gros mousquet à pivot porté sur un chariot ou caché dans une hutte.

(2) En Calabre on les chassait dans les plantations d'oliviers, avec un cabriolet ou chaise roulante.

Parmi les chasses qui se faisaient aux oisillons avec le fusil, il n'en est que deux qui méritent quelque attention, la chasse au miroir et celle au poste.

La chasse des alouettes au miroir avec le fusil est décrite assez longuement dans Magné de Marolles. Elle se faisait exactement de la même manière qu'aujourd'hui, de sorte qu'il est inutile de nous y arrêter davantage.

Le marquis de Bologne, cet illustre chasseur, dont M. le marquis de Foudras a raconté naguère les exploits, avait un goût tout particulier pour la chasse au miroir. « C'était dans une grande plaine caillouteuse, située entre les bois de sa terre d'Ecot et le village de Cousigny, qu'il la faisait habituellement, et l'on m'a souvent montré une ancienne carrière abandonnée dont il se servait pour s'abriter jusqu'aux coudes, lui, son fidèle *baron* (1) et le petit drôle qui lui tirait la ficelle, lorsqu'il se divertissait à l'une de ces chasses innocentes, pour se reposer des grandes émotions de ses hécatombes de sangliers (2). »

La chasse au poste ou à l'arbret était déjà en grande vogue aux environs de Marseille du temps de Magné de Marolles. Cette chasse se faisait exactement à la fin du siècle dernier comme aujourd'hui (3),

---

(1) C'était le surnom de la dame de compagnie du marquis.

(2) Voir une note du marquis de Foudras dans le *Traité complet de la chasse des alouettes au miroir avec le fusil*, par le commandant Garnier. Cette note donne, en outre, la description des deux miroirs, l'un en ébène, l'autre peint en vert dont se servait le marquis et qui ont été longtemps conservés au château d'Ecot.

(3) Voir les auteurs modernes qui ont traité de l'oisellerie. — Buffon dit aussi quelques mots de la chasse au poste.

ce qui nous dispense de suivre Marolles dans tous ses développements. Il nous suffira de dire qu'elle avait pour objets principaux les grives, les ortolans et les becfigues, et qu'au dire des Marseillais il n'existait pas moins de 4,000 postes dans le Taradou, qui forme un pourtour d'environ 15 lieues (1).

Oiseaux divers. — Le coucou, la huppe, le loriot, le torcol, l'engoulevent ou crapaud volant, le guêpier, que Magné de Marolles a jugé à propos de mettre au nombre des oiseaux qu'on chasse à tir, ne sont tués que par hasard, lorsque leur malheureux destin les met sur la route d'un débutant ou d'un chasseur qui rentre le carnier vide.

Corvidés. — Les *corvidés*, tels que le corbeau, la corneille, la pie, le geai, le rollier, le casse-noix n'étaient pas autrefois plus qu'ils ne sont aujourd'hui l'objet de chasses régulières. Nous avons parlé ci-dessus des tueries de cornilleaux qui se faisaient dans les futaies voisines de certains châteaux et des destructions de toutes ces bêtes malfaisantes, opérées aux alentours des faisanderies, à l'aide d'un duc ou autre oiseau nocturne.

Oiseaux de proie diurnes. — Les rapaces diurnes, aigles, vautours (2), milans, buses, oiseaux saint-martin, faucons, éperviers, au-

---

(1) Magné de Marolles.

(2) Les Rois d'Espagne prenaient un tel plaisir à tirer des vautours, à l'appât d'une charogne, que Philippe III fit construire pour cet objet, dans le parc du *Pardo*, une galerie souterraine, voûtée en briques, de 500 pas de long, qui lui servait à se rendre à couvert jusqu'au pavillon d'affût d'où il tirait les vautours. Tout cet appareil se nommait en espagnol *buitrera*, du mot *buitre* (vautour).

tours, laniers, hobereaux, crécerelles, émerillons, pies-grièches, étaient mis à mort sans autre forme de procès, et sans aucun égard pour les services qu'ils avaient pu rendre dans des temps plus heureux comme oiseaux de fauconnerie.

Oiseaux de nuit.

Avec moins de scrupule encore on gratifiait d'un coup de fusil les oiseaux de proie nocturnes, grands, moyens et petits ducs, chats-huants, hiboux et chouettes. « Le moyen d'en tuer fréquemment, dit Magné de Marolles, est de ne jamais passer un arbre creux sans frapper sur le tronc avec la crosse du fusil ou une pierre...; à ce bruit l'oiseau ne manque pas de partir, et on le tire en volant (1). »

Oiseaux aquatiques.

Après les oiseaux de terre, Magné de Marolles passe aux oiseaux aquatiques, comprenant les échassiers grands et petits et autres oiseaux de rivage ainsi que les palmipèdes.

Oiseaux de rivage : chevalier, cul-blanc, alouette de mer. Râles, poule d'eau, bécassine.

La chasse du chevalier, du cul-blanc, de l'alouette de mer ne présente rien de particulier; on les tire devant soi, à *la partie*, quand on les rencontre ; de même pour celle des râles et des poules d'eau. La bécassine mérite un peu plus d'attention à cause de la délicatesse de sa chair et de la difficulté de son tir; mais la chasse qu'on lui faisait au xviiie siècle ne diffère en rien de celle qu'on lui fait actuellement.

Courlis, barges, etc.

Sur les côtes de l'Océan, les chasseurs, pour tirer

---

(1) On peut demander à quoi bon s'acharner sur ces malheureux volatiles qui rendent plus de services en détruisant la vermine qu'ils ne font de tort au gibier.

les oiseaux de rivage tels que le courlis, la barge, le grand pluvier, l'avocette, l'échasse, la pie de mer, le combattant, creusent des trous à proximité des prairies et marais d'eau douce, où ils viennent tous les soirs prendre gîte pour la nuit. Pour mieux les attirer, ces chasseurs arrangent, au bord de l'eau, des figures de volatiles nommées *formes*, faites avec des peaux d'oiseaux bourrées. Le matin, quand les oiseaux regagnent la mer, on les guette sur le rivage dans des huttes de pierre, recouvertes de terre ou de varech. On chasse de même les canards de diverses espèces, comme nous le verrons bientôt en son lieu.

Goëlands, mouettes, hirondelles de mer.

« Les goëlands, les mouettes et les hirondelles de mer sont des oiseaux si peu intéressants pour les chasseurs, dit Magné de Marolles, que j'aurois omis d'en faire mention, si ce n'étoit seulement pour en donner connoissance à ceux qui ne sont pas à portée des côtes de la mer. »

Héron, butor, spatule, cormoran, alcyon, merle d'eau.

Le héron, le butor, la spatule, le cormoran, l'alcyon et le merle d'eau sont encore des oiseaux qu'on ne tire que par hasard, et sans aucune circonstance digne d'intérêt.

Plongeons, grèbe, harle, foulque.

La chasse des plongeons, du grèbe, du harle et de la foulque n'en mérite pas beaucoup davantage. Cependant Magné de Marolles donne sur celle de ce dernier oiseau *à la rébalade* des détails que nous avons analysés précédemment (1). Il ajoute qu'on emploie un autre

---

(1) Livre III, 2ᵉ section, ch. ɪɪ. — Cette chasse se fait encore de la même manière, dans les mêmes localités. Voir le *Journal des chasseurs*.

moyen pour chasser les foulques sur les étangs de Marignane, d'Istre et de Berre. Un homme seul, embarqué avec une grosse canardière dans un très-petit esquif appelé *nèguechin* (noye-chien), le dirige pendant la nuit au clair de lune, vers les bandes de foulques qu'il découvre sur ces grands étangs ; arrivé à portée, il en tue ou en blesse souvent une quantité considérable en tirant sur la troupe qui se pelotonne en apercevant le bateau. Ces chasseurs savent aussi attirer les foulques avec une espèce d'appeau.

La *rébalade* se fait également sur l'étang d'Escamandre près de Saint-Gilles, où se réunissent parfois pour cette chasse jusqu'à 100 et 150 bateaux (1).

La chasse du cygne, de l'oie sauvage, du pélican et du flamant n'offre rien de particulier, sinon qu'il faut user de beaucoup de ruse pour les approcher (2).

Celle du canard sauvage proprement dit et des autres oiseaux aquatiques appartenant au genre canard constitue la véritable chasse au marais, si attrayante par l'abondance et la variété de ses résultats,

---

(1) Les Toscans font sur le lac de Bientina, à 4 ou 5 lieues de Pise, une chasse tout à fait analogue, qu'ils appellent *tela*.

(2) « Il n'y a rien de si méfiant que ces oiseaux, dit Goury de Champgrand, parlant plus spécialement des oies sauvages. Voici quelques-uns des stratagèmes qu'on emploie pour les approcher. On suit une charrette, ou bien l'on monte dedans ; celui qui la conduit crie d'une voix haute après ses chevaux, et ces oiseaux qui sont accoutumés à voir passer des paysans avec leurs charrettes, ne s'en épouvantent point. On les approche aussi en suivant un laboureur qui mène sa charrue : l'on peut encore prendre un jupon de femme ou mettre sur son dos une botte de paille et marcher en contrefaisant l'ivrogne. »

mais en même temps si pénible et si difficile. A l'exception des halbrans qui ont conservé la simplicité du premier âge, tous ces palmipèdes sont singulièrement défiants, et le chasseur a besoin de toutes ses ruses pour les approcher à portée de fusil. Il faut les affûter soit au bord des étangs où ils viennent passer la nuit, soit pendant les gelées, près des fontaines et des eaux non glacées.

La hutte fixe et le gabion, avec des appelants et des figures de canards dites *étalons* et *moquettes,* la hutte ambulante, le cheval entravé (1), les bateaux étroits et légers, dits *fourquettes,* où le tireur est masqué par un fagot de menu bois fixé en travers sur l'avant, sont mis en réquisition par les chasseurs, qui se servent de fusils fabriqués à Saint-Étienne ou à Pontarlier, de trois dimensions différentes. Il y a la *grosse canardière,* de 6 à 7 pieds ($1^m,94$ à $2^m,27$) de canon, qui se charge avec une once ($30^s,6$) de poudre et du plomb à proportion; la *moyenne* un peu moindre, et le *grand fusil* qui sert pour tirer au vol, tandis que les *canardières* restent à poste fixe dans la hutte ou le bateau.

Labruyerre, dans les *Ruses du braconnage mises à découvert,* décrit une chasse nocturne fort usitée de son temps sur la Saône. Plusieurs chasseurs se mettaient dans un bateau bien couvert de roseaux, à

---

(1) Tantôt le chasseur à pied se cachait derrière le cheval et tirait par-dessous le col ou par-dessous le ventre, tantôt il montait dessus, le plus courbé possible et tirait par-dessus la tête. (Magné de Marolles.)

l'avant duquel était fixée horizontalement une longue
perche, dont l'extrémité portait une terrine remplie
de suif avec trois mèches. On laissait aller l'embarcation au fil de l'eau, en la gouvernant seulement avec
un croc, pour éviter le bruit des avirons. Les canards,
attirés par la lumière, se rapprochaient de la barque
et les chasseurs les tiraient à leur aise à la clarté du
luminaire (1).

Le même auteur décrit une autre chasse nocturne,
dite *au réverbère*, où les chasseurs suivaient à pied les
bords d'une rivière, précédés par un homme qui
portait à son col un chaudron de cuivre bien écuré,
contenant une terrine garnie de suif et de mèches
allumées. Labruyerre avait assisté à cette chasse en
Dauphiné, sur les bords de la Durance, et y avait
exercé les fonctions de porte-réverbère. Il affirme
avoir vu tuer quinze canards en une nuit.

Sur les bords de la mer, on tirait surtout les palmipèdes soir et matin, lorsqu'ils quittaient les eaux
salées pour les eaux douces et réciproquement, comme
nous l'avons dit à propos des courlis, des barges et
autres oiseaux de rivage (2).

---

(1) Magné de Marolles dit que cette chasse était inconnue sur la
Saône. On peut voir une chasse semblable décrite dans le *Hunters'
feast* du capitaine Meyne Reid.

(2) Cette chasse à la passée est encore d'un fréquent usage sur les
côtes de l'Océan et de la Manche. — La chasse dite *au badinage* n'est
mentionnée dans aucun de nos anciens auteurs. Il est cependant
presque certain qu'elle était connue et pratiquée au siècle dernier. Le
principal agent de cette chasse, le petit chien roux à figure de renard,
qui attire vers le chasseur les canards sauvages, était dès lors employé pour prendre ces oiseaux aux filets comme nous le verrons plus
loin.

Certaines espèces, comme le cravant, la bernache et le milouin, ne quittent jamais la mer et ne hantent pas le rivage ni les eaux douces. Pour les tuer, on est obligé d'aller à leur poursuite soit à marée basse avec de petits bateaux qu'on pousse sur la vase, soit en haute mer avec ces mêmes bateaux. On ne peut arriver à les tirer qu'au vol et pendant la nuit, ce qui réussit malgré l'obscurité, parce qu'ils volent par grandes bandes. Par des vents du large très-violents, ces oiseaux marins se rapprochent de la côte et on les surprend sur l'eau en se glissant à marée basse derrière les rochers.

§ 3. CHASSES A TIR DANS LES MONTAGNES.

Nous croyons devoir consacrer un paragraphe spécial aux chasses à tir qui se font dans les montagnes. Elles ont lieu en effet par suite de la nature des lieux dans des conditions toutes particulières, et ces conditions, communes à toutes les chasses de montagnes, sont différentes généralement de celles dans lesquelles se font les chasses du *plat pays*.

Outre le lynx, dont nous avons déjà parlé, les animaux qui ne sont chassés qu'en montagne sont l'ours, le bouquetin, le chamois, la marmotte et le lièvre blanc parmi les quadrupèdes; parmi les oiseaux, les tétras, le lagopède et la bartavelle, auxquels on peut ajouter la gélinotte, quoiqu'on la trouve aussi dans des forêts qui ne sont que médiocrement montueuses.

Depuis le XVIe siècle, les ours des Pyrénées, comme ceux des Alpes, ne sont plus tombés que sous les coups des hardis paysans auxquels la noblesse du pays abandonnait volontiers le monopole de cette chasse, toujours pénible et parfois dangereuse (1). Elle se faisait comme elle se fait encore aujourd'hui, soit à l'affût, soit en battue, avec de nombreux traqueurs qui, poussant de grands cris et tirant des coups de fusil et de pistolet, poussaient l'ours vers des tireurs embusqués (2). Quelquefois on se servait, dans ces battues, de gros mâtins accoutumés à cette chasse. Ces chiens étaient aussi employés par les montagnards pour chasser l'ours d'une façon assez régulière. Les chasseurs qui avaient commencé par reconnaître aux traces fraîches de l'animal les endroits où il se tenait d'habitude s'y rendaient avec les mâtins. Les chiens, après avoir goûté la voie, lançaient la bête que les tireurs attendaient aux postes par lesquels on supposait qu'il ferait sa retraite. « L'ours tient rarement devant les chiens, dit Magné de Marolles parlant de cette chasse, mais il est paresseux à se lever et donne quelquefois le temps au plus courageux de lui sauter sur le corps ; mais il s'en est bientôt débarrassé et ses aggresseurs s'en trouvent mal pour l'ordinaire. »

Enfin on chassait encore l'ours en suivant sa trace sur la neige, mais cette chasse ne pouvait se faire

---

(1) Nous voyons dans Gessner qu'au xvi° siècle les Suisses chassaient l'ours avec l'arc et l'arbalète, et quelquefois avec des traits empoisonnés.

(2) « On fait, chaque année, des battues (aux ours, dans les Pyrénées), plusieurs paroisses associant leurs efforts. Une ligne de chasseurs resserre peu à peu le bois où se trouve l'ours, etc. » (*Voyages* d'Arthur Young, t. 1.)

qu'en automne, lors des premières neiges, l'ours se recélant au commencement de décembre pour une grande partie de l'hiver (1).

, Toutes ces chasses, sans être entièrement dépourvues de danger, étaient moins périlleuses qu'on ne le croit communément. L'ours, même blessé, se jette rarement sur l'homme, à moins qu'il ne soit serré de trop près (2).

Un homme agile peut encore esquiver assez facilement ses retours offensifs ; mais, s'il se laisse joindre, l'ours se dresse sur ses pieds de derrière, le saisit avec les pattes de devant et l'étouffe dans ses bras, s'il n'est secouru à temps (3).

, Magné de Marolles nous a conservé le souvenir de quelques-uns des plus terribles épisodes de chasse aux ours arrivés de son temps, ainsi que le nom des intrépides montagnards qui y signalaient leur courage au péril de leur vie.

Parmi ces vaillants champions, figure en première ligne Pascallet, de Montauban près Luchon, qui com-

---

(1) Magné de Marolles.

(2) « Ils ont merveilleusement fors bras de quoy ils estrainhent aucune fois un homme ou un chien si fort qu'ils l'afolent ou tuent. Des ongles ne font pas mal pour quoi nulle beste en puisse mourir, mès ils tirent et moynent (mènent) à leur bouche et à leurs dens et cela sont leurs meilleures armes. » (Gaston Phœbus.)

(3) Voyez dans Magné de Marolles le récit de quelques incidents de ce genre ; entre autres, celui d'une chasse où six hommes furent blessés plus ou moins grièvement (dans la vallée de Barctons, près Oloron). Un de ces malheureux, terrassé par l'ours, se plaignait surtout de l'odeur infecte qui s'exhalait de la gueule de l'animal et qui avait failli l'étouffer.

battit seul une troupe de cinq ours, en abattit deux
du premier coup et blessa mortellement un troisième.
Puis viennent Joseph Naudy, dit *le bavard*, de la vallée de Vic-Dessos (Ariége) qui, poursuivant un ours
pour lui faire quitter un mouton, en fut repoussé à
coups de pierres, et Pierre Champeu, dit *le bandit* (1),
tous montagnards des Pyrénées.

Nous n'avons aucun renseignement précis sur les
chasses que faisaient, aux chamois et aux bouquetins
avec l'arc et l'arbalète, les *griffons* des Alpes autorisés par leurs Dauphins à chasser ces animaux (2) et
les montagnards des Pyrénées qui se fournissaient à
leurs dépens de vêtements et de chaussures (3).

Tout ce que nous savons sur ce sujet, c'est que,
dans les montagnes du Tyrol et de la Styrie, l'archiduc Maximilien d'Autriche et ses hardis compagnons,
les pieds garnis de crampons de fer, allaient poursuivre le chamois jusqu'au sommet des roches *les plus
cruelles* (4), pour leur lancer avec l'arbalète à cric
des traits dont le fer avait la forme d'un croissant (5).

Dès la fin du xve siècle, les paysans styriens tiraient

Chasses à tir
des
bouquetins
et chamois.

---

(1) Pierre Champeu était de Luzenac, près d'Ax (Ariége). — A ces
illustres tueurs d'ours, célébrés par Magné de Marolles, il faut joindre
le *Parcur de Gesse*, qui chassait vers le milieu du xviiie siècle avec le
baron du Clat et tua 33 ours dans les montagnes du diocèse d'Alet.

(2) Voir plus haut.

(3) Voir Gaston Phœbus. — Le comte de Foix ne parle que des
grandes chasses qu'on faisait aux *boucs* avec chiens courants, traqueurs et panneaux.

(4) *Weiss Kunig*.

(5) Voir le *Weiss Kunig* et le *Theuerdanck*, textes et figures. — On
se servait quelquefois de chiens. Maximilien se vante d'avoir eu sa
vie tué 600 chamois, bien comptés.

les bouquetins avec l'arquebuse, et en avaient promptement détruit un très-grand nombre.

Les montagnards de nos Alpes et de nos Pyrénées en firent probablement autant quelques années plus tard, et n'employèrent plus contre les chamois et les bouquetins que l'arquebuse à mèche ou à rouet à laquelle succédèrent le fusil et la carabine rayée à silex.

Avec les premières arquebuses, difficiles à manier et ne pouvant tirer qu'à coup posé, le chasseur devait aller se poster pour attendre son gibier à l'affût dans quelque passage favori, ou près d'une de ces roches salées que chamois et bouquetins viennent lécher avec beaucoup d'avidité. Une fois pourvu d'armes moins imparfaites, le montagnard, sans abandonner pour cela la pratique de l'affût, put se mettre à la poursuite de sa proie ou la tirer en battue.

Du temps de Sélincourt, les chamois et *staimboucqs* étaient souvent chassés au *trictrac*. Après les avoir détournés avec le limier, on postait des *arquebusiers* (1) aux passages les plus favorables. Les *plus légers* des chasseurs, accompagnés de chiens, gravissaient les sommets de la montagne et poussaient devant eux les animaux effrayés en faisant grand bruit. Dès qu'on les voyait prendre la direction des postes où se tenaient les tireurs, les traqueurs criaient à pleine voix : « *garde lou pas* » et les arquebusiers

---

(1) On confondait sous ce nom les tireurs armés d'arquebuses à rouet et ceux qui avaient des fusils ou des carabines.

ajustaient de leur mieux pour abattre les fugitifs au passage (1).

Cette chasse se pratiquait encore au xviii° siècle; seulement les fusils et les carabines à silex avaient définitivement remplacé l'arquebuse, et l'on ne se servait plus guère de chiens, qui dispersaient trop vite les animaux et les éloignaient tout de suite jusqu'à 4 ou 5 lieues (2).

D'ordinaire le chasseur montagnard, parti seul, avant le jour, pour se trouver à l'aurore dans le canton fréquenté par son gibier, cherchait d'abord à le découvrir au loin à l'œil nu ou avec une lunette d'approche (3). Les animaux une fois aperçus, il fallait arriver à portée en se coulant à bon vent et sans bruit derrière des rochers ou le long de quelque ravin, quelquefois en rampant à plat ventre. Une fois à distance convenable, le tireur, caché derrière quelque grosse pierre, ôtant son chapeau et ne sortant que la tête et le bras, ajustait de son mieux en appuyant son arme sur le roc. Cette arme, entretenue avec le plus grand soin, était ordinairement une carabine rayée parmi les montagnards des Alpes; ceux des Pyrénées se contentaient d'un fusil ordinaire (4).

---

(1) Sélincourt.

(2) Magné de Marolles.

(3) Magné de Marolles conteste l'emploi habituel de la lunette, affirmé par M. de Saussure et M. Perroud, entrepreneur des mines de cristal des Alpes, dans une note curieuse adressée à Buffon. La lunette d'approche est encore très-usitée parmi les chasseurs suisses, surtout dans le canton des Grisons. (Voir Tschudi.)

(4) Perroud et Saussure sont d'accord sur l'usage de la carabine

Plusieurs voyageurs ont raconté les dangers et les souffrances des chasseurs de chamois, et la passion irrésistible qui s'emparait d'eux et les forçait, en dépit de tous les conseils et de leurs propres pressentiments, de retourner à la montagne pour y laisser la vie ou tout au moins l'usage de leurs membres (1). Ces mœurs règnent encore de nos jours parmi les montagnards, et M. de Tschudi en rapporte de curieux exemples dans son intéressant ouvrage sur les Alpes.

Chasse à tir de la marmotte et du lièvre blanc. La chasse à tir de la marmotte, qui se fait en la guettant au bord de son terrier, ne vaut pas la peine de s'en occuper.

Celle du lièvre blanc offre plus d'intérêt. En temps de neige, le chasseur suit ses traces pour le surprendre et le tirer au gîte. Si le *blanchon* échappe au premier feu, il ne s'éloigne guère. La détonation du fusil, si effrayante pour le lièvre de plaines, n'inquiète que médiocrement le montagnard, accoutumé qu'il est aux craquements des glaciers et aux bruits formidables des régions alpestres. Ceux qui sont gîtés aux environs ne se dérangent pas, et le chasseur peut en tuer trois ou quatre au gîte dans la même journée (2).

On chasse aussi le lièvre des Alpes aux chiens cou-

---

rayée. Magné de Marolles, qui avait surtout été en relation avec les chasseurs des Pyrénées, prétend que cette arme n'a été employée qu'accidentellement. Les Savoisiens et les Suisses se servent encore beaucoup de carabines rayées, quelquefois avec deux platines et un seul canon (Tschudi.)

(1) Saussure.
(2) Tschudi.

rants, mais il faut des chiens dressés tout exprès.

Le lièvre se fait longtemps battre avant de prendre un parti. Il gagne alors les sommets les plus abrupts, où il devient presque impossible au chasseur de le poursuivre. Il faut donc le tirer au départ, qui a souvent lieu sous le nez des chiens. Serré de près, il va quelquefois se réfugier dans les terriers des marmottes (1).

La saison la plus favorable pour tirer les grands tétras est depuis la mi-avril jusqu'aux premiers jours de juin, c'est-à-dire pendant la saison de leurs amours.

Comme le dit Magné de Marolles, les chasseurs vont coucher dans les bois de sapins et de hêtres situés à mi-côte deux heures avant la nuit. Puis on se met aux aguets pour écouter les coqs appeler leurs femelles.

Dès qu'on entend un tétras chanter sur un arbre, on cherche à s'en approcher; quand son chant cesse, il faut s'arrêter, dans quelque position qu'on se trouve. Ce chant dure assez longtemps, et recommence par intervalles; tant qu'il dure, le coq, l'œil en feu, la queue en roue et les ailes pendantes, se trémousse sur une branche sans s'apercevoir de ce qui se passe autour de lui, et le chasseur peut arriver à portée et l'ajuster à son aise (2). Hors ces moments d'extase

---

(1) Tschudi. — *Journal des chasseurs*, 2ᵉ semestre 1858. — Les détails que nous venons de donner sont tirés d'auteurs modernes, mais il est plus que probable que les anciens chasseurs ne procédaient pas autrement.

(2) Voir aussi Buffon. — Cette chasse se pratique encore en Allemagne. — Dans ce pays, au xviiiᵉ siècle, l'arme employée était une arquebuse à rouet. (Voir Ridinger.)

amoureuse, les tétras sont très-difficiles à joindre. La même chasse se fait encore le matin, dans l'intervalle du point du jour au lever du soleil.

Dans le comté de Foix, aux environs de la ville d'Ax, on chassait autrefois les tétras pendant la nuit, à la lueur du feu. Cette chasse avait lieu en automne et au commencement de l'hiver, tant que la neige n'était pas trop épaisse. Les chasseurs, après avoir reconnu, une heure avant la nuit, les arbres où les coqs de bruyère allaient se brancher, se mettaient en marche quelques heures plus tard vers ces arbres, précédés d'un homme qui portait sur sa tête un bassin plat (ou *lumenié*) (1); des brandons de pin, détachés d'une vieille souche bien résineuse, brûlaient dans ce bassin.

Les chasseurs, apercevant à la lueur du feu les tétras perchés sur les arbres, les abattaient à coups de fusil (2).

On pouvait aussi chasser les jeunes coqs ou *coquetons* avec le chien d'arrêt, pendant les mois de septembre et d'octobre (3).

On chassait le petit tétras, comme le grand, pendant la saison des amours. On le chassait aussi dans la neige, où ces oiseaux se creusent des trous pour atteindre leur nourriture. Les chasseurs bouchaient

---

(1) Ce bassin était quelquefois en fer-blanc; plus souvent, c'était une tranche de bois enlevée du tronc d'un arbre.

(2) Magné de Marolles. — Le duc de Weymar chasse encore les *Auerhahne* d'une façon analogue; le porteur de bassin est remplacé par des soldats armés de flambeaux.

(3) Magné de Marolles.

l'ouverture de ces trous, et frappaient fortement avec leurs pieds sur la surface glacée de la neige. Les tétras se frayaient un passage d'un autre côté, et partaient sous les pieds du tireur (1).

On chasse les lagopèdes ou perdrix blanches principalement de la mi-août à la fin de novembre, et surtout pendant les mois de septembre et d'octobre. Cette chasse se fait au chien couchant ou au cul levé, et ne présente rien de particulier (2). Il en est de même de la chasse à la bartavelle. La plus grande difficulté de ces chasses est dans la nature du terrain, qui rend très-difficile de les tirer et plus difficile encore d'aller les relever à la remise (3).

Chasse à tir du lagopède et de la bartavelle.

Pour tirer la gélinotte, on l'appelle au temps de la pariade avec une espèce de sifflet. Ce sifflet, qui imite le cri de la femelle, est fait avec un os d'autour ou de hibou, ou encore avec un tuyau de plume à écrire. On se sert du même sifflet en automne pour attirer les jeunes, en imitant le cri de rappel de la mère. Quand un chasseur réussit à découvrir des gélinottes perchées dans un arbre (ce qui n'est pas facile), il peut les tuer toutes successivement. A chaque coup, les survivantes ne font que se raser sur les branches et *rentrer dans leur plume*, et le chasseur a tout le temps de recharger son fusil (4).

Chasse à tir de la gélinotte.

---

(1) Magné de Marolles.
(2) *Ibidem.*
(3) *Ibidem.*
(4) *Ibidem.*

LIVRE IX.

Nous voici parvenu à la partie la plus ingrate de
notre tâche : l'histoire des chasses qui se faisaient à
l'aide de toutes sortes d'engins. Nous demanderions
grâce pour nous et nos lecteurs, si l'antiquité de cette
manière de chasser et l'importance qu'elle a eue dans
les temps anciens ne nous obligeaient à en tracer au
moins une esquisse sommaire ; mais nous ferons nos
réserves comme Gaston Phœbus, au moment où il se
prépare à décrire les moyens de prendre les bêtes
sauvages par *mestrie* et par *enginhs*. « De ce, parleray
je mal voulentiers, quar je ne devroye enseinher à
prendre les bestes, ce nest pas par noblesse et gentillesse, et pour avoir biauls déduis, afin qu'il y heust
plus de bestes et que on ne les tuast pas faussement,
mes en trouvast l'en tousjours à chassier. Mès par deux
raisons le me convient à dire ; l'une, je feroye trop

grant péchié se je povoye fère les gens sauvier et aler en paradis et je les fesoye aler en enfer; et aussi se je fesoye les gens mourir et les peusse fère vivre longuement; et aussi si je fesoye les gens estre tristes et mornes et pensifs et je les peusse fère vivre liement; et comme j'ay dit au commencement de mon livre que bons veneurs vivent longuement et joyeusement, et quand ils meurent, ilz vont en paradis, je veuil enseigner à tout homme d'estre veneur ou en une manière ou en autre...... »

Le comte de Foix ajoute quelques lignes plus loin en *devisant à faire hayes pour toutes bestes* : « Et est droitement déduict d'omme gras ou d'omme vieill, ou qui ne vuelt travailler, et est belle chasse pour eulz, mès non pas pour homme qui vuelt chassier par mestrise et par droicte venerie (1). »

Nous ne parlerons avec quelque détail que des procédés usités jusqu'au xviie siècle inclusivement. Ceux qui sont décrits par les auteurs du siècle suivant, étant encore pour la plupart employés aujourd'hui d'une manière plus ou moins licite, sont en quelque sorte en dehors du cadre de cet ouvrage, et ne seront indiqués que très-succinctement. Les lecteurs, curieux d'en savoir davantage sur ce sujet, pourront avoir recours aux ouvrages spéciaux ou aux traités de chasse qui se sont étendus sur la matière.

---

(1) « Ch. lx. Ci devise à faire hayes pour toutes bestes. » Ces haies sont de celles qui servent d'accessoire à des collets ou à des lassières, et sont, par conséquent, comprises dans la catégorie des piéges et engins.

Les chasses aux filets et engins divers eurent une grande importance pendant les premiers siècles de la monarchie française, comme elles l'avaient eue pendant l'antiquité.

Comme on a pu le voir dans les pièces justificatives du précédent volume, les premiers Rois Capétiens comptaient parmi leurs *officiers domestiques* des oiseleurs et *perdriseurs*. Dans l'ordonnance de l'hôtel du Roi saint Louis, faite en 1261, on voit que l'oiseleur avait 12 deniers par jour, et que lui et son valet mangeaient à la cour quand ils étaient de service. Il recevait, de plus, 40 sols par an pour robe, *filés* et *roseux* (réseaux) (1).

L'oisseleires de Philippe le Bel avait également 12 deniers de gages, plus 60 sols pour robe et pour *roitz*, et bouche à cour (2).

Louis XI, comme nous l'avons indiqué, partageait l'aversion du comte de Foix pour la chasse aux piéges; en 1463, il fit enlever et brûler *tous les rets, filets et engins qui appartenoient à la chasse* (3).

Toutes les ordonnances sur le fait des chasses, promulguées au xvie et au xviie siècle, en interdisant l'emploi d'un grand nombre d'engins destructeurs du gibier, nous donnent l'énumération des principaux

---

(1) Tome Ier, Pièces justificatives, p. 388.

(2) *Ordenance de l'Ostel le Roy Philippe...* Tome Ier, Pièces justificatives, p. 387.

(3) Voir les livres I et II. — Cette aversion ne l'empêchait pas de se servir, pour son propre compte, de ces engins détestés. On voit dans ses comptes qu'il s'amusait à prendre des corneilles et des *choettes* avec des *raiz de corde*. (Voir la note B, t. Ier.)

piéges usités à cette époque. Ce sont notamment les lacs, tirasses, tonnelles, traîneaux, bricoles de corde et de fil d'archal, pièces de pans de rets, *colliers*, halliers de fil ou de soie (1).

Il paraît que les défenses rigoureuses de l'ordonnance de 1601 ne furent pas longtemps observées, car dans les éditions du *Théâtre d'agriculture* d'Olivier de Serres, qui sont postérieures à cette ordonnance, le docte agronome a conservé certains passages qu'il avait pu écrire légalement en 1600, et par lesquels il recommande au gentilhomme campagnard de prendre bêtes à quatre pieds, de jour et de nuit, selon les saisons, avec piéges, *agrafes*, fosses, *trapes*, rets, *dents*, amorces, etc.; « aussi oiseaux, gros et menus, à l'amorce, à la pipée, à la passée, au *tumbercau*, à la tonnelle, au feu, à la glu, à la chouette, au duc, à l'appeau, au rejettail, etc. (2). »

« Encores que la chasse aux oysillons avec la chouëte ou au duc semble n'appartenir qu'aux enfans, si est elle tant plaisante et agréable que souvent les grands sont incitez de s'y exercer, tout honneste passetemps estant recevable aux champs. »

Où les canards et autres oiseaux de rivière abondent, on les prendra avec des appelants et un chien

---

(1) Voir principalement les ordonnances de 1601 et 1669.

(2) Le gentilhomme pourra commettre à ses gens, comme trop pénibles et fastidieuses, les chasses des perdrix au feu durant la nuit, à la tonnelle le jour, « des bécasses, alouëttes et autres oyseaux qu'on attend longtemps ès passages, et jour et nuict, mesmes en mauvais temps, comme en hyver, durant les grandes glaces et neiges pour les attraper avec filets. » (*Théâtre d'agriculture*, livre huictiesme.)

bien dressé qui les amèneront à portée de *la rets sail-lante*, ou bien on leur tendra des hameçons (1).

Dans un excellent chapitre dont nous allons donner l'analyse, Sélincourt a résumé toutes les chasses au filet que peut faire un gentilhomme « qui a un beau pays pour chasser et qui veut accommoder sa terre en sorte qu'il n'y manque rien pour faire bonne chère à ses amis. »

Ce gentilhomme doit être *garni* de panneaux, *d'al-liers* (halliers) *aux lapins, aux cailles* et *aux perdrix*, de passées, de chausses, de rets pour prendre les alouettes au miroir et pour traîner la nuit, et de tout ce qu'il faut pour chasser les perdrix à la chanterelle, à la tonnelle, à l'amorce et à la fouée.

S'il est en pays de marais, il lui faut des rets à bécassines, et en pays de bois, des rets à bécasses pour tendre à la passée.

Lorsqu'il y a des faisans, des perdrix rouges, des coqs de bruyère et des gélinottes, on se sert de grands filets, *un peu plus larges que panneaux*, qu'on tend sur le soir dans les montagnes et les coteaux boisés.

En pays de petits oiseaux, il s'en prend des milliers le long des bois, des haies et des vignes, au moment des passages, avec des *araignes* et des lacs de crin, à la pipée, aux *brillons*, ou à la glu.

S'il est sur un grand passage d'oiseaux de rivière, le seigneur construira une canardière, et établira des

---

(1) *Théâtre d'agriculture*, livre huictiesme.

mares, où il prendra ces oiseaux avec des appelants et *la rets saillante.*

Suivent deux autres chapitres sur les chasses qui se font la nuit aux perdrix et *allouëttes,* aux *plouviers,* aux vanneaux, aux *oyes sauvages,* aux outardes, aux lapins *ès garennes* et aux lièvres, et sur la *chasse aux amorces pour les perdrix.*

Le *Roy Modus* et Gaston Phœbus, malgré le juste mépris que professe ce dernier pour les *enginhs,* nous donnent de précieux renseignements sur diverses chasses aux filets et aux piéges, fort en usage au xive siècle.

Parmi les traités spéciaux sur la chasse aux piéges et engins, nous citerons comme les principaux l'ouvrage du frère Fortin, religieux de Grammont, dit le *Solitaire inventif* (1); les *Amusements de la campagne,* ou *Nouvelles Ruses innocentes qui enseignent la manière de prendre aux piéges toutes sortes d'oiseaux,* par le sieur Liger (2); le *Traité de la pipée, chasse amusante et divertissante, très-convenable aux dames* (3); les *Amusements innocents, contenant le Traité des oiseaux de volière ou le Parfait Oiseleur* (4); enfin l'*Aviceptologie françoise* ou *traité de toutes les ruses dont on peut se servir pour prendre les oiseaux qui se trouvent en France* (5).

---

(1) *Les Ruses innocentes,* etc. Paris, 1660.
(2) Paris, 1709.
(3) Par Simon. Paris, 1738.
(4) Par Buchoz. Paris, 1774.
(5) Par B*** (Bulliard). Paris, 1778.

On peut compter encore au nombre des traités
spéciaux l'ouvrage de Labruyerre, quoiqu'il ait été
écrit dans le but d'empêcher les chasses aux piéges et
non de les enseigner.

Parmi les ouvrages cynégétiques postérieurs au
xvii° siècle, l'*Encyclopédie,* dans son *Dictionnaire de
toutes les espèces de chasses,* donne des détails circonstanciés sur les piéges et engins. Gaffet de la Briffardière et Goury de Champgrand parlent de quelques-
uns; Magné de Marolles, quoiqu'ils soient étrangers à
son sujet, en décrit aussi un certain nombre.

CHAPITRE PREMIER.

Chasses des quadrupèdes avec piéges et engins.

----

§ 1. FOSSES.

Les fosses sont un des moyens les plus anciennement connus de capturer les animaux. Il en est parlé plusieurs fois dans les livres saints.

« Celui qui fuit la *voix* de l'*épouvantail* (1) tombera dans la fosse, et ce qui s'échappera de la fosse sera pris dans le lacs, » dit le prophète Isaïe.

« Il est tombé dans la fosse qu'il avait préparée, » lisons-nous dans le viiie psaume de David.

Xénophon, Oppien et les autres théreuticographes de l'antiquité classique parlent également de cet engin de chasse.

Les Thraces et les Germains se servaient de fosses pour prendre le bison et l'urus.

----

(1) Cet épouvantail qui a une voix doit être ici un groupe de traqueurs.

La loi des Ripuaires parle de fosses et de puits (*fossæ vel putei*) creusés dans les forêts et des accidents qui peuvent en résulter (1).

Les fosses de chasse sont aussi mentionnées par les Capitulaires des Carlovingiens (2).

Nous ne reviendrons pas sur les fosses à prendre les loups, déjà décrites au livre VI; des fosses à bascule, disposées à peu près de la même manière, quoique dans des proportions moins grandes, servaient à prendre les renards (3).

Le Roy Modus enseigne à prendre les sangliers *à l'amorce*, c'est-à-dire en les attirant au moyen d'un appât vers une fosse recouverte de branchages, et le chapitre LXIe de Phœbus *devise comment on peut chassier sengliers et aultres bestes aux fousses* (4).

Dans ces deux auteurs, la fosse est accompagnée de haies en forme d'X et de V, qui amènent la bête jusqu'au précipice (5).

Il semble, d'après une gravure de Ph. Galle et Stradan, que ce système était encore usité à la fin du xvie siècle pour prendre des sangliers.

---

(1) Ducange, v° *Pedica*.

(2) Voir ci-dessus au livre VI (fosses à prendre les loups).

(3) Voir *les Ruses innocentes*, l'*Encyclopédie* et Ridinger.

(4) Les autres bêtes sont le cerf, l'ours et le loup.

(5) Divers peuples sauvages se servent encore aujourd'hui de haies aboutissant à une fosse où on traque les animaux sauvages. Voir l'article de M. Lavallée dans le *Journal des chasseurs* de 1858 et les voyageurs cités au chapitre *des Haies*, ci-après.

§ 2. FILETS.

Les filets étaient l'engin fondamental des chasses de l'antiquité (1). Nos aïeux en ont aussi fait grand usage pour prendre toute espèce de quadrupèdes.

Dans un bas-relief gallo-romain déjà cité on voit des chasseurs à pied et à cheval poussant dans les panneaux des cerfs et autres animaux (2). Charlemagne, ainsi que nous l'avons raconté au premier livre de cet ouvrage, faisait de grandes chasses aux sangliers avec des filets. Le *Roy Modus* décrit avec détail diverses chasses de quadrupèdes qui se pratiquaient de son temps à l'aide de cette sorte d'engins. Il s'étend principalement sur la manière de prendre à *buissonner* sangliers, cerfs, biches, chevreuils, *goupils* et lièvres.

Chasse à buissonner.

Cette chasse à *buissonner* consistait à *tailler* un buisson ou petit bois et à l'enclore de haies avec *lassières* (3), et de *rets* ou panneaux.

---

(1) Voir les *Cynégétiques* de Xénophon, Gratius et les autres théreuticographes. — On y trouve que les anciens Grecs et Romains se servaient de trois sortes principales de filets : 1° Δίκτυα, *retia*, panneaux formant des enceintes.

2° Ἐνοδία, *plagæ*, filets tendus en travers d'une route, d'une ouverture ou d'une coulée.

3° Ἄρκυς, *casses*, filets en forme de bourse qui se tendaient entre deux branches d'arbre et qu'on fermait à l'aide d'un cordage appelé ἐπίδρομος quand l'animal s'y était engagé. (Voir Rich, *Dictionnaire de l'antiquité grecque et romaine.*)

(2) *Monuments des arts de la France*, par Alex. Lenoir.

(3) Les anciens auteurs entendent par les mots *lacs* et *lassières*, tantôt des nœuds coulants, tantôt, et le plus souvent, une espèce de filets. Au XVIIIe siècle, la *lassière* était un filet en forme de bourse qui servait à prendre les loups. (*Encyclopédie*, h. v.)

On réservait seulement quelques passages où étaient *titrés* (apostés) des lévriers. Une troupe nombreuse de traqueurs avec des meutes de chiens foulaient ensuite l'enceinte à grand bruit et forçaient les animaux à se jeter dans les filets ou à se faire prendre par les lévriers.

Modus vante ces chasses qui se faisaient avec beaucoup d'apparat, surtout celle des sangliers, qu'il qualifie de *déduict royal*.

Le même traité enseigne l'art de prendre les chevreuils *à l'amorce*.

Chevreuils à l'amorce.

Pendant l'hiver, l'animal affamé était attiré dans un *trébuchet* au moyen d'une gerbe d'avoine. En tirant à lui cet appât, il dégageait une verge de coudre, *bonne et forte*, qu'une corde maintenait courbée et qui, se détendant comme un ressort, enveloppait la bête d'un filet *le plus délyé que on puet, fors qu'il puisse tenir un chevreuil* (1).

Les panneaux ou *pans de rets*, grands filets simples ou contre-maillés, tendus verticalement autour d'une enceinte (2), étaient connus des Grecs, des Romains et des Francs, comme nous l'avons dit au commencement de ce paragraphe. Très-usités au xvie siècle, non-seulement contre les loups, mais contre tous les grands animaux (3), et même contre les blaireaux et

Panneaux.

---

(1) Le texte du *Roy Modus* est peu compréhensible et la figure qui l'accompagne ne l'est pas davantage.

(2) Nous en avons parlé ci-dessus au ch. ii, § 3 de la *Louveterie*.

(3) En général, on préférait employer les toiles pour les chasses aux sangliers, qui pouvaient trop souvent passer à travers les mailles des filets.

les putois. Des panneaux plus petits, dits pans simples ou contre-maillés, servaient aux paysans braconniers du XVIIe siècle à prendre les lièvres et les lapins avec ou sans l'aide d'un chien (1).

Des filets, nommés poches ou bourses, semblables à ceux mis en usage pour chasser au furet (2), pouvaient être employés pour capturer les lapins à l'entrée du terrier comme à la sortie. On les tendait aux gueules des terriers, et les lapins, poursuivis par un chien, venaient s'y jeter (3).

Les grands panneaux sont encore employés de nos jours pour prendre vivantes les bêtes fauves qu'on veut transporter d'un lieu dans un autre.

§ 3. piéges et engins divers.

Piège proprement dit.

Le *piége* proprement dit (*pedica* des Latins, ποδο-στράβη des Grecs) était un engin qui saisissait les animaux par le pied.

La *pedica dentata*, mentionnée par Gratius (4), et décrite par Xénophon et le grammairien Pollux, servait à prendre les cerfs, les chevreuils et les sangliers. C'était un cercle de bois garni sur sa circonférence

---

(1) Voir *les Ruses innocentes du Solitaire inventif*.
(2) Voir le livre suivant.
(3) *Les Ruses innocentes.*

(4)   *Quid qui dentatas iligno robore clausit*
         Venator pedicas...... (*Cyneget.*)

Manilius, poète latin, contemporain de Gratius, parle aussi des *pedicæ*. (Voir Vlit.)

intérieure de clous de fer et de bois en opposition. Dans ce cercle on disposait un nœud coulant de sparterie, auquel était attachée une lourde pièce de bois ; le tout était placé à l'orifice d'une petite fosse égale en rondeur au cercle, et recouverte de feuillages et de terre. La bête, posant le pied dans le cerceau, se blessait aux pointes, et, retirant vivement sa jambe, serrait le nœud coulant et emportait ainsi la bûche qui y était attachée. Les chasseurs, trouvant le piége déplacé, mettaient leurs chiens sur la piste de l'animal, qui était bientôt pris, retardé comme il l'était par cette bûche pesante (1).

Il n'existe plus de trace bien distincte de ce piége pendant le moyen âge. Le mot de *pedica* se trouve néanmoins dans les lois des Burgondes et des Ripuaires, sans qu'on puisse savoir exactement à quelle espèce de *piége* il s'applique (2).

La même loi des Ripuaires ainsi que celle des Visigoths parlent de *balistes* qu'il est défendu de tendre en certains endroits où elles pourraient blesser les passants.

Baliste, dardier.

Il est probable que cette sorte d'engin était la même chose que le *dardier* décrit par Gaston Phœbus. Cette machine a en effet une certaine analogie avec les balistes de guerre de l'antiquité.

« C'est, dit Phœbus, une perche qui soit tendue bien tirant et un fer d'espieu bien taillant et bien agu

(1) Rich, v° *Pedica*. — Xénophon, *Cynégétique*.
(2) Ducange, v° *Pedica*.

et bien lié à un des bouts de la perche d'un coude de
lon et demi pié de large et une petite cordelete qui
soit sur le pertuis où la beste vendra (viendra) et un
cliquet tout ainsi que un ratier pour prendre raz ; et
quand la beste y cuydera entrer, elle y touchera et le
deffichera et la perche vendra de si très grand radour
qu'il li passera les costez. Plus n'en vueill parler de
ce, quar c'est vilaine chasse. »

Les animaux pour lesquels on tendait les dardiers
étaient les ours et autres bêtes voraces, comme les
sangliers, qui venaient la nuit manger des fruits ou
des blés dans les champs, et qu'on attirait vers le
pertuis fatal en semant dans sa direction les aliments
dont ils étaient friands.

Caige.

Au xv⁰ siècle, on prenait des sangliers avec *un certain engin appellé caige*, dont on ne connaît pas bien
la nature (1). C'était probablement quelque chose d'a-
nalogue aux cages à prendre les loups, que nous avons
décrites précédemment.

Dans le *Roman du Renard,* le héros à longue queue
est fréquemment menacé de tomber dans divers piéges
nommés *ceoignole, broïon* et *pochon.*

Ceoignole.

La description de ces engins n'est rien moins que
claire ; on peut toutefois conjecturer que la *ceoignole* (2)

---

(1) Lettres de rémission de 1474, citées par D. Carpentier, v° *Cagia.*
Le savant bénédictin croit que la cage était une enceinte de filets ou de
toiles.

(2) Le mot de *ceoignole* ou *soignolle* (*ciconella*, petite cigogne, petite
grue) servait, au moyen âge, à désigner diverses machines ayant quelque analogie avec la *grue* à enlever les fardeaux, par exemple un engin à tendre les arbalètes, un appareil à tirer l'eau dans les puits, etc.

consistait en un *las de corde* ou nœud coulant, tenu tendu par deux *paissons* et amorcé d'un *fromage de gaain*. En tirant l'appât, on détendait la ceoignole, et l'animal était pendu par le col (1).

Le *broïon* était une pièce de bois de chêne fendue, que tenait ouverte une cheville ou clef. Cette clef enlevée, les deux parties se resserraient violemment et prenaient le pied de la bête. Le *pochon* ou *pauçon* paraît avoir peu différé de la *ceoignole*.

Comme les loups (2), les renards et *taissons* se prenaient encore aux haussepieds. Ce piége avait aussi beaucoup d'analogie avec la *ceoignole*.

Des collets de corde ou de fil d'archal servaient également à la capture des lièvres, des lapins, et même des blaireaux (3).

La série de planches dessinées et gravées par Ridinger, sous le titre de « Représentation d'après nature des différentes manières de prendre vivant ou mort, par ruse ou par force, toute manière de gros et menu gibier et de gibier à plume (4), » nous montre une grande variété d'engins à prendre les quadrupèdes, tels que trappes, assommoirs, parcs et piéges de fer.

---

(1) La pièce principale de ce piége rustique était probablement une pièce de bois élastique, courbée à force et faisant ressort.

(2) Voir plus haut, liv. VI, ch. ii, § 3.

(3) *Les Ruses innocentes.* — Le *Solitaire inventif* ajoute que, comme les *bedouaus tranchent*, il faut disposer les lacs de manière à les étrangler incontinent.

(4) *Nach der Natur entworfene Vorstellungen, wie alles hoch und niedere Wild, samt dem Federwildprœth auf verschidene Weise mit Vernunft, List und Gewalt lebendig oder tod gefangen wird.* — *Augspurg*, 1750.

Nous y renverrons d'autant plus volontiers les curieux qu'un coup d'œil jeté sur les planches de l'habile dessinateur allemand leur en apprendra plus que de longues et arides descriptions.

CHAPITRE II.

Gibier à plumes.

Nous comprendrons dans ce chapitre tout ce qui concerne la capture, avec piéges et engins, des oiseaux qui sont l'objet ordinaire des poursuites du chasseur, tels que faisans, perdrix, cailles, bécasses, ramiers, bécassines, canards et autre sauvagine, à l'exclusion des oisillons.

§ **1.** CHASSE DU GIBIER A PLUMES AVEC FILETS.

Dans sa *Somme rurale*, chapitre *des bans et défenses d'aoust*, Boutillier nous apprend qu'il était interdit au xve siècle de *tendre aux perdrix devant le jour de la Toussaint*. Cette interdiction s'étendait aux oiseaux de rivière.

A cette époque, tout noble pouvait *tendre aux per-*

drix, tandis que le haut justicier pouvait seul tendre aux grosses bêtes.

Les filets qu'on *tendait* pour les perdrix étaient le traîneau (1), la pantière, la culte, le hallier, la tonnelle, la tirasse; renvoyant aux ouvrages techniques pour la description détaillée des premiers, qui sont restés en usage jusqu'à nos jours malgré les dispositions prohibitives des lois, nous allons dire quelques mots sur la chasse des perdrix à la tonnelle, à la tirasse, à la chanterelle avec filets, à l'amorce, au pavillon, chasses très-anciennes et auxquelles nos aïeux attachaient une certaine importance; ces chasses, par leur nature même, ne sont d'ailleurs pas à la portée des braconniers de profession, et sont tombées en désuétude depuis longtemps.

Tonnelle. La tonnelle, que l'*Aviceptologie françoise* signale comme déjà *peu en usage* à la fin du siècle dernier, était un filet à deux pans qu'on tendait à angle obtus de chaque côté d'un cul-de-sac fait en forme de pain de sucre, et se terminant en pointe. Cette espèce de nasse était fixée sur des cerceaux qui allaient en diminuant vers l'extrémité.

L'appareil une fois tendu dans une raie de blé, le tonneleur endossait une vache artificielle de toile, et poussait tout doucement les perdrix devant lui en imitant les allures d'une bête à cornes qui pâture (2).

---

(1) Ce filet servait aussi à prendre des faisandeaux.
(2) Le *Roy Modus* appelle cette bête artificielle *cheval à perdris:*

Parfois on se servait, au lieu de la vache artificielle, d'un véritable cheval enchevêtré (1).

Olivier de Serres et Sélincourt, comme nous venons de le voir, rangent la chasse à la tonnelle parmi celles qui doivent faire l'amusement du gentilhomme campagnard. Olivier de Serres y ajoute seulement cette restriction qu'il fera bien de la laisser à ses gens, comme fatigante et exigeant une dose de patience peu commune (2).

La *tirasse* était un grand filet carré qu'on traînait avec une corde bordant un des côtés (3). Les perdrix, faisans ou cailles, qu'on voulait prendre avec ce filet, étaient d'abord arrêtés par un chien très-ferme (4), et l'on jetait le filet sur lui et sur son gibier.

Ronsard chassait avec grand plaisir à la tirasse, au moyen d'un chien excellent que lui avait donné son ami Jean Brinon, conseiller au parlement.

> Mais sur tous les plaisirs de la chasse amiable
> Celle du chien couchant m'est la plus agréable.....

Claude Gauchet, *chevalet* et *cheval contrefaict*. G. Phœbus parle du *perdrisseur* qui en « chantant et flajolant et prenant ses tours tousjours plus près de elles sans les faire effroy, moine les perdriz à la tonne. »

(1) Voir la suite de gravures de Ridinger intitulée *Fürstenlust* (le plaisir des princes).

(2) Aussi l'actif frère Jehan des Entommeures ne prenait-il pas de plaisir à la tonnelle. Voir plus haut. Liv. I, ch. iv.

(3) Cette corde était quelquefois tenue par des hommes à cheval, et un oiseau de proie dressé planait au-dessus des perdrix pour les empêcher de s'envoler. (Voir les gravures de Stradan et celles de Jost Amman.)

(4) Voir Claude Gauchet.

> Vous diriez à le voir (le chien) et qu'il est raisonnable
> Et qu'il a jugement, tant il est admirable
> En son mestier appris, et accort à flairer
> Les perdris, et les faire en crainte demeurer
> En quatre coups de nez il évente une plaine
> Et guidé de son flair à petits pas se traîne
> Le front droit au gibier, puis la jambe élevant
> Et roidissant la queue, et s'allongeant devant,
> Se tient ferme planté, tant qu'il voye la place
> Et le gibier motté, couvert de la tirace (1).

La tirasse, mentionnée par Belon comme servant à prendre les cailles, fut prohibée par l'ordonnance de 1600, mais le parlement de Toulouse ne voulut enregistrer cette ordonnance qu'en conservant aux seigneurs et à toutes personnes autres que les laboureurs le droit de chasser à la tirasse et aux chiens couchants dans son ressort.

Louis XIV s'amusait, de temps à autre, à voir tirasser dans ses parcs des perdrix et des faisans, en présence des dames (2).

Chasse des perdrix à l'amorce.

La chasse des perdrix *à l'amorce* ou à l'appât, à laquelle Sélincourt consacre un chapitre spécial, consistait à agrener pendant quelque temps les oiseaux pour les accoutumer à venir tous les jours à une même place, où était préparé un rets saillant qu'un chasseur embusqué dans une hutte faisait tomber sur eux en tirant une corde (3).

Dans la chasse *au pavillon* dont parle le *Roy Modus*, au lieu de la *roye saillante*, les perdrix étaient attirées

---

(1) *Poëmes* de Ronsard, liv. I, t. VI de l'édition de M. P. Blanchemain.
(2) Dangeau, t. VI.
(3) Voir le *Roy Modus*. — Voir Sélincourt et l'*Encyclopédie*.

vers un pavillon, « tout rond par-dessus et laschié de fil qui ne soit mie trop délié; » le tout recouvert de branches de genêt. Les oiseaux y entraient par une sorte d'entonnoir en filet; une fois entrés, ils ne pouvaient plus retrouver le passage pour sortir, et restaient pris (1).

La chasse aux filets avec la chanterelle était connue d'Aristote (2). Elien, Solin et Pline en ont parlé d'après lui.

La chanterelle était le plus souvent employée avec le hallier. Parfois on la remplaçait par un appeau, et la perdrix venait se prendre soit dans un hallier, soit dans un petit filet nommé *pochette* qu'on tendait dans les bruyères ou dans les vignes, à l'aide d'une houssine de coudrier (3).

Chanterelle.

Claude Gauchet a consacré quelques vers à la description d'une chasse aux cailles avec appeau et rets :

Chasse aux cailles avec l'appeau.

> Ore, avec le *caillé* (4) de la caille femelle
> Nous imitons la voix qui semble naturelle
> Au masle qui l'entend, que s'il respond au chant
> Et contrefaict et feinct nous allons l'aleichant

---

(1) Le *Roy Modus.* — Ce piége est encore usité en Allemagne. Voir l'ouvrage intitulé *die Iagd in Bildern* (La chasse en images).

(2) Aristote croyait que le chant du coq-perdrix faisait venir les mâles qui voulaient provoquer l'appelant au combat, et que la perdrix femelle attirait ses rivales du même sexe. Chez les modernes on ne se sert que de perdrix femelles.

(3) *Aviceptologie.* — *Encyclopédie.*

(4) Ou *courcaillet*, appeau. —Dans le canton appelé le *Taradou*, aux environs de Marseille, la chasse aux cailles se faisait à peu près de la même manière, c'est-à-dire avec des appelants et des filets, pendant le passage de retour. Les filets n'étaient pas des *rets saillants*, mais des espèces de pantières en soie verte. Ils coûtaient fort cher, et

Soubs la rets qu'estendons sur la verdure belle
D'un bled ja grandelet, alors de course isnelle
Il s'en vient droict dessoubs et plein d'un chaut désir
Il cerche, il chante, il court, et goulu du plaisir
A son dam, il se met sous la rets estendue
Pensant trouver, paillard, sa femme prétendüe.
Qui est au guet se lève, allors espouvanté,
Vollant, pauvre il se sent dans la maille arresté.

Chasse
aux bécasses.

Il y avait plusieurs manières de chasser les bécasses aux filets. Une des plus usitées était la chasse à la pantière. Dans un vallon creux et étroit, arrosé par une fontaine, on tendait une pantière simple ou contre-maillée (1) de 24 à 30 pieds (7ᵐ,78 à 9ᵐ,74) de haut, liée à deux perches qu'on attachait elles-mêmes à des arbres. Le chasseur, caché dans une hutte de feuillages, tenait à la main un cordeau, au moyen duquel il faisait tomber le filet, aussitôt qu'une bécasse y avait donné (2). On les prenait également à la *rafle* (3).

Au XVIᵉ siècle, suivant Belon, on prenait les bécasses matin et soir, « à la volée, tant aux panneaux qu'au pannelet et au royzelet (petit *roys* ou retz), et à ce faire, on se couvre d'un cheval à perdris ou d'un foluel (4). Car la bécasse est moult sotte beste, qui ne

---

les riches propriétaires de bastides étaient seuls en état d'en faire les frais. On prenait de cette façon de 1,500 à 2,000 oiseaux pendant le passage. Voir Magné de Marolles.

(1) La pantière contre-maillée était faite de trois pièces, deux *aumées* et une nappe. — La chasse des bécasses à la pantière est représentée dans les gravures de Stradan.

(2) *Encyclopédie.*

(3) Sur cette chasse nocturne, voir le chapitre suivant.

(4) Le *cheval à perdris* était un engin semblable à la vache artificielle. Le *foluel* devait être ce que l'*Encyclopédie* appelle un *leurre*,

s'espouvante aysément ; parquoy l'homme ainsi couvert approche d'elle moult asseurément, et après que l'homme a tendu son pannelet ou son royzelet, il la conduit facilement jusque dedens. »

La canepetière était également prise au filet, ainsi que les pluviers ; ces derniers étaient chassés sur une grande échelle en Beauce et dans les autres pays de labourage où ces oiseaux abondent en hiver.

Chasse de la canepetière et des pluviers.

Les paysans se rendaient en bandes dans les localités où des volées de pluviers leur étaient signalées; l'un d'entre eux portait un filet nommé le *harnois* (1) et le tendait en rase campagne à découvert, car les pluviers *ne s'effarouchent pas pour peu de chose.* Les autres formaient un grand cercle et approchaient des pluviers en se traînant sur le ventre. Dès qu'ils voyaient le harnois tendu, ils se levaient *de roideur pour faire la huée* et jetaient en l'aire des *marotes* qu'ils tenaient à la main, *effarant* ainsi les oiseaux qui s'envolaient en rasant terre et donnaient dans les rets que l'oiseleur faisait tomber sur eux (2).

« espèce de bouclier fait de petites verges, au milieu duquel est un morceau de drap rouge. » (Art. *Perdrix*.) Les Romains, suivant Némésianus, se servaient de même de la peau d'un cheval blanc pour prendre les bécasses :

> *Fultus equi niveis silvas pete protinus altas*
> *Exuviis, præda est facilis et amœna scolopax.*

Un cheval dressé ou la peau d'un cheval était aussi employé par eux pour prendre l'outarde au filet. (Voir Athénée, cité par Buffon, art. *Outarde*.)

(1) Ce harnois, dit aussi rets saillant ou nappe, était un filet composé de deux pièces rectangulaires tendues sur des perches nommées *guèdes*. On le rabattait sur les oiseaux qui s'engageaient dans l'*aire* des filets en tirant une corde. Voir les *Ruses innocentes*.

(2) Belon.

Chasse aux bécassines.

Pour prendre les bécassines, on se servait du traîneau et d'un filet triangulaire de 7 à 8 pieds de long sur 6 de large (2^m,27 à 2^m,59 sur 1^m,94), monté sur une espèce de grande fourche qu'on tenait par le manche et qu'on portait horizontalement. L'oiseleur promenait son filet dans les prairies où il savait trouver des bécassines; elles se levaient devant lui et donnaient dans les mailles. Un homme adroit et connaissant bien les localités prenait jusqu'à cent oiseaux dans sa journée (1).

Chasse aux palombes, bisets et tourterelles

La loi salique défendait de dérober la tourterelle prise dans le piége ou le filet d'autrui (2).

La chasse aux filets des ramiers ou palombes et des bisets dans les vallées de la basse Navarre, de la Soule, du Béarn et autres pays voisins des Pyrénées, avait jadis une grande importance, qu'elle a conservée en partie (3). Elle se faisait avec des appareils considérables dont la description n'occupe pas moins de vingt pages dans le *Traité de la chasse au fusil* de Magné de Marolles. Nous allons en donner un résumé aussi succinct que possible.

Grandes palomières.

Huit à quatorze filets, hauts de 9 toises (17^m,54) et larges de 4 à 5 (7^m,79 à 9^m,74), sont hissés à l'aide de poulies attachées à de grands arbres dans une des vallées servant de passage habituel aux bandes nom-

---

(1) Labruyerre.

(2) *Turturem de rete.....*

(3) En 1578, le vicomte de Turenne, ayant voulu rendre visite à Catherine de Médicis en la ville d'Auch, ne put voir la Reine-Mère « estant allée à une tente de palombes. » *Mém.* de Turenne.

breuses de ramiers et de bisets qui vont de France
en Espagne pendant les mois de février et de mars.

Aux cordes qui soutiennent les filets de chaque
côté sont attachées des pierres qui les font tomber
plus rapidement, quand l'oiseleur, caché derrière une
petite haie dite *emparence,* lâche ses cordes.

Trente pas en avant des filets, se place la *trèpe,* cabane de branchages, juchée sur trois troncs d'arbres
en forme de trépied.

Avant la trèpe, à droite et à gauche, des cabanes
semblables sont établies sur des arbres ; on les
nomme *battes.* D'autres huttes, couvertes de fou-
gère, sont construites sur le sol des coteaux qui forment la gorge.

Lorsqu'une bande de palombes s'y engage, les
chasseurs, postés dans les battes, lancent en l'air des
matous ou raquettes de bois blanchies à la chaux,
pour effrayer les oiseaux et les empêcher de s'é-
carter à droite ou à gauche (1).

Lorsque le vol est arrivé à la trèpe, l'oiseleur qui
y est embusqué jette à son tour son matou et oblige
les ramiers à s'abaisser presque au ras du sol et à se
précipiter dans les filets; aussitôt les hommes des em-
parences lâchent les cordes, et les filets tombent sur
les oiseaux.

On a vu prendre jusqu'à cent soixante palombes

---

(1) On suppose que les ramiers prennent ces raquettes pour des oiseaux de proie.

d'un coup de filet, mais il est fort rare qu'on en capture à la fois plus d'une centaine (1).

On prenait presque toujours des bisets avec les palombes; mais il y avait, principalement dans les basses vallées, des appareils spéciaux pour ces oiseaux. On les nommait *pantières;* la disposition en était à peu près la même que celle des palomières.

Pour attirer les bisets dans les pantières, on se servait souvent d'appeaux vivants (2).

Rets saillant.

On chassait aussi les ramiers avec la *rets saillante.* Claude Gauchet donne une description assez détaillée de cette chasse.

Les oiseaux étaient agrenés en temps de neige avec des faînes, et prenaient ainsi l'habitude de fréquenter une place où l'oiseleur venait tendre ses rets. Puis, pour les *asseurer*, il allait chercher dans les bois l'endroit où les ramiers avaient passé *la nuictée*, et les attirait en *chifflant* vers le piége.

Lorsque la *grand'troupe* s'est enfin abattue sur la place où est semée l'amorce, le *chiffleur*

> Prend le cordeau tendu, dans ses mains il le passe,
> Et s'estriquant des pieds en tirant se roidit
> La *guille* (3) se desbande et dedans l'œr bondit
> La corde en saute en haut, d'une secousse telle
> Qu'en un instant l'oiseau couvert de la fiscelle,
> Pensant s'oster de là, void en un coup et sent
> Sous la neige caché le filet qui descend.

Chasse au feu.

Du temps du *Roy Modus* on prenait la nuit au feu

---

(1) Dans la palomière de Licératz, on prenait annuellement 4 à 5,000 ramiers et quelques bisets. (Magné de Marolles.)

(2) Magné de Marolles.

(3) *Guille* ou *guide*, perche du filet.

pertrix, bécaches, widecos (1), *oiseaulx de rivière et moult d'autres.* Pour faire cette *fouée*, dit le sage monarque, « ils sont trois gens, les uns portent le feu et la cloche les autres ij portent chacun ung réseul et celuy qui porte le feu et la cloche est entre les deux autres (2). » Les *réseulx* employés à cette chasse étaient des *couvertoirs* à long manche (3).

La chasse des perdrix au feu avec filets était surtout pratiquée en Allemagne du temps de Sélincourt.

« Quand la gelée tient les champs secs, on choisit un lieu propre à coucher un long filet, assujetti et tendu par des cordes, de manière qu'il soit prompt et preste à s'abattre, à peu près comme les nappes du filet d'alouettes, mais sur un espace plus long ; on le recouvre de poussière ; puis on y place quelques oies privées pour servir d'appelants ; il est essentiel de faire tous ces préparatifs le soir, et de ne pas s'approcher ensuite du filet, car si le matin les oies voyaient la rosée ou le givre abattus, elles en prendraient défiance. Elles viennent donc à la voix de ces appelants, et, après de longs circuits et plusieurs tours en l'air, elles s'abattent. L'oiseleur, caché à cinquante pas dans

Chasse
des oiseaux
aquatiques.
Chasses
avec
appelants.

---

(1) Le *Roy Modus* désignant d'habitude notre bécasse par le mot de *widecoq*, il est à croire que ses *bécaches* sont des bécassines. Voir Magné de Marolles.

(2) On chassait encore la bécasse de cette manière en Bretagne, il y a quelques années. Voir *La vie à la campagne*, t. II.

(3) La chasse des perdrix au feu avec un couvertoir est figurée dans les planches de Stradan. Olivier de Serres parle aussi de cette chasse. Voir plus haut.

une fosse, tire à temps la corde du filet, et prend la troupe entière ou en partie sous sa nappe. » C'est en ces termes que Pierre de Crescens, dans son livre des *Profits champêtres*, composé à la fin du xiiie siècle, décrit la manière de prendre les oies sauvages avec les *rets saillants* (1).

Une épigramme d'Alciat nous fait voir qu'au commencement du xvie siècle on savait de même attirer les canards sauvages dans les filets, à l'aide d'appelants (2).

« Où les canards et autres oyseaux de rivière abondent, dit Olivier de Serres, comme ès grands estangs et près des mers, là on s'exerce en grand volume en telle espèce de chasse, mesme en Holande en ceste manière. On y emploie un canart vif, attaché au bord de l'eau qui appelle les passagers, lesquels tombez en l'estang, s'en vont treuver celuy qui les invite : et à ce que ce soit tant plus tost et en tant plus grande troupe, un chien duit à tel service, nageant par l'estang, les va ramassant des lieux les plus esloignez pour leur faire tenir le chemin requis, où assemblez, se treuvent prins par le moyen d'un filé là auparavant

---

(1) *Opus ruralium commodorum*. Imprimé à Augsbourg en 1471. — Voir aussi les Chasses de Stradan.

(2)   .... *Altilis allectator anas*
Congeneres cernens volitare per aera turmas,
Garrit, in illarum se recipitque gregem,
Incautas donec prætensa in retia ducat.

(*Epigrammata selecta ex Anthologia. latinè versa.* Bâle, 1529.) Si cette épigramme est réellement traduite du grec, elle ferait remonter cette sorte de cette chasse à une haute antiquité.

tendu, qu'un homme caché auprès destend quand il en void le poinct (1). »

Angelio, dans son poëme latin sur l'oisellerie, enseigne une manière de prendre les canards aux filets qui, comme celle-ci, n'est pas sans analogie avec les grandes canardières dont il sera parlé ci-après. On couvre de filets en forme de berceau une petite rivière ayant son embouchure dans un lac ou étang. On entoure, avec nombre de barques, les canards ou autres oiseaux aquatiques qui se trouvent sur l'étang, et on les pousse vers la rivière (2).

La chasse aux canards sur les étangs du Ponthieu, *qui est royale*, dit Sélincourt, se pratiquait de la manière suivante au XVIIe siècle :

Tous les ans, au mois de juillet, lorsque les oiseaux de rivière sont en mue et ne peuvent voler, on réunissait les paysans de plusieurs villages assujettis à ce service à titre de corvée ; on les faisait dépouiller et entrer dans les roseaux des étangs pour faire un *trictrac*, tandis que les officiers de la *maîtrise* (des eaux et forêts) suivaient les bords en bateaux pour les faire marcher en bon ordre. De grands panneaux étaient tendus d'espace en espace au travers de l'étang. Les traqueurs, armés de longues gaules, poussaient douce-

Chasse aux canards sur les étangs du Ponthieu.

---

(1) Cette chasse aux filets, assez vaguement décrite par l'auteur du *Théâtre d'agriculture*, est évidemment la même que celle dont il sera parlé un peu plus bas et qui se faisait avec des canardières en Hollande et en Picardie. L'attirail de filets devait seulement avoir moins d'importance que dans cette dernière.

(2) *Ichneuticon, sive de Aucupio, lib.* I. (Dans un recueil de poésies imprimées à Rome en 1585.)

ment les palmipèdes jeunes ou adultes vers les filets, au bout desquels étaient apostés des guetteurs. Arrivés au premier panneau, les chasseurs passaient outre, après avoir saisi tous les oiseaux qui s'y étaient jetés, et la chasse continuait de même jusqu'à l'extrémité de l'étang.

Dans ces *trictracs* on prenait une quantité prodigieuse d'oiseaux aquatiques de toute sorte.

Canardières. On capturait aussi, pendant les passages, une multitude de palmipèdes au moyen de *canardières*.

Une des plus importantes était celle établie sur l'étang d'Armainvilliers en Brie, qui appartenait vers la fin du xviiie siècle au duc de Penthièvre.

D'une anse ombragée par des bois et des roseaux, que l'eau formait sur un des côtés de ce vaste étang, on avait dérivé des canaux, nommés *cornes*, qui pénétraient en se recourbant dans l'intérieur du bois, et diminuaient progressivement de largeur et de profondeur.

Ces canaux étaient recouverts de filets en berceau, qui allaient aussi en se resserrant et s'abaissant, et finissaient à la pointe du canal par une nasse profonde et formant poche.

Au centre du bocage et des canaux, dans une petite maison, était installé à poste fixe le *canardier*, qui nourrissait une centaine de canards demi-privés ou *traîtres*, vivant en liberté sur l'étang, et accoutumés à venir prendre leur nourriture dans les canaux à heure fixe, au signal d'un coup de sifflet.

Au moment du passage, lorsque des nuées de canards sauvages, de souchets, de garrots, de sarcelles venaient s'abattre sur l'étang, le canardier donnait à ses *traîtres* le signal accoutumé; ceux-ci arrivaient en volant dans l'anse, et entraînaient avec eux les oiseaux sauvages jusque dans les *cornes*. Le canardier les faisait avancer sous le berceau de filets en jetant du grain devant eux. Puis, se montrant dans les intervalles ménagés exprès entre des claies disposées obliquement, qui jusqu'alors l'avaient caché aux arrivants, il effrayait ceux qui étaient sous le berceau, et les poussait jusqu'au fond du cul-de-sac, où ils s'enfonçaient dans la nasse. On en prenait ainsi jusqu'à une soixantaine à la fois, et des milliers dans le cours d'une saison (1).

Une chasse analogue se faisait en Angleterre, dans les marais des comtés de Lincoln et de Norfolk, ainsi qu'en Hollande, sur le Queller-Duyn, et, en France, dans quelques cantons marécageux du Laonnais et de la Picardie (2). Dans ces pays, outre les canards traîtres, on se servait de petits chiens roux, assez semblables de pelage à des renards.

Ces animaux attirent les oiseaux aquatiques par un effet de l'antipathie qu'inspire à ceux-ci le quadrupède malfaisant dont ils ont la couleur, comme on voit les moutons s'avancer sur un chien étranger et les oisillons se rassembler autour du hibou (3).

---

(1) Lettre de M. Ray, secrétaire des commandements de S. A. M⁹ʳ le duc de Penthièvre à M. de Buffon. — *Hist. nat.*, art. *Canard*.

(2) *Encyclopédie*, au mot *Canardière*. — *Mémoire sur les canards* communiqué à Buffon par M. Hébert dans l'*Hist. nat.*, art. *Canard*.

(3) Ces petits chiens sont aussi les principaux acteurs d'une chasse

Les appelants étaient encore utilisés pour attirer les oiseaux d'eau soit dans des *halliers* tendus autour d'un canton de joncs, soit dans la *forme* ou espace que peuvent recouvrir, en se rabattant, des filets en façon de nappes, assujettis sur la vase à l'aide de deux fortes barres de fer. Ces filets sont manœuvrés avec des cordes de détente que le chasseur tire d'une hutte où il se tient caché, lorsqu'il a réuni au moyen de ses traîtres un nombre suffisant de palmipèdes dans la forme. On en prend souvent une douzaine d'un coup par ce moyen.

§ 2. CHASSE DU GIBIER A PLUMES AVEC DIVERS ENGINS.

Chasse du faisan au miroir.

Parmi les moyens que le *Roy Modus* enseigne à son *apprenti* pour prendre les faisans, il en est un assez bizarre qui consiste à attirer avec des grains ce noble oiseau jusqu'auprès d'une cage sous laquelle est un grand miroir. Il croit voir un rival, se jette sur le miroir bien *roidement* et fait tomber la *languette à quoy la caige est tenue* (1).

Buffon dit de même, sur la foi d'Aldrovande, qu'il

---

au fusil très-productive, qu'on nomme le *badinage*, et qui est encore pratiquée sur les rivières et les étangs de la Franche-Comté. (Voir, sur la chasse au *badinage* en Franche-Comté, deux articles intéressants de M. le comte de Reculot, dans le *Journal des chasseurs*, 1836 et 1837.)

(1) On se servait aussi d'une espèce de cage vulgairement appelée *trébuchet*, *mue* ou *tombereau*, pour prendre une compagnie de perdrix *appastées en un lieu*. (Voir les *Ruses innocentes*.) Le *tumberel* du *Roy Modus* est un filet, une espèce de rets saillant.

suffit de présenter au faisan sa propre image, ou seulement un morceau d'étoffe rouge , cousu sur une toile blanche, pour l'attirer dans le piége.

On a déjà vu (livre II) comment le *Roy Modus* et Belon décrivent la chasse de la bécasse *à la folletouère*. On prenait aussi cet oiseau au collet, au rejettail ou *rechargeouer*, « qui est un archet auquel on a tendu un lasset pour les prendre par le pied (1). »

Les bécassines se prenaient également au *rechargeouer* (2).

On tendait des lacs ou collets (3) à toute espèce de gibier emplumé, perdrix attirées avec la chanterelle, faisans, râles noirs, poules d'eau (4), bécasses (5) et lagopèdes (6).

---

(1) Belon. — Ce piége est figuré dans les gravures de Ph. Galle, d'après Stradan.

(2) *Ibidem*. — Labruyerre parle aussi de cet engin sous le nom de *sauterelle*, comme employé contre les bécassines.

(3) Selon l'*Aviceptologie*, le *lacet* ne doit pas être confondu avec le *collet*, « car dans celui-ci la présence de l'oiseleur devient inutile, au lieu qu'elle est indispensable pour la chasse au lacet. » Cependant ces deux mots sont employés indifféremment par la plupart des auteurs et dans le langage usuel.

Le lacet ou nœud coulant est un des premiers engins inventés par l'homme en tout pays. Il en est fait mention dans l'Écriture sainte ; les Grecs et les Romains s'en servaient beaucoup. Dans le XXIIe livre de l'*Odyssée*, Homère compare les esclaves coupables pendues par Télémaque à des colombes ou à des grives qui, retournant à leur nid, sont prises dans des lacets placés au milieu d'un buisson.

Selon Némésianus, les Romains profitaient des extases amoureuses du tétras pour lui passer un lacet au col. (Voir un fragment de l'*Aucupium* de cet auteur dans l'ouvrage de Vlit.) Horace, dans l'épode IIe, parle de grues prises aux lacets.

(4) Belon.

(5) On tendait les lacs pour la bécasse dans une *passée* ménagée au milieu d'une petite haie. (*Encyclopédie*.)

(6) Gessner dans Buffon, art. *Du Lagopède*.

Les oies et les canards sauvages étaient aussi saisis avec des lacets de crin, qu'on attachait à des piquets plantés dans l'eau (1).

Hameçons. « L'on prend aussi les canards au hameçon, presques comme poissons, c'est en enveloppant les hameçons avec des tripailles et iceux attachés à terre par des cordelettes, les canards voyans de loin telle viande, nageans sur l'eau, l'engloutissent avec les hameçons dont ils se trouvent pris par le bec (2). »

Pince d'Elvaski. La pince d'Elvaski, inventée seulement au xviiie siècle, était, dit l'*Aviceptologie*, « un fléau terrible pour les oiseaux les plus fins » et faisait une grande destruction de palmipèdes de toute sorte (3).

---

(1) Les *Ruses innocentes*.

(2) Olivier de Serres. — Voir aussi les *Ruses innocentes*.

(3) Voir la description et la figure de cet engin dans l'*Aviceptologie*. C'est un piége de gros fil de fer, tourné en spirale, et assez compliqué.

Les gluaux étaient rarement mis en usage contre le gibier à plumes, à cause de la force et de la taille des oiseaux de cette catégorie. Cependant on voit dans les *Ruses innocentes* qu'on prenait quelquefois des canards sauvages avec une corde engluée, tendue dans le marais.

CHAPITRE III.

Oisellerie.

Nous entendons par *oisellerie* l'art de prendre, avec
toutes sortes de piéges et d'engins, les oiseaux qui ne
sont pas considérés comme gibier, soit à cause de leur
petitesse, comme les grives, alouettes et becfigues,
soit à cause de la mauvaise qualité de leur chair,
comme les geais, pies et corbeaux, bêtes malfaisantes
qu'on ne pourchasse que pour les détruire.

L'oisellerie mérite à peine le nom de chasse.
Quoi qu'en ait dit un ingénieux et spirituel avocat de
la pipée (1), ces tueries, lorsqu'elles ne peuvent in-
voquer pour excuse les dégâts commis par les victimes, n'ont généralement pour mobile qu'un lucre
peu recommandable ou une gourmandise qui n'est

---

(1) Voir une série d'articles de M. Toussenel dans le recueil intitulé *La vie à la campagne*, 1re année.

pas toujours justifiée (1). C'est plus que jamais le cas de procéder sommairement et de renvoyer, pour les détails, aux ouvrages spéciaux, principalement au *Solitaire inventif* et à l'*Aviceptologie françoise*.

Au moyen âge, ces chasses aux oisillons ont cependant été assez en honneur pour que les Rois de France aient eu des oiseleurs et des *brilleurs* en titre d'office (2).

Louis XIII, Louis XIV et les princes de sa maison, le Roi Stanislas et le comte d'Eu s'y amusèrent aussi quelquefois.

§ 1. PIPÉE ET GLUAUX.

On nomme *pipée* une sorte de chasse basée sur l'antipathie naturelle qu'éprouvent tous les oiseaux qui se perchent, pour les hiboux et les chouettes. On en profite pour les attirer dans les gluaux, soit en leur montrant l'objet de leur haine, soit en imitant son cri (3).

---

(1) Le mérite culinaire de la grive, de l'ortolan, de l'alouette et du becfigue est incontestable. La délicatesse de leur chair peut, à la rigueur, faire oublier aux gastronomes la gentillesse du rouge-gorge et les chants mélodieux du rossignol ou de la fauvette ; les gros-becs et les moineaux pillards sont peu dignes de pitié ; mais comment excuser les hécatombes de pinsons, de verdiers, de mésanges, de bergeronnettes, d'hirondelles, voire même de roitelets et d'une multitude d'autres oisillons qui rendent les plus grands services à l'agriculture en détruisant les insectes et dont la plupart nous égayent par leur ramage ?

(2) Voir aux Pièces justificatives, t. Ier. — Sur la chasse aux oisillons à *briller*, voir plus bas.

(3) Les oiseaux qui se prennent à la pipée sont : les rapaces diurnes et nocturnes, les corbeaux, les pies et les geais, les merles, les grives,

La première manière d'attirer la gent emplumée était bien connue des Grecs et des Romains (1).

C'est la seconde qui est la plus usitée, en France, depuis des siècles. A l'imitation du cri de la chouette, l'oiseleur ajoute celle du gazouillement de divers oiseaux, ce qui excite la curiosité de leurs congénères. C'est ce qu'on appelle *frouer*.

Souvent le pipeau et la chouette vivante sont employés simultanément.

Le Roy Modus consacre un chapitre à *deviser comment on prend les oyseaulx à la pipée*. La saison de *piper au bois* commence après la Saint-Michel et dure *tant comme les fueilles sont aux arbres*. La pipée qu'il décrit se faisait au moyen d'appeaux et d'une *chuette* ou *ung autre huant* mis sur un bâton.

La vive peinture d'une pipée figure parmi les *Plaisirs de l'automne* dans le poëme de Claude Gauchet : les oiseaux, attirés par le *cauteleux pipeur*,

> Dans les gluaux tendus se jettent de malheur.
> Pris, ils tombent à bas, et du sault qu'ils se donnent
> Sur la terre estourdis et mi-morts s'abandonnent
> Ores tombe une pie, or un gay babillard
> Ores deux, ores trois, et void on d'autre part
> Tourner autour de l'arbre avec voix agassante
> La trouppe des corbeaux sans cesse bavolante
> La grive, le *maumus* (2), le verdier, le pinçon
> Approchent, caquetans, de buisson en buisson

---

les pinsons, les gros-becs, les piverts, les rouges-gorges, les rossignols, les fauvettes, les verdiers, les bruants, les moineaux et les roitelets.

(1) « Les autres oiseaux, pendant le jour, volent autour de la chouette, c'est pourquoi on s'en sert pour prendre toutes sortes d'oisillons. » Aristot. *Hist. anim.*, lib. IX, cité par Buffon, *Des oiseaux de proie nocturnes*.

(2) Lisez *mauvis*.

De loing le merle vient, qui peu à peu s'approche
Et trouve, branchettant, un glüon qui l'accroche.

Nous venons de voir Olivier de Serres recommander la pipée au gentilhomme campagnard (1).

Sélincourt donne aussi la description de la pipée. De son temps, les princes ne dédaignaient pas d'en prendre parfois le plaisir.

On lit, dans les *Mémoires* de Dangeau, sous la date du 13 janvier 1688 : « Le Roi partit d'ici sur les cinq heures et alla coucher à Marly, Monseigneur y alla avec Mme la princesse de Conty et passa par le parc où ils avaient fait préparer une pipée. Il faisoit si froid que les dames ne sortirent point du carosse. Il y avoit avec la princesse de Conty Mmes les marquises de Seignelay, d'Urfé, de Richelieu et de Dangeau. »

Le comte d'Eu, fils du duc du Maine, s'amusa aussi sur ses vieux jours à cette petite chasse, qui convenait à son état d'infirmité. Dans *l'état des chasses à tirer de S. A., en l'année* 1773, il est relaté que, le 8 novembre, il prit quatre-vingt-neuf pièces à la pipée (2).

Gluaux. Les gluaux qui formaient l'engin essentiel de la pipée servaient à beaucoup d'autres chasses.

M. de Sonnini, seigneur de Manoncourt en Lor-

______

(1) Dans son livre *delle caccie*, Raimondi nous apprend qu'au commencement du xviie siècle on faisait en Italie une chasse aux oisillons semblable à la pipée, où l'oiseau de nuit était remplacé par une belette, ennemi non moins détesté de la gent emplumée. *Le caccie delle fiere armate e disarmate.* Brescia, 1621.)

(2) Ms. de la bibliothèque de la Reine Marie-Amélie.

raine, et l'un des principaux collaborateurs de Buffon, chassait les alouettes aux gluaux sur une très-grande échelle et fut souvent honoré de la présence de son souverain, le bon Stanislas. « On commence par préparer quinze cents ou deux mille gluaux, ces gluaux sont des branches de saule bien droites, ou du moins bien dressées, aiguisées et même un peu brûlées par l'un des bouts. On les enduit de glu par l'autre de la longueur d'un pied; on les plante par rangs parallèles dans un terrain convenable, qui est ordinairement une plaine en jachère et où l'on s'est assuré qu'il y a suffisamment d'alouettes pour indemniser des frais qui ne laissent pas d'être considérables. L'intervalle des rangs doit être tel qu'on puisse passer entre eux sans toucher aux gluaux; l'intervalle des gluaux de chaque rang doit être d'un pied, et chaque gluau doit répondre aux intervalles des gluaux des rangs joignans. »

Sur les quatre ou cinq heures du soir, les chasseurs, nécessairement nombreux, manœuvrant très-régulièrement, formaient une battue en cercle et poussaient vers les gluaux les alouettes de la plaine, qui rasent la terre à cette heure. On prenait jusqu'à cent douzaines d'alouettes et plus dans une de ces chasses, dont nous avons parlé avec quelque détail, à cause de leur importance et du grand appareil qu'on y déployait. Celles où l'on n'en prenait que vingt-cinq douzaines étaient considérées comme manquées. Quelquefois des perdrix et même des chouettes venaient se jeter dans les gluaux, au grand dépit des chasseurs, parce que ces oiseaux faisaient enlever les alouettes qui passaient alors au-dessus des gluaux (1).

C'était encore avec des gluaux qu'on prenait les oisillons à l'*abreuvoir*, à l'*arbret* (2) et à la passée (3).

§ 2. CHASSE DES OISILLONS AUX FILETS.

Cette chasse était très-connue et très-usitée dans l'antiquité. Horace parle de la chasse aux grives avec le filet à nappes (4).

C'était avec ce genre de filet, dit également *rets saillant* (5), qu'on chassait les alouettes il y a quelques années, avant que la loi sur la chasse de 1844 fût venue en interdire l'usage. Le miroir servait à les attirer dans la *forme* du filet, ainsi que les becfigues et les linottes. On les appelait parfois avec des *moquettes*, oiseaux vivants attachés par la patte à un piquet (6).

Ce même filet, amorcé de menue paille et garni de moquettes, prenait, pendant les premières neiges, une

---

(1) *Hist. nat.* de Buffon, art. *de l'Alouette.*

(2) L'arbret ne différait de la pipée qu'en ce que les oiseaux étaient attirés avec des appelants et non en pipant. La chasse à l'abreuvoir se faisait aussi avec divers piéges. Voir l'*Aviceptologie.*

(3) Voir le *Roy Modus.*

(4)   *Aut amite levi rara tendit retia*
        Turdis edacibus dolos.
               (*Epod.* 2.)

Voir aussi Rich.

(5) Selon quelques-uns, le rets saillant différerait du filet à nappes en ce qu'il n'aurait qu'un côté.

(6) *Dict. d'hist. nat.*, art. *Alouette.*

multitude de moineaux, de pinsons, de verdiers, de chardonnerets et de bouvreuils (1).

Les ortolans étaient et sont encore capturés de la même manière dans nos provinces méridionales, pendant leurs passages de printemps et d'été.

Les nappes et les moquettes étaient aussi en usage pour chasser les alouettes *à la ridée,* en les poussant vers les rets au moyen de battues faites lentement.

On prenait les alouettes au traîneau, à la *tonnelle murée* (2) et *aux fourchettes* (3). Les becfigues et les pinsons étaient victimes des mêmes engins.

Avec l'*araigne,* grand filet de soie ou de fil teint en brun, on chassait dans les haies les merles, les pinsons, les becfigues et les oisillons de toute espèce dans les vignes (4). Louis XIII se livrait volontiers à ce passe-temps dans les charmilles des Tuileries (5).

La chasse *au rafle* ou *à la rafle* se faisait de même dans les haies, avec un filet contre-maillé de ce nom. Mais on opérait pendant la nuit et avec une torche enflammée, dont la lueur attirait et fascinait les oisillons (6).

Le comte d'Eu eut quelquefois la fantaisie de chasser *au rafle* (7).

---

(1) *Ibid.* Art. de ces différents oiseaux. —*Aviceptologie.*

(2) C'était une tonnelle ordinaire, dont on fermait l'ouverture dès que les alouettes y étaient entrées. (*Encyclopédie.*)

(3) Ces fourchettes tenaient soulevé un côté d'un filet sous lequel on poussait les alouettes. (*Ibid.*)

(4) *Aviceptologie.* — *Dict. d'hist. nat.*

(5) D'Arcussia. — Le Roi se servait surtout des araignes pour empêcher les oisillons de se dérober aux poursuites de ses pies-grièches.

(6) *Ruses innocentes.*

(7) Ms. déjà cité.

Le Roy Modus enseigne encore à prendre les *alocs* au feu, *à la cloche et au réseul* (1), et les *mauvis* à la volée, quand ils reviennent des vignes, avec une *roys* faite comme pour la volée aux *widecoqs*, mais plus déliée.

§ 3. LA FOUÉE.

« La chasse des oyseaux, dit Sélincourt, se fait aussi le long des hayes avec du feu, l'hyver..... L'on bat les hayes d'un côté, et de l'autre côté on rabat les oyseaux qui en sortent avec des ravaux qui sont faits de branches de feuillües, et à la clarté du feu l'on les prend ; cette chasse s'appelle aller à la fouée (2). »

Pour *rabattre* les oiseaux, on se servait souvent de palettes faites avec des branches de coudrier, dont les ramifications étaient tressées en forme de raquette. On peut voir, dans les chasses gravées par Philippe Galle, d'après les dessins de Stradan, une *fouée* avec palettes, lanterne et sonnette. Dans cette planche, les oiseleurs y joignent une arbalète à jalet.

Une autre gravure de la même suite nous fait voir des oisillons, attirés par la lueur d'un flambeau dans des gluaux posés sur des buissons.

La *darue*, ou le *boullot*, décrite par Claude Gauchet,

---

(1) Voir plus haut.

(2) Cette chasse se pratique encore, malgré la loi de 1844 qui prohibe les chasses nocturnes, dans quelques-uns de nos départements septentrionaux. Elle y porte toujours le nom de *fouée*, prononcé *fouaie*. Voir le *Journal des chasseurs*, 1859.

était une chasse du même genre. On y faisait seulement usage, au lieu de ravaux ou de palettes, de *brilloirs* ou rameaux touffus enduits de glu. Trois oiseleurs, armés de ces brilloirs et précédés d'un porteur de torche, allaient pendant la nuit le long des buissons et des haies, et arrêtaient avec leurs engins les oisillons qu'un autre chasseur en faisait sortir avec une gaule (1).

Ces diverses manières de chasser au feu s'appelaient *briller*, et on appelait les oiseleurs nocturnes *brilleurs* ou *brilleus* (2).

Le comte d'Eu, qui paraît, sur ses vieux jours, être devenu grand amateur de toutes ces petites chasses, allait parfois prendre des oisillons au feu avec des palettes.

§ 4. CHASSE DES OISILLONS AVEC DIVERS ENGINS.

Une des plus anciennes méthodes de capturer les oisillons est la chasse au *brail*, décrite par le *Roy Modus*, qui lui applique la dénomination de chasse *à briller* : « A prendre les mauvis à briller a très bon déduit et se fait en vendanges quant les roisins sont meurs. »

Chasse
au brail.

---

(1) *Les plaisirs de l'hyver.* Voir aussi cette chasse dans les *Ruses innocentes.*

(2) Le *Roy Modus* applique le mot de briller à une autre espèce de chasse dont nous allons parler. On ignore si les *brilleus* en titre d'office qui figurent dans les comptes de la maison royale au commencement du xive siècle étaient employés aux fouées ou à la chasse décrite par le *Roy Modus.*

Dans une grande loge en feuillage se tiennent *trois compagnons ou quatre, bien couvers.* Ils sont armés de *brillets* ou *brillons* en chêne (1) « d'ung quartier sec, sans neu, faits au rabot ainsi comme une flesche; » chaque *brillet*, de 4 pieds de long, « doit estre de ij verges, de quoy la plus grosse sera cavée tout du long et l'autre entrera dedans si justement que le pié du plus petit oysel du monde ne pourroit yssir et quant elles sont l'une dedans l'autre, elles sont perciées..... et y est mise une bien deliée cordelette qui est de chanvre pignée... et quant on la tire, elle faict clore le brillet. » Cet instrument est emmanché sur un bâton de même longueur.

Les oiseaux, attirés au moyen d'un appeau et d'une chouette, viennent se percher sur les brillets, l'oiseleur tire la cordelette et ils sont saisis par les pattes. « Et sachiez que c'est si bon déduict et si chault que c'est merveille et qui est en bon pays de mauvis, on y en prent tant comme on veult. »

Olivier de Serres décrit aussi cette chasse, où l'on prenait non-seulement des *mauvis*, mais toute espèce d'oisillons.

« Le plaisir y est singulier, » dit le vieil agronome, « de voir un oyseau difforme, perché parmy la verdure et les fleurs, attirer à soy infinité d'oysillons, venant de toutes parts contempler sa mine, sa conte-

---

(1) Dans le midi de la France où cette chasse se pratique encore, ces engrais sont nommés *brézets.* Voir le *Journal des chasseurs,* année 1855.

nance, sa laideur, le pinceans, chantans chacun son ramage comme pour le braver et se mocquer de luy, et au bout de cela se sentir prins par les griffes avec le brey (petit instrument composé de deux bastons se joignant de leur long, que l'oyseleur caché dans sa logette fait joüer à poinct). »

Les chasseurs étaient souvent couverts de feuillage, ou portaient une hutte ambulante, voire même un panier revêtu de rameaux verts (1).

Sélincourt décrit cette même chasse sans lui donner de nom particulier. L'*Oyselier*, caché dans une hutte fixe, attire les volatiles avec un appeau de fer-blanc et des *moquettes*. Les *brails* sont placés au-dessus de la cabane; les oisillons viennent s'y poser, « à l'instant l'oyselier tire la fiselle et les prend par les pieds et en prend en si grande quantité que l'on ne pourroit le croire, si cela n'avoit été vu souvent à Saint-Germain où le Roy en personne faisoit chasser ledit oyselier. »

A cet engin destructeur les oiseliers en ajoutaient une foule d'autres, destinés aux seuls oisillons, comme raquettes, trébuchets, fossettes, assommoirs dits du Mexique, mésangettes, etc. (2).

Presque tous les piéges employés contre le gibier à plume servaient aussi à l'oisellerie, particulièrement

---

(1) Voir les gravures de Galle et Stradan, et l'*Encyclopédie*, vᵒ *Panier*. C'est avec une espèce de hutte ambulante en paille que se fait actuellement la chasse au *brézet*.

(2) Voir tous les traités d'oisellerie, notamment l'*Aviceptologie*.

le rejet ou rechargeoir, les collets ou lacets (1), la pince d'Elvaski, les hameçons et autres.

---

(1) Dans les gravures de Galle et Stradan, on voit une chasse aux alouettes où ces oiseaux terrifiés par la présence d'un autour dressé sont pris au moyen de lacets attachés au bout d'une perche. — Le collet à piquet et le collet pendu sont qualifiés de *fléau des merles et des grives* dans l'*Aviceptologie*. Le collet à ressort détruisait une quantité de pies et de geais. Les enfants des villages poussaient la rage destructive jusqu'à tendre des lacets sur les nids pour prendre les couveuses.

LIVRE X.

CHASSES AVEC LE GUÉPARD DRESSÉ ET AUTRES CHASSES.
(CHASSES SOUTERRAINES. — CHASSES DANS LES HAIES
ET DANS LES TOILES.)

Nous nous proposons de réunir sous ce titre la
description de quelques chasses qui n'ont pu trouver
leur place dans aucune des divisions de cet ouvrage et
qui méritent cependant de ne pas être passées sous
silence. Telles sont la chasse avec le guépard dressé,
les chasses qui se font sous terre, avec le furet et les
chiens bassets, et les grandes chasses dans des enceintes de haies et de toiles, qui ne doivent pas être
confondues avec les chasses faites à l'aide d'engins et
de piéges, comme nous le démontrerons plus loin.

CHAPITRE PREMIER.

Chasse avec le guépard.

Le félin qu'on employait à la chasse en Italie et en France aux xve et xvie siècles et qu'on y emploie encore en Asie est le guépard (*felis jubata*), connu des Arabes sous le nom de *fadh*, et des Indous sous celui de *tchitah*. C'est le *léopard* des anciens et des auteurs du moyen âge. Issu, à ce qu'on croyait, du lion et de la panthère, il devait sa fabuleuse généalogie et son nom qui en était la conséquence à une apparence de crinière qu'il porte sur le col. Le guépard diffère des autres félins en ce que ses ongles ne sont pas rétractiles, ce qui l'empêche de grimper sur les arbres. Il est aussi d'un naturel plus docile et moins féroce.

L'usage de dresser le guépard pour la chasse est très-ancien en Orient. Les Égyptiens ne paraissent pas l'avoir connu, du moins leurs monuments n'en présentent aucun vestige ; ce qui est d'autant plus extraordinaire qu'ils chassaient avec des lions apprivoisés et que des chats domestiques leur servaient de *re-trievers* (1).

Le guépard est figuré dans les bas-reliefs assyriens sans qu'on puisse bien voir si c'est comme auxiliaire ou comme proie du chasseur (2).

Les Grecs semblent avoir connu cette chasse. Un bas-relief du musée du Louvre nous montre un faune faisant jouer avec un lièvre une petite panthère qui pourrait fort bien être un guépard.

Les Francs trouvèrent la chasse avec le guépard pratiquée en Syrie dès les premières croisades. Jacques de Vitry, chroniqueur du xiiie siècle, dit que « les *léopards*, ainsi nommés parce qu'ils sont semblables aux lions par la tête et par la forme de leurs membres, quoiqu'ils ne soient ni aussi grands ni aussi forts, deviennent tellement doux entre les mains de l'homme, qu'ils le suivent à la chasse comme des chiens (3). »

L'Empereur Frédéric II, qui avait des rapports suivis avec l'Orient, range au nombre des quadrupèdes qui servent à là chasse les *léopards* et les lynx (4).

Vincent de Beauvais, contemporain de Frédé-

---

(1) Voir plus haut.

(2) *Illustrated London news.* 10 janvier 1857.

(3) *Hist. des Croisades*, liv. I, trad. Guizot.

(4) *Lincos, lincas.* Un de ces deux mots désigne peut-être l'*once* ou petite panthère (*once* en vieux français). Le lynx des Indes ou *caracal* est parfois dressé à prendre les lièvres, les lapins et même les grands oiseaux qu'il surprend et saisit avec une adresse singulière. (Buffon, art. *Caracal*.) Il semble, d'après un vers allemand écrit au bas d'une planche de Ridinger représentant des lynx d'Europe, qu'on a autrefois employé cet animal de la même façon.

ric II (1), parle en ces termes de la chasse avec le *léopard* : « On le dresse à chasser ; pour cela , on le lâche après l'avoir amené près du gibier. S'il n'a pu le prendre au quatrième ou cinquième bond, il s'arrête furieux, et si le chasseur ne lui présente aussitôt une bête quelconque , dont le sang apaise sa rage , il se jette sur lui ou sur tout autre assistant (2). »

Les Italiens qui conservèrent par leur négoce de fréquentes relations avec l'Orient paraissent avoir importé les premiers en Europe le divertissement de la chasse au *léopard*. Dans une peinture de Giotto (3), conservée à Florence, un *léopardier* avec sa bête en croupe figure parmi les suivants des Rois Mages.

Bernabo Visconti, seigneur de Milan, chasseur forcené (4), avait des *léopards* apprivoisés dans ses équipages (5).

En 1459, messire Adolphe de Clèves, ayant été envoyé en ambassade par le duc de Bourgogne auprès de François Sforza, premier duc de Milan de cette dynastie de condottieri-princes qui remplaça les Visconti, vit aux chasses de ce souverain « des *lyépards* (6) à cheval derrière hommes, prendre lièvres et chevreulx (7). »

---

(1) Il mourut vers 1264.
(2) *Speculum majus*, XIX (imprimé à Strasbourg en 1473).
(3) Né vers 1266, mort en 1336.
(4) Mort en 1385.
(5) *Chron. du religieux de Saint-Denys*, traduite par M. Bellaguet, t. III.
(6) Le texte de Buchon porte, par erreur, *lévriers*.
(7) *Chron.* de Mathieu de Coussy.

Louis XII ayant conquis le Milanais sur Ludovic Sforza, fils de François, emmena en France les *léopards* de chasse de ce prince. Une lettre de Jean Caulier, qui avait accompagné en France l'évêque de Gurce, ambassadeur de Marguerite d'Autriche, raconte qu'à Amboise, en 1510, « cet évêque fut mené en son logis, où il ne fut demi heure, que le Roy ne l'envoyast quérir pour aller à la chace où il fut environ une heure, et n'y eust prinse que d'ung lièvre que print un léopard. » Dans une autre épître il ajoute : « Et à l'après souper, environ entre quatre et cinq, le dit sieur de Gurce et nous, alasmes avec le Roy chasser au parcq, où il fut tué un sanglier, et prins par un léopard deux chevreux en notre présence et tout auprès de nous (1). »

Dans un livre publié en 1514 par P. Dinet, il est parlé de ces *léopards* et de la manière de les faire revenir au chasseur, après qu'ils ont fait une prise : « Et, de faict, la practique que j'ai veue de quelques princes et seigneurs qui s'en servent au lieu de lévriers pour courre le lièvre, nous rend preuve de cela, veu que lorsqu'ils ont prins et estranglé la beste, le seul moyen de leur faire abandonner qu'ils ne la dévorent, est de leur monstrer un peu de sang qu'un homme qui a charge d'eux porte à cest effect dans une boëte de fer blanc lequel ils n'ont si tost apperceu qu'ils sautent sur la croupe de son cheval et se soubmettent à laisser la proye (2). »

---

(1) Cité par Sainte-Palaye, IIIe partie, notes.
(2) *Cinq livres des Hiéroglyphiques, où sont contenus les plus rares*

Vers le même temps, Dom Emmanuel, Roi de Portugal, qui régna de 1495 à 1521, envoya au pape Léon X une *panthère* dressée à la chasse (1).

François Ier eut aussi ses *léopards* de chasse : « Je tiens d'un témoin oculaire, dit le naturaliste Gessner, qu'à la cour du Roi de France on nourrit deux sortes de léopards : les uns de la grosseur d'un veau, mais plus bas sur jambes et plus longs, les autres qui ont à peu près la taille et les proportions d'un chien. Un des plus petits, pour en donner le spectacle au Roi, est porté en croupe sur un coussin ou une housse par un bestiaire ou veneur à cheval qui le tient au moyen d'une chaîne. Dès qu'on aperçoit un lièvre, on lâche le léopard qui l'atteint en quelques bonds prodigieux et l'étrangle. Le chasseur alors s'avance vers la bête féroce à reculons et lui présentant entre les jambes un morceau de viande, parvient à s'en rendre maître. On prétend que si cet homme avait le visage tourné vers elle au moment où il approche, elle l'attaquerait infailliblement. Quoi qu'il en soit, du moment où il l'a rattachée, il est sûr de sa docilité, et à peine est-il remonté à cheval, qu'elle saute d'elle-même sur le coussin qui est derrière sa selle (2). »

---

secrets de la nature et propriétez de toutes choses, par M. P. Dinet, Paris, 1514. Cité par Blaze, *le chasseur au chien courant,* t. I.

(1) *Hist. des conquêtes des Portugais,* par le P. Lafiteau. Paris, 1733. Cité par Buffon, art. *Panthère.*

(2) C. Gessner, *Hist. animal., lib.* I. Zurich, 1551.

Par une quittance de 1548, Corneille Dipard, *gouverneur du grand léopard du Roy,* reconnaît avoir reçu 85 lt. 10 s. dont le Roi lui a fait don *en faveur des services qu'il luy faict en son estat et pour luy aider*

·Le poëte Jodelle (1), dans son ode sur la chasse dédiée à Henri II, cite encore le *léopard* dressé :

> Parler aussi du lièvre on peut
> Qu'à force on prend de telle sorte
> Rare, quand le léopard veut
> En quatre ou cinq sauts l'emporte (2).

Dans une des gravures exécutées par Philippe Galle sur les dessins de Stradan, vers 1584, on voit une chasse au lièvre avec le *léopard*, qu'un cavalier porte en croupe sur un coussin. Quoique les vers latins écrits au bas de cette planche disent que c'est une chasse de grands seigneurs turcs, tous les personnages portent des costumes européens.

On lit dans une lettre de Henri IV au marquis de Rosny : « J'ay commandé à Zamet de vous parler d'un léopardier qui est venu avec ma femme de Florence et qui s'en retourne (3). »

Depuis, on ne trouve plus de trace de guépards dressés en France. Mais l'Empereur d'Allemagne Léopold Ier (4) en possédait deux, dont il portait lui-même un à la chasse sur la croupe de son cheval.

De nos jours, la chasse avec le guépard est encore fort en usage aux Indes orientales, en Syrie et en Arabie (5), quoiqu'on n'y puisse plus voir des équipages

---

à acheter ung cheval pour servir à porter ledit léopard. (Arch. de Joursanvault, n° 819.)

(1) Né en 1532, mort en 1573.

(2) Cité par Blaze, *Journal des chasseurs*, 7e année.

(3) *Lettres missives*, t. V, année 1601.

(4) Mort en 1705.

(5) Voir le *Magasin pittoresque*, 1839 et 1844. — Le *Sporting magazine*, 1839, et le *Journal des chasseurs*.

de plus de mille guépards, comme celui que possédait au xvie siècle le *Grand Mogol* Akbar (1).

Depuis longtemps cette chasse est abandonnée par
les Turcs, quoique leurs sultans aient eu jusqu'au
xviie siècle des guépards dressés en grand nombre,
avec une armée de serviteurs pour les faire chasser (2).

---

(1) *Revué des Deux-Mondes*, juillet 1854. — Akbar mourut en 1615.
(2) Hammer, *Histoire de l'Empire ottoman*.

CHAPITRE II.

Chasses souterraines.

§ **1.** CHASSE DES LAPINS AVEC LE FURET.

Le furet n'est qu'une variété du putois, modifiée
par la domesticité. Il est originaire des côtes de Barbarie, d'où les habitants de la Péninsule ibérique l'ont
tiré dès la plus haute antiquité, pour l'employer à la
destruction des lapins dont ils étaient infestés (1).

Les Romains connaissaient la chasse au furet.
« Les furets, » dit Pline, « donnent beaucoup d'agré-
ment pour la chasse des lapins; on les lance dans les
terriers qui ont plusieurs issues, et l'on prend à la
sortie les lapins expulsés par le furet (2). »

Rien ne nous indique que les Francs aient chassé
au furet; leurs lois, si explicites pour tout ce qui concerne la chasse, ne parlent pas de celle-ci.

---

(1) « Les Ibères ont inventé plusieurs moyens de faire la chasse aux
lapins, et entre autres celui des furets, qu'on apporte de Lybie et
qu'on nourrit exprès. Lâchés dans les trous après avoir été emmu-
selés, ils tirent dehors avec leurs griffes les lapins qu'ils rencontrent,
ou les forcent de quitter leurs terriers, et les chasseurs prennent ceux-
ci à la sortie. » (Strabon, liv. III.)

(2) *Hist. nat., lib.* VIII. — C'était évidemment avec des bourses qu'on
prenait les lapins.

Pendant l'époque féodale, on fit au contraire grand usage du furet; les lapins pullulaient dans les garennes seigneuriales, et leur chair, très-estimée, jouait un rôle important dans l'alimentation. Les premiers Capétiens avaient des fureteurs en titre d'office (1), et Vincent de Beauvais parle de la chasse au furet dans son *Speculum majus* (xiiie siècle) (2).

Le *Roy Modus* ne fait que la mentionner dans son livre, en indiquant une façon d'enfumer les lapins dans leur terrier qui lui paraît préférable « et n'est fuyron ny autre chose qui le vaille. »

Gaston Phœbus consacre un chapitre tout entier à la manière dont *on doit chassier et prendre les connins* (3). Le *veneur* commencera par battre les haies avec des *chiens d'oysel* ou *espainholz* et de petits lévriers. Si ces derniers saisissent les connins au départ, *c'est bien fet*; s'ils s'échappent, les épagneuls les font entrer au terrier. On bouchera une partie des gueules et on garnira les autres de bourses, puis on *boutera* le *fuyron* dans un pertuis, après avoir eu soin de le museler pour l'empêcher d'*occire les connins dedans* (4).

---

(1) Voir les Pièces justificatives, t. Ier.

(2) Voir les fragments publiés dans les notes de la fauconnerie de Frédéric II.

Nous avons cité précédemment l'ordonnance de 1318 qui défend de tenir *furons* ni *réseulx* à moins d'être gentilhomme ou d'avoir droit de garenne.

(3) Ch. li.

(4) Faute de furet, on pourra enfumer les lapins avec de la poudre d'orpiment, de soufre et de myrrhe. C'est la même recette que préconise le *Roy Modus*.

« Gargantua.... marmotant de la bouche et dodelinant de la teste, alloit veoir prendre quelques connils au filletz. « (Rabelais.)

Claude Gauchet décrit la *chasse du conil avecques le furet* parmi les *plaisirs de l'hyver*.

On place les bourses devant les gueules, puis le *furon* étant *fort bien encamelé* (embâillonné), on le jette dans le terrier, sa sonnette au col. Les lapins s'élancent de tous côtés et restent pour la plupart enlacés dans les bourses.

> ..... Or, parmi la froidure
> Que chacun de nous tous à cette chasse endure,
> Nous poursuivons toujours, et sans nous soucier
> De neige ni de froid, nous vuydons le terrier.

Olivier de Serres dit que le gentilhomme doit chasser aux *connins* avec le furet et la poche, non pas dans sa garenne close, « pour le grand dommage qu'il y porte, faisant pour longtemps hayr aux connins les terriers ou tanières dans lesquels on l'aura une fois mis pour en prendre, » mais seulement *es lieux vogues* et *ouverts* (1).

Sélincourt ne dédaigne pas non plus de dire quelques mots sur la chasse aux lapins avec des furets. Elle se fait en hiver pendant les grandes neiges, à la fin du printemps, puis tout le long de l'été, pour prendre des lapereaux. Les *garenniers*, pour empêcher leurs furets d'étrangler les lapereaux, les *ammussent* avant de les mettre au terrier. Depuis la fin de mai jusqu'à la Saint-Rémi, ils ont soin de marquer les hases en leur fendant l'oreille et de les relâcher pour la propaga-

---

(1) *Théâtre d'agriculture.*

tion de l'espèce. Passé la Saint-Rémi, on tue tout (1).

Louis XV enfant s'amusait à chasser des lapins au furet (2).

§ 2. CHASSE DU BLAIREAU OU DU RENARD ET AUTRES BÊTES PUANTES.

Guibert de Nogent, chroniqueur du xi° siècle, raconte que des nobles du Vexin, ayant arraché de son terrier un blaireau *peu agile à fuir*, le firent entrer dans un sac et voulurent emporter leur capture, qui leur parut excessivement pesante. Mais le prétendu blaireau était un diable, que ses compagnons vinrent délivrer, *en troupes si nombreuses que la forêt en parut entièrement obstruée*. Les malencontreux chasseurs prirent la fuite et moururent en rentrant chez eux (3).

Au xiv° siècle, on poursuivait les renards dans leurs retraites souterraines avec de petits chiens *taniers* (4), ou, au besoin, on les y étouffait en *estoupant* une partie des *pertuis* et en brûlant sous le vent d'une gueule laissée ouverte du soufre et de l'orpiment (5). Quelquefois on plaçait des *pouches* devant les entrées du terrier et l'on forçait l'animal à s'y jeter en l'enfumant de la même façon.

Quant au blaireau, on procédait à l'inverse. Les poches étaient tendues aux orifices de son manoir

---

(1) Voir aussi l'*Encyclopédie*, v° *Lapin*.
(2) Dangeau, t. XVII.
(3) *Vie de Guibert de Nogent*, liv. III, coll. Guizot.
(4) *Le Roy Modus*. — Gace de la Buigne les appelle *terriers*.
(5) C'est le procédé indiqué exclusivement par Gaston Phœbus.

pendant qu'il était dehors, et c'était en battant le bois et les haies d'alentour avec des chiens qu'on forçait la bête à s'y *bouter* en rentrant dans son domicile (1).

Selon du Fouilloux, « la chasse du blaireau se pratiquait sous Charles IX avec un certain appareil. Il est vrai que la description qu'il en donne, peu édifiante sous le rapport de la chasse, a tous les caractères d'une galante orgie pastorale. C'est un cadre cynégétique, mais le tableau y manque (2). »

Chasse
du blaireau
selon
du Fouilloux.

M. d'Houdetot me paraît avoir traité un peu sévèrement du Fouilloux. Laissant les amateurs de joyeusetés rabelaisiennes rechercher s'ils le veulent dans le texte du jovial veneur les faits et gestes du seigneur et de la *fillette aagée de seize à dix-sept ans*, « laquelle luy frottera la teste par les chemins, » nous allons extraire du chapitre LXIIe de son livre ce qui concerne directement l'art « d'assiéger les gros taissons et vulpins en leur fort et rompre leurs chasmates, plocu, paraspets et les avoir par mine et contremine jusques au centre de la terre, pour en avoir les peaux à faire des *carcans* (3) pour les arbalestiers de Gascogne. »

Le chasseur doit avoir d'abord une demi-douzaine de bons chiens de terre, portant chacun un collier large de trois doigts et garni de sonnettes. Quand il

---

(1) *Le Roy Modus.* — Phœbus.
(2) *La petite Vénerie*, par M. A. d'Houdetot.
(3) Lisez *carcas* (carquois).

aura bien dressé et exercé cette petite meute, il se mettra en campagne avec ses bassets et une demi-douzaine d'hommes robustes pour piocher la terre. Le chef de l'expédition pourra monter dans une petite charrette, qui contiendra avec les outils nécessaires quelques mantes utiles pour se coucher à terre, afin d'écouter l'aboi des bassets, ou un matelas de peau qu'on pourra gonfler avec du vent, plus, en temps d'hiver, un petit pavillon. Les chevilles et *paux* de la charrette seront garnis de flacons et de provisions de bouche de toutes sortes (on reconnaît à cette précaution les goûts essentiellement gastronomiques du bon du Fouilloux). C'est aussi dans cette charrette que prend place, avec son seigneur, la fillette dont il a été question tout à l'heure.

Les instruments destinés à fouiller la terre sont des tarières, des *piètes* larges et étroites, une bêche fort large, une *racle* pour ouvrir les gueules des terriers, des pelles de fer et de bois (1). On emporte en outre des tenailles pour arracher les *tessons* ou les renards de leurs *pertuis* effondrés, des sacs pour y mettre les animaux tout vifs, une poêle ou autre vase pour donner à boire aux petits chiens.

Les grands terriers qu'habitent les blaireaux et renards sont composés d'une multitude de chemins couverts et de carrefours qui forment un véritable labyrinthe. Les couloirs qui débouchent au dehors aboutissent d'abord à une espèce de place ovale,

---

(1) Voir dans du Fouilloux la figure de ces outils.

nommée *maire*, qui communique elle-même par un boyau étroit, dit *fusée*, avec l'*accul*, qui est au fond du terrier et sans issue.

On lâche les bassets aux gueules supérieures ou inférieures du terrier, selon la nature du sol et la disposition du terrain, et, quand on entend les blaireaux ou renards tenir au ferme dans la maire, on s'efforce de les faire déguerpir en frappant avec la pioche ou en enfonçant une tarière ronde. Une fois les animaux poussés dans l'accul, il faut percer *au droit* de la voix des bassets avec la tarière ronde et pousser la tarière plate dans le trou pour couper à l'assiégé toute communication avec la maire. Puis, l'ennemi une fois bloqué dans l'accul, on pioche vigoureusement pour le découvrir, et, dès qu'on l'aperçoit, on le saisit avec les tenailles par la mâchoire inférieure et on l'arrache de terre (1).

Le malheureux animal est immédiatement fourré dans un sac et transporté au logis pour être lâché dans une cour fermée et donner une leçon aux jeunes chiens, après avoir eu préalablement la mâchoire cassée. « Et à telle chasse, ajoute du Fouilloux, il est requis d'estre botté, car plusieurs fois ils m'ont

---

(1) « Il vous peut souvenir, dit Eutrapel, de ce gentil renard que nous prîmes vif aux garennes de Château-Letard, auquel, pour avoir bien défendu son fort, fut, au jugement mesme des femmes auxquelles il avoit mangé quelques poules, donné la vie pour ce coup, avec un billet de parchemin attaché au cou, où son procès estoit escrit et la cause de son élargissement. Il fut quasi prest à passer le pas, ayant attendu le canon.... » (*Contes et discours d'Eutrapel*, 1548.)

emporté le lopin de la chausse et la chair qui était dessous (1). »

Claude Gauchet a décrit la même chasse en vers faciles et animés. Les choses se passent comme dans du Fouilloux : le blaireau, retiré au fond de l'*accul*, y fait la plus belle résistance, jusqu'à ce que ce dernier asile étant battu en brèche, l'assiégé *se void* et tous les bassets se jettent sur lui.

> Le bléreau se deffend, et ne peut toutesfois
> Nuyre aux chiens de dessus, lesquels souventes fois
> L'attachent par le doz, là se void double guerre
> L'une se fait dessus, et l'autre dessous terre
> Et l'assailly qui jà void l'ennemy dedans
> L'abboyer teste à teste et luy monstrer les dentz
> Resiste à son pouvoir, et de dent dangereuse
> Le poursuyt, quelquesfois, dedans la mine creuse.

Enfin le malencontreux animal, malgré sa défense désespérée, est arraché du terrier avec des tenailles, mis dans un sac et emporté au manoir. Là, après avoir rompu sa *maschouëre forte*, on le livre aux jeunes bassets dans une cour fermée pour les exercer et les acharner. Mais :

> Encores ne peut pas cette meute hardie
> A ce dur animal faire perdre la vie.

De sorte qu'on est obligé de lui lâcher *deux ou trois forts lévriers*

> .....Qui de plus vive dent
> Tirent et çà et là ses flancs de telle sorte
> Qu'ils rendent à la fin la pauvre beste morte.

---

(1) C'est de la *Véneric* du maitre, combinée avec le chapitre correspondant de la *Véneric normande*, que nous avons tiré tous les détails qui précèdent.

Un siècle après Claude Gauchet, Sélincourt vient à son tour nous parler avec quelques détails *des chasses qui se font en terre* contre toutes les bêtes puantes, que les bassets vont attaquer au fond des terriers. C'est ainsi que l'on prend renards, chats-harets, *foynes*, *ficheurs* et blaireaux. La chasse de ces derniers est la plus difficile et la plus pénible, parce que leurs terriers sont très-profonds et qu'ils opposent aux chiens une résistance énergique. Il faut donc dresser les jeunes bassets avec les vieux, plus hardis pour les attaquer dans leurs demeures. Lorsque les bassets sont entrés au terrier, les blaireaux se retirent précipitamment dans les *acculs* où se tient leur famille et s'y *remparent* contre les chiens. Si le jour finit avant qu'on soit arrivé jusqu'à eux, « il faut relayer d'hommes pour continuer la nuit, nous les avons poussés trois nuits durant, et forcés jusqu'à en prendre sept dans un même terrier, tant vieux que jeunes. »

Les chasseurs de blaireaux et de renards ne procédaient pas autrement au siècle dernier, ainsi qu'on peut le voir dans les ouvrages de Goury de Champgrand et de Leverrier de la Conterie.

Parfois on étouffait les animaux au fond de leur terrier comme du temps du *Roy Modus* et de Gaston Phœbus, en brûlant près d'une gueule, sous le vent, un morceau de drap soufré ou une mèche imbibée d'huile de soufre et roulée dans de la poudre d'orpin ou arsenic jaune (1).

____

(1) Goury de Champgrand. — Leverrier de la Conterie.

CHAPITRE III.

Chasses aux haies et aux toiles.

A la première vue , il semblerait que ces chasses doivent être rangées parmi celles qui se font avec des filets, piéges et autres engins et qui sont le sujet du livre précédent. Il n'en est cependant rien. Les *engins* ont été fort bien définis par la jurisprudence moderne : « les objets et instruments qui *matériellement* et *directement* saisissent ou tuent le gibier qui sont des moyens *uniques* et *principaux*... tels que filets, lacets, collets ou autres instruments, » sans y ajouter l'emploi d'aucune arme (1). Or les haies aussi bien que les toiles ne faisaient qu'arrêter la fuite du gibier et

______

(1) Arrêt de Grenoble du 2 janvier 1845 , invoqué par M. E. Moreau dans son travail sur les *Lois de chasse et les engins prohibés* (*Revue contemporaine*, 30 juin 1865) à propos justement de l'emploi de banderoles en papier, analogues aux *laps* dont on se servait pour les chasses aux toiles, comme nous allons le voir

le livrer au chasseur, qui devenait ainsi le maître de
le tuer avec des armes à main ou de jet, de le lier ou
de le faire porter bas par ses chiens.

§ 1. CHASSE AUX HAIES.

La chasse aux haies, qui remonte dans notre pays
à la plus haute antiquité et dont l'origine se perd dans
la nuit des temps, était complétement oubliée lorsqu'elle a été en quelque sorte découverte et ressuscitée
par M. Peigné-Delacourt, qui en a fait l'objet d'un
savant mémoire, publié en 1858. Il y reconstruit, pour
ainsi dire, cette chasse des âges primitifs d'après les
traces que les haies et les fossés, qui en étaient souvent l'accessoire, ont laissées au fond de nos plus
vieilles forêts, d'après des recherches fort ingénieuses
sur divers mots de notre vieux langage et sur un
grand nombre de noms de localité (1), enfin d'après
l'examen de plusieurs figures du blason (2).

Il résulte de ces recherches, auxquelles nous ajou-
tons les nôtres, que les anciens habitants de la Gaule,
comme le font encore divers peuples sauvages (3), se

---

(1) Aux noms cités par M. Peigné-Delacourt, on peut ajouter ceux
de la *haie de Routot*, de la *haie Aubrée*, de la *haie du Mort* ou *du
More*, toutes situées dans des *acculs* de la forêt de Brotonne.

(2) L'ouvrage de M. Peigné-Delacourt a été examiné avec soin et
critiqué sur quelques points dans un excellent article du *Journal des
chasseurs*, par M. J. Lavallée (1858).

(3) Dans l'article précité, M. Lavallée cite les haies de chasse des
habitants de la Sibérie et des Cafres, d'après les récits des voyageurs
Hommaire de Hell et Adulphe Délegorgue. Les Indiens du Canada se
servaient de haies analogues au xviie siècle et s'en servent encore pour
prendre l'*orignal* ou élan. (Voir Charlevoix, *Hist. de la nouvelle France*,

servaient, pour prendre les animaux de leurs forêts sans limites, de haies vives qu'ils formaient avec des branches entrelacées et greffées l'une sur l'autre.

Ces haies étaient le plus souvent disposées en forme de V ou d'X. Le gibier, une fois engagé entre deux haies et poussé par les traqueurs et les chiens, trouvait à la pointe du V ou au point d'intersection de l'X soit une fosse couverte de branchages, où il se précipitait, soit une enceinte close et gardée, où il était tué à coups de traits, soit des haies transversales garnies de nœuds coulants ou de filets en forme de bourse.

Les haies qui aboutissaient à des fosses ou à des lacs et filets devraient être rangées, comme les piéges dont elles sont l'accessoire, parmi les engins qui capturent par eux-mêmes le gibier et dont il a été parlé précédemment. Cependant, comme les anciens textes où il est parlé de haies de chasse sont fort peu explicites sur leur nature, nous allons être obligé de citer tous ces textes sans pouvoir garantir s'ils s'appliquent à telle ou telle manière de chasser à la haie (1).

Lorsque Jules César marcha avec son armée contre les peuples qui habitaient la grande forêt des Ardennes, il trouva ces barbares embusqués derrière

Haies chez les Gaulois.

---

t. V. — Le *voyage* du baron de la Hontan et le livre du capitaine Meyne-Reid intitulé *The Hunters feast*. — Dans ce dernier ouvrage, il est de plus parlé de haies de sauges employées pour prendre les lièvres des prairies.)

(1) Le livre du *Roy Modus* et la *Vénerie* de Gaston Phœbus parlent de haies de chasse, mais seulement comme servant d'accessoires à de véritables piéges, fosse, lacs, filet ou *dardier*. Voir le livre précédent.

des haies vives formées de jeunes arbres entaillés et courbés (1).

Il est permis de supposer que ces haies servaient pendant la paix aux chasses des Nerviens et autres tribus belges.

Les codes barbares ne contiennent guère qu'un passage applicable aux haies de chasse, encore est-il douteux que le mot *concisa,* dont se sert la loi salique, soit employé dans l'intention de désigner cette sorte de haies (2).

Les textes concernant les haies de chasse sont plus faciles à trouver pendant l'époque féodale.

M. Peigné-Delacourt en cite plusieurs, dont les plus anciens remontent à la fin du xiie siècle ; ce sont des extraits du *Doomesday book* ou grand *Terrier* de la conquête normande en Angleterre (3). Un autre document de l'an 1202 montre Simon le Besgue de Ribécourt échangeant avec le seigneur de Thorote une rente de 100 sols contre certains droits de mort-bois et la *haie pour chasser* dans la forêt de Laigue (4).

A ces textes, ainsi qu'à plusieurs autres cotés dans le même ouvrage, nous demandons la permission d'en ajouter quelques-uns que nous avons recueillis.

Haies de chasse pendant l'époque féodale.

---

(1) *J. Cæsaris Comment., lib.* VI. — Strabon, *Geogr., lib.* iv.

(2) Voir Peigné-Delacourt et le *Gloss.* de Ducange, v° *Concida.*

(3) *Haia in quâ capiebantur feræ.... silvæ in quâ sunt IIII haiæ..... in Gloucestershire.... ibi habet ecclesia (of St. Peter) venationem unam per IIII haias. (Doomesday book,* t. 1.)

(4) Cette haie à chasser comprenait une étendue de 410 arpents, comme on le trouve indiqué dans une requête adressée en l'an 1609 au grand Maître des eaux et forêts, par Philippe de Béthune, seigneur du Plessis-Brion. (Peigné-Delacourt.)

Dans le *Glossaire* de Ducange, au mot *Venatio*, on trouve un passage extrait d'une charte de l'année 1025, par laquelle Othon, comte de Vermandois, décharge quelques-uns de ses vassaux des droits de ban et de recherche des larrons, des corvées, des charrois et des *haies forestières à prendre le gibier*, en payant seulement un denier, un pain et un septier d'avoine (1).

On a pu voir plus haut comment le Roi anglo-normand Jean sans Terre eut maille à partir avec Gautier le Magnifique, archevêque de Rouen, pour prises de bêtes dans la haie d'Arques (2).

En 1217, Robert, archevêque de Rouen, dispensa cette même haie d'Arques de certaines coutumes ou redevances. La haie est prise ici pour le canton de forêt où elle était établie (3).

Des lettres patentes de Robert, seigneur de Bazoches, en date de 1247, contiennent ce passage : « Je ne puis de ce bos arbre tranchier fors que pour faire haie à ma chacerie de bonne foy (4). »

Par un arrêt du parlement de Paris, de 1334, un seigneur est maintenu « en possession et saisine de chasser et de haier (5). »

Dans les deux grands traités de chasse du xive siècle,

---

(1) « *Ut bannum et latronem, corveias, carrucarias, silvæ hajas ad capiendam venationem ulteriùs non persolvant, nisi unum denarium, unum panem et unum sextarium avenæ.* » Ce droit de haie, qui consistait à faire travailler les vassaux par corvée aux haies de chasse, existait dans beaucoup de seigneuries. Voir Ducange, vᵒ *Haga*.

(2) *Histoire du château d'Arques.*

(3) Ducange, vᵒ *Haia*.

(4) Ducange, vᵒ *Cacia*.

(5) Gloss. Carp., vᵒ *Haiare*.

le *Livre du Roy Modus* et la *Vénerie* de Gaston Phœbus, il est parlé de haies de chasse, mais ce sont en
général des haies servant d'accessoires à un véritable
piége, fosse, lacs ou filet. Cette sorte de haie resta en
usage longtemps après que toutes les autres haies de
chasse étaient tombées en désuétude. Leverrier de la
Conterie (1763) enseigne encore pour prendre les
loups aux *lassières*, comment il faut « construire une
haie de 8 ou 9 pieds de haut, si épaisse et si
bien liée qu'un loup ne puisse passer au travers..... »
Cette haie présente de distance en distance des angles
formant autant de petites routes à l'extrémité desquelles sont tendues les lassières (1).

Dans les comptes de Philippe de Courguilleroy,
maistre veneur du Roy Charles VI (1388), on trouve
« VI serpes achettées à Paris pour avoir fait les haies
pour chasser les pors pour le Roy....... 12 sols parisis (2).,»

L'ancienne coutume de la haute Bourgogne définit
le mot *hayer* en ces termes : « Espèce de chasse pour
laquelle on entoure de haies une forêt ou un bois
dans le but de prendre des bêtes (3). »

Un aveu du fief de la Motte-Fouqué rendu au Roi

---

(1) Voir le livre VI. — Les Allemands se sont servis jusqu'au
xviiie siècle de haies en V conduisant le gibier à une enceinte où il
était tiré. V. Tantzer (1734).

(2) Pièces justificatives, t. Ier. Les haies de Philippe de Courguilleroy
étaient probablement de celles qui servaient à prendre les animaux
aux lassières. — Voir Gaston Phœbus.

(3) « *Hayer species venationis est, cum quis ad feras captandas silvam aut boscum hays sepit.* »

par le comte Claude de Sanzay, le 7 mars 1580, contient
ces phrases : « Oultre, j'ay parc et paisnage et droit
de chasse es haye ou hayes que mes ditz hommes sont
tenus faire garder avec aultres choses à chasse..... et
aussi suys je tenu fere perche et demie des haies à
chasse es boys du dict lieu de la Ferté (1) de deux ans
en trois ans, quand il m'est faict assavoir (2). »

Cet aveu est datée du septième jour de mars de
l'an 1580. Il est fort probable que cette mention des
haies de chasse n'était que la reproduction des aveux
précédents ; car, à l'exception des haies à lassières dont
nous venons de parler (3), la chasse à la haie était
certainement hors d'usage à la fin du xvi⁰ siècle.

Dans les haies se trouvaient ordinairement pratiqués des *berceaux,* où les tireurs s'embusquaient pour
tirer les bêtes (4).

Ces berceaux, appelés aussi *ramiers* ou *folies* sont
mentionnés dans plusieurs titres anciens. Nous nous
bornerons à rappeler le passage, déjà cité, d'une charte
de 1357, qui autorise les habitants de la commune de
Revel à chasser toute espèce d'animaux dans la forêt
de Vaur avec un ou plusieurs *ramiers* (5).

Olivier de Serres invite encore à la fin du xvi⁰ siècle

---

(1) La Ferté-Macé.

(2) Aveu de la Terre de la Motte-Fouqué, imprimé à la suite du
Journal de la comtesse de Sanzay, publié par M. le comte de la Fer-
rière-Percy. Paris, 1859.

(3) Et aussi des haies conduisant à une fosse qu'on voit représentées
dans les gravures de Stradan.

(4) Le mot de *berceau* ou *berseil* vient de *berser,* tirer de l'arc, voir
Ducange, v⁰ *Bersa* et M. Peigné-Delacourt.

(5) Ducange, v⁰ *Ramerium.*

le gentilhomme campagnard à établir dans sa garenne des berceaux de feuillage pour y tirer des lapins à l'affût (1).

§ 2. CHASSE AUX TOILES.

Les toiles jouaient, pour la chasse des grands animaux, le même rôle que les haies, c'est-à-dire qu'elles arrêtaient la fuite des bêtes et les livraient aux coups du chasseur. Elles succédèrent aux haies à une époque qu'il est fort difficile de déterminer, parce que l'on confond habituellement les toiles de chasse avec les panneaux et autres filets.

Les anciens, qui faisaient grand usage de ces derniers engins, ne paraissent pas avoir employé les toiles (2). Ils connaissaient fort bien les *laps* (3), ou pièces de toile suspendues à des cordes, qu'ils remplaçaient souvent par des plumes (*pinnatum, formido*) (4).

En France, nos plus anciens auteurs cynégétiques ne parlent pas de la chasse aux toiles. Ni le *Roy Modus*, ni Gaston Phœbus, qui, l'un et l'autre, traitent as-

---

(1) *Théâtre d'agriculture.* Des berceaux d'affût existent encore dans le parc du château de la Platte, près Wiesbaden, et y servent à tirer les chevreuils et autres bêtes fauves qui y abondent. Voir *Bubbles of the brunnens of Nassau.*

(2) Les *plagæ*, aussi bien que les *retia* et les *casses*, semblent avoir été des filets maillés. (Voir le dictionnaire de Rich, *h⁵ v⁵*, et Vlitius, *Venatio novantiqua.*)

(3) Le nom de *laps* donné à cette sorte d'épouvantail par le Sʳ Toudouze, dans son journal des chasses de Chantilly, vient de l'allemand *Lappen* (lambeaux); les Allemands se servaient aussi de cordes emplumées. (Voir les gravures de Ridinger.)

(4) Voir Gratius et Némésius.

sez longuement des chasses aux filets, ne citent les en·
ceintes de toiles. Nous n'en pouvons trouver de mention bien claire avant le xve siècle , lorsque François
de la Boissière fut mis en possession de la charge de
grand louvetier de France, et en même temps de celle
de *garde* et *tendeur des toiles de chasse du Roy* (1464) (1).
L'usage de ces toiles fut probablement importé d'Allemagne, où cette manière de chasser fut toujours en
grand honneur (2).

Quoi qu'il en soit, Jean de Rasset, écuyer, avait le
titre de *capitaine des toiles* avant 1485; ce titre passe
alors à Pierre de Gobache , qui reçoit en cette qualité 600 l. t. de gages (3). L'équipage commandé par
cet officier était déjà considérable.

Le capitaine avait sous ses ordres un *escuyer des
toiles*, un *commissaire et garde desdites toiles* (4), un
maître veneur, 6 veneurs *ordonnés pour les toilles*,
2 valets de limier, un *page de chiens*, un *regnardier*,
un garde de *chiens à regnards*, 36 compagnons *ordonnés à la garde d'icelles toilles et à les tendre et destendre,
charger et descharger*, 24 chiens courants, 24 chevaux
et 6 chariots et charrettes *pour mener les toilles de la*

---

(1) Voir le P. Anselme, *Histoire généalogique des grands officiers de
la maison de France.*

(2) Voir Fleming et autres auteurs allemands et la note M. Charles-
Quint importa la chasse aux toiles en Espagne.

(3) *Comptes de la venerie et fauconnerie de Charles VIII.*

(4) En 1483, il y avait deux commissaires des toiles, comme on le voit
dans les lettres patentes du Roi, données aux Montilz-les-Tours, le
13e jour de janvier 1483. (Vieux style.) — Citées par M. le comte de
Quinsonas *Comptes de la venerie de Charles VIII.*

chasse après la personne du **Roi,** *pour servir au fait de ladite chasse, pour son plaisir et esbat* (1).

Louis XII faisait souvent chasser aux toiles le jeune comte d'Angoulême, depuis François Ier, qui en conserva le goût après son avénement, comme Budé en témoigne *de visu* (2).

Sous ce dernier Roi, la seule vénerie des toiles coûtait 18,000 livres. « Le Roy, » dit Fleuranges, « a une venerie qui s'appelle la venerie des toiles, là où sont cent archers sous le capitaine des toiles , à cent sols le mois, qui ne servent que de dresser les toiles et portent grands vouges (3) à pied, et sont tenus lesdicts archers quand le Roy va à la guerre en personne aller avecques luy pour tendre ses tentes et sont compris au nombre des gardes quand le Roy est en camp. Et a cinquante chariots, six chevaulx à chacun chariot qui ne servent que de mener les toiles partout où le Roy va, et les planches pour les tentes. Ce capitaine a aussi six valets de limiers et douze veneurs à cheval et son lieutenant. Est pour l'heure présente capitaine desdictes toiles un gentilhomme de Normandie, qui s'appelle Monsieur d'Annebaut (4) , et a cinquante

Toiles.

---

(1) *Comptes de la vénerie de Charles VIII.*

(2) *Mémoires* de Fleuranges. — Budé, *Traité de la vénerie.* — On lit dans une lettre de François Ier au grand maître Anne. de Montmorency (28 juillet 1528) : « J'ai été depuis votre partement à la chasse aux toilles par deux ou trois fois. » (*Rivalité de Charles V et de François Ier*, par M. Mignet.)

(3) Sorte d'épieux ou de couteaux de brèche, tranchant d'un seul côté.

(4) Jean d'Annebaut, père de l'amiral Claude.

chiens courans et six valets de chiens pour les pen-
cer (1). »

Les princes de la maison de Guise avaient, au
XVIᵉ siècle, un équipage de toiles pour chasser la bête
noire, comme nous l'avons vu précédemment (2).

Henri II et Charles IX possédaient un attirail de
toiles tout aussi considérable que celui de François Iᵉʳ,
et le personnel n'était guère moins nombreux, sauf
les archers (3).

Henri IV, qui aimait passionnément la chasse des
sangliers, remit sur pied les cent archers de François Iᵉʳ, et donna des proportions imposantes à l'*Estat
des toiles* (4) quoiqu'il eût un vautrait spécial et qu'indépendamment des deux équipages de sanglier qui
lui appartenaient, il allât fréquemment chasser les
bêtes noires dans les toiles avec le vautrait du comte
d'Auvergne, au grand déplaisir de son capitaine des
toiles, Nicolas de Brichanteau, marquis de Beauvais
Nangis, lésé à la fois dans son amour-propre et dans
ses intérêts (5).

En 1610, Henri IV commanda souvent à Beauvais
Nangis de faire chasser avec ses toiles le Dauphin,
alors âgé de 9 ans. Louis XIII conserva toute sa vie

---

(1) *Mémoires* de Fleuranges.

(2) Voir plus haut, liv. I, ch. IV.

(3) Voir les Pièces justificatives, t. Iᵉʳ.

(4) La dépense en montait alors à plus de 30,000 livres. (*Mémoires du
marquis de Beauvois-Nangis*, publiés par la Société de l'histoire de
France en 1862.)

(5) Voir les *Mémoires* de Nicolas de Brichanteau, marquis de Beau-
vais-Nangis, publiés par la Société de l'histoire de France en 1862.

le goût de la chasse aux toiles et maintint son équipage sur un pied fort respectable (1).

Sous Louis XIV, la cour assistait souvent à des
chasses dans les toiles. Ces chasses, essentiellement
d'apparat, exigeant un grand déploiement de monde
et de matériel, ne pouvaient que flatter les goûts du
grand Roi (2).

Le journal de Dangeau constate que S. M. assistait
souvent à des chasses dans les toiles. C'était probablement dans une de ces chasses que le Roi, s'étant
mis dans le chariot avec Mme la Dauphine, « tua fort
adroitement un grand cerf qui étoit entré dans *la
cour* (lisez l'accourre) et qu'on craignoit qui ne bles-
sât quelqu'un (3). »

«28 octobre 1686, à *Fontainebleau.* Le Roi, après son
dîner, est allé à la chasse du sanglier dans les toiles.
Monseigneur étoit à cheval avec les dames et Mme la
Dauphine étoit en carrosse avec le Roi. Toutes les
dames se mirent dans les carrosses de Mme la Dauphine, c'est-à-dire celles qui ne montoient pas à cheval. On donna la hure du sanglier à Roussis qui l'a-
voit tué et qui en apporta l'oreille au Roi au bout de
son sabre, à la manière de Perse ; le sanglier blessa
M. de Villequier au pied assez considérablement et fit
tomber rudement Sainte-Maure sans le blesser. »
(Dangeau, t. Ier, p. 407.)

---

(1) Voir les Pièces justificatives, t. Ier.
(2) Sur *l'état des toiles* sous ce règne. Voir les *États de la France*
et les Pièces justificatives.
(3) Dangeau, t. I. — 29 novembre 1684.

Le 19 octobre précédent, monseigneur était allé le matin aux toiles, où l'on tua quatre gros sangliers, qui estropièrent huit chevaux (1).

Il y eut, à Versailles, le 15 novembre 1692, une grande chasse aux sangliers dans les toiles, où plus de cent de ces animaux se trouvèrent enfermés (2).

Il paraît qu'il en échappa bon nombre, car on lit dans le même journal qu'à Fontainebleau, le 19 octobre 1703, on tua quarante-trois sangliers dans les toiles. « Jamais, » ajoute Dangeau, « on n'en avoit tué tant à la fois dans ces pays-ci (3). »

Le scrupuleux annaliste décrit encore, sous la date du 30 octobre 1707, une chasse aux toiles qui donne l'idée du grand appareil déployé dans ces chasses et du spectacle animé qu'elles présentaient : les toiles étaient tendues dans les ventes de Bombon (forêt de Fontainebleau). Il y avait dans l'enceinte un grand nombre de sangliers et d'autres bêtes fauves, savoir des cerfs, des biches, des chevreuils et des renards. Le Roi s'y rendit avec la Reine et la princesse d'Angleterre (femme et fille de Jacques II), Madame et la duchesse de Bourgogne dans des carrosses et grand nombre de seigneurs à cheval. « Il y avoit plusieurs chariots préparés dans l'enceinte en manière de plate-forme, garnis de siéges couverts de tapis pour les dames, et des dards. Il y avoit aussi un grand nombre

---

(1) Dangeau, t. I.
(2) *Ibid.*, t. IV.
(3) *Ibid.*, t. IX.

de chevaux de main, prêts pour les seigneurs qui voudroient aller à coups d'épée sur ces animaux. Le Roi d'Angleterre et monseigneur le duc de Berry en dardèrent plusieurs. On en tua seize des plus considérables et quelques renards. Cette chasse donna beaucoup de plaisir à LL. MM. Britanniques, aussi bien que le spectacle qui accompagne toujours ces chasses, à cause de la multitude de gens qui environne les toiles et la grande quantité de peuple que la curiosité fait monter sur les arbres et qui forme une tapisserie admirable par sa diversité partout où la vue peut s'étendre (1). »

Louis XV ne semble pas avoir pris grand plaisir à ces sortes de chasses, du moins les mémoires du temps sont muets sur ce sujet. Il conserva cependant l'équipage sur l'ancien pied (2).

Louis XVI prenait part de temps à autre à des *hourailleries*, ou chasses à tir dans les toiles (3). Dans son journal pour l'année 1775, on trouve quatre hourailleries, deux à Compiègne et deux à Fontainebleau.

---

(1) Le *Mercure*, cité en note dans le *Journal* de Dangeau, t. XI.— Les jeunes princes, petits-fils de Louis XIV, firent leurs débuts à une chasse aux sangliers dans les toiles. Voir plus haut.

(2) Voir les *États de la France* et les Pièces justificatives, t. Ier.

(3) Ce mot dérive, suivant M. Lavallée, de *houra*, à cause des cris des traqueurs. (*Technologie cynégétique*.) Selon d'autres, il viendrait des *hourets* ou mauvais chiens mâtinés qu'on y employait. Les *hourailleries* paraissent avoir été des chasses aux sangliers dans lesquelles ces animaux rassemblés en grand nombre, au moyen d'une enceinte de toiles, étaient tués à coups de fusil. Dans les chasses ordinaires de sangliers avec les toiles, c'était à coups de dards ou de massue qu'on les tuait.

L'équipage des toiles fut supprimé dès 1787. Un décret du 10 septembre 1792 mit à la disposition du pouvoir exécutif les toiles de chasse qui se trouvaient dans les établissements dits du vautrait et qui durent être employés à fabriquer des tentes pour les armées.

Les princes de Condé avaient à Chantilly un équipage de toiles très-complet avec *laps;* ils chassaient non-seulement les sangliers, soit à *houraillcr*, soit avec les dards et les épieux, mais les cerfs, les daims et les chevreuils (1).

Ces toiles servaient aussi à restreindre le parcours des chasses à courre. Il y avait de petites toiles pour faire des *fermés* de lapins.

Toujours somptueux et raffinés dans leurs chasses, les illustres maîtres de Chantilly se plaisaient de temps à autre à organiser des chasses singulières dans les toiles, analogues à celles qui faisaient les délices des Princes du Saint-Empire romain (2).

C'est ainsi qu'en septembre 1688, lors de ces fameuses fêtes que *Monsieur le Prince* offrit au grand Dauphin, il imagina de faire voir à son hôte une chasse dans l'eau à la mode allemande.

Au moyen des toiles, un nombre infini de sangliers et de cerfs fut poussé pêle-mêle dans l'étang de Comelle où les attendaient les princes avec les dames et toute la cour, les uns sur des embarcations décorées de feuillages et de tendelets aux couleurs éclatantes,

---

(1) Voir le *Journal de Toudouze*, aux Pièces justificatives à la fin du tome Ier et la note N.

(2) Voir la note M.

les autres sous des tentes dressées le long du rivage. Aussitôt que les animaux eurent pris l'eau, poursuivis par les chiens, les chasseurs qui montaient la flottille leur coururent sus, qui avec des pieux, qui avec des dards, plusieurs avec des perches garnies, à l'extrémité, de nœuds coulants. On forma les bateaux en fer à cheval pour pousser ces bêtes effarées du côté où madame la Princesse se tenait sous une feuillée avec les dames de sa suite. Cinquante ou soixante animaux, tant cerfs et biches que sangliers, furent mis à mort. La plupart obtinrent grâce de la vie par l'intercession des dames. On se borna à passer des lacs dans les bois des cerfs et à leur faire traîner les nacelles vers le rivage où les blanches mains des belles chasseresses leur rendirent la liberté (1).

Au xviiie siècle, on se livrait aussi à Chantilly au divertissement de *berner* des lapins. Cette chasse ridicule, empruntée aux Allemands, consistait à traquer les animaux dans une allée de toiles verticales. En travers de cette galerie, de larges sangles étaient étendues à terre, tenues chacune par deux chasseurs, souvent par un chasseur et par une dame; au moment où Jeannot Lapin passait sur la sangle, chacun des deux tirait à soi vivement et la secousse envoyait pirouetter dans les airs l'infortuné quadrupède (2).

Voici comment on procédait à l'ordinaire pendant

---

(1) *Mercure galant*, septembre 1688, dans *les Cours galantes*, t. II.
(2) *Journal de Toudouze.* — Fleming.

le xviie et le xviiie siècle pour faire une chasse aux toiles.

Après avoir reconnu avec un limier ou autrement l'enceinte où se trouvaient les animaux, on portait autour de cette enceinte les toiles, les fourches et les piquets servant à les tendre (1). Après les avoir tendues et fixées à petit bruit, on barrait l'enceinte à différents endroits avec des toiles couchées à terre et recouvertes de feuilles mortes. Puis on entrait avec les traqueurs (2) par une des extrémités de l'enceinte, et l'on marchait en ligne jusqu'à la première toile de traverse. Celle-ci était immédiatement relevée et ainsi de suite, jusqu'à la dernière toile transversale qui ne formait plus qu'une enceinte très-resserrée. Si l'on voulait prendre les sangliers vivants, on cherchait encore à raccourcir cette dernière enceinte et on saisissait par les pieds de derrière les plus jeunes animaux ou on les faisait coiffer par des mâtins. Le plus souvent les sangliers renfermés dans la dernière enceinte ou *accourre* étaient tués à coups d'épieu, d'épée ou de dards, ou assommés à coups de bâton avec ou sans l'assistance de chiens de force. Lorsqu'on voulait surtout tuer des bêtes noires ou autres, on faisait une houraillerie (ou un *hourailler*) (3).

Les dames prenaient le divertissement de ces chasses

---

(1) Les piquets servaient à arrêter les toiles par le bas et les fourches à les tenir élevées verticalement.

(2) Selon Gaffet de la Briffardière, il faut une centaine de paysans pour traquer et aider à tendre les toiles.

(3) On a encore fait des houailleries sous le règne de Charles X. Voir le *Journal des chasses*.

du haut de chariots et de tribunes placés dans l'accourre et lançaient quelquefois le dard de leurs
propres mains.

Les bâtons dont on se servait très-souvent sous
Louis XIV étaient longs de 5 à 6 pieds et pointus par
un bout; les chasseurs frappaient les bêtes noires au
boutoir, qui est leur endroit sensible. Les petits animaux étaient assommés assez promptement, mais les
gros sangliers se défendaient vigoureusement, et il fallait les frapper à plusieurs reprises et leur présenter
la pointe du bâton pour les repousser. Quelques
chasseurs à cheval, bien montés et chaussés de
bottes fortes, restaient aussi dans l'accourre pour
tuer les sangliers à coups d'épée ou de couteau de
chasse (1).

On se servait aussi des toiles soit pour faire des galeries à l'aide desquelles on conduisait des cerfs d'une
forêt à une autre (2), soit pour prendre vivants des
cerfs et des biches. Dans ce dernier cas, les animaux
étaient traqués avec les toiles jusqu'à une avenue de
pieux enlacés de feuillage, qui aboutissait à une cabane ou un caisson. L'animal, entré dans la cabane,
y était enfermé à l'aide d'une trappe et le tout était
chargé sur un chariot (3).

Les simples gentilshommes se trouvaient rarement
posséder un attirail aussi considérable que celui

Chasse aux toiles des simples gentilshommes.

---

(1) Salnove, — *États de la France*. — Gaffet de la Briffardière.
(2) D'Yauville. — Toudouze.
(3) Gaffet de la Briffardière.

qu'exigeait la chasse aux toiles. Il s'ensuit qu'ils ne pouvaient guère chasser de cette façon que lorsque le voisinage d'une résidence royale ou princière et la complaisance d'un capitaine des chasses leur en fournissaient les moyens. C'est probablement de cette manière, c'est-à-dire avec des toiles empruntées au château royal de Villers-Cotterets que Claude Gauchet et ses amis purent faire les deux chasses aux toiles qu'il décrit dans son poëme.

La première, qui se fait en hiver, est la chasse d'un *grand vieil sanglier*.

Le solitaire, enfermé dans les toiles, est traqué par une foule de paysans diversement armés et accompagnés de leurs chiens, vers une accourre où sont *tiltrés* les chiens de force revêtus de leurs jacques et les veneurs armés d'épieux. Après avoir fait grand carnage des *mastineaux* et culbuté les premiers chasseurs qui l'abordent, le terrible animal, coiffé par les chiens, est servi par Claude Gauchet lui-même :

> .... Je m'approche du lieu
> Et mon espieu trenchant poussant par le milieu
> Je fais rougir ses flancs : le sang en abondance
> Par boutées sortant, affoiblit sa puissance
> Si bien que de ce coup, estendu par le bois
> Il rend aux ennemis la vie et les abois (1).

L'autre chasse est qualifiée de *plaisante chasse aux loups par eau* et se fait en automne.

Nous avons donné au livre VI une analyse du récit

---

(1) Livre IV.

de Claude Gauchet. Cette *chasse plaisante* reproduit sur une petite échelle les chasses à l'eau des
princes allemands dont Monsieur le Prince avait
offert une copie fidèle à Monseigneur dans l'étang
de Comelle.

NOTES.

NOTES.

NOTE A.

Équipage de loup du grand Dauphin. (Extraits des *États de la France*
de 1684, 1687 et 1698.)

1684.

Depuis 1682, Monseigneur le Dauphin, aimant la chasse du
loup, entretient une meutte de cent chiens pour le loup, et
vingt chevaux de selle, pour monter quatre lieutenans ordinaires, deux piqueurs, deux valets de limiers et autres.

Lieutenans ordinaires :

M. de Fontaine.

M. Michel de Fours, sieur de Guisigny, aussi lieutenant de
louveterie au bailliage de Gisors, dans la forêt d'Andelis et
de........

M. Bâaillon, aussi lieutenant de Roy au Pont-de-l'Arche et
ecuïer de l'équipage de louveterie, près Monseigneur le Dauphin.

M. Jean Descara.

Les veneurs ou piqueurs sont ·

Jâque Sandrier, dit la Montagne ; Claude le Roux.

Deux valets de limiers : Pierre Jean, dit Incourt. Pierre Lalleman.

Lesquels servent tous sous le commandement de M. le marquis d'Eudicourt, grand louvetier de France.

1687.

Quatre lieutenans ordinaires :

MM. Michel de Fours, etc.;

    Jean Dascara (sic);

    le Chevalier d'Eudicourt ;

    de Boisfrant.

Les veneurs ou piqueurs sont :

N.... la Violette ;

Jâque Sandrier, dit la Montagne ;

Claude le Roux ;

N.... l'Emerillon.

Deux valets de limiers (comme en 1684).

1698 (1).

Cinq lieutenans ordinaires :

MM. le chevalier d'Eudicourt ;

    de Boisfrant;

    de Villognon ;

    Dudeauville;

    de la Grandière.

Un aumônier ou chapelain de la louveterie de monseigneur le Dauphin, M. Pierre de Piscard, Sʳ de Travaille.

Les veneurs ou piqueurs sont :

Pierre le François, dit la Violette;

Jâque Sandrier, dit la Montagne ;

Claude le Roux ;

Jâque Cherron, dit l'Emerillon ;

N.... Phelippau.

---

(1) L'écurie de chasse du Dauphin comptait alors 50 chevaux. Nous avons vu qu'il en avait eu jusqu'à 80 en 1688.

Valets de limiers :

N.... Dessaux ;

N.... Riblet ;

N.... du Clos ;

Pierre Discret ;

N.... le Vatine ;

N.... Launay, dit Machocré ;

N.... Riblet le cadet.

Valets de chiens :

N.... Bourguignon ;

N.... le Moine, dit Picard ;

N.... Roland ;

N.... Cordier ;

N.... Sauvage ;

N.... Langlois.

Un pourvoyeur de l'écurie des chevaux pour le loup, 200 l.
.Le S' Sarazin.

NOTE B.

Chasses mémorables de Monseigneur, d'après Dangeau et le *Mercure*.

Le 4 octobre 1684, monseigneur prit un gros loup dans une des îles de la Loire.

Le 10 novembre suivant, malgré le mauvais temps, monseigneur ne laissa pas de courre le loup et même il en prit six ce jour-là.

Le 17 février 1685, *à Versailles*. — Monseigneur courut un loup qui le mena par delà Marcoussy.

Le 23 février suivant. — « Monseigneur courut le loup qu'il prit vers Marcoussy. »

Le 21 mars suivant, *à Versailles*. — « Monseigneur courut le loup, la chasse fut fort rude, il y eut sept ou huit chevaux de crevés de la course. »

Le 11 avril suivant. — « La chasse mena monseigneur à 10 lieues de Versailles et il ne revint qu'à onze heures du soir. »

Le 18 juin. — « Monseigneur alla courre le loup aux Vaux de Cernay et le prit dans Crouy, après avoir couru pendant dix heures par une chaleur horrible. »

Le 7 septembre, monseigneur allant à Chambord, courut le loup en chemin et en prit deux.

Le 13 septembre, *à Chambord*. — « Monseigneur courut le loup et n'en revint qu'à neuf heures du soir (1). »

Le 16 janvier 1686, *à Versailles*. — « Monseigneur courut le loup et fit rompre ses chiens à 10 grandes lieues d'ici. »

Le 18 janvier suivant. — « La chasse mena monseigneur si loin, qu'à l'entrée de la nuit, il se trouva plus près d'Anet que de Versailles. »

Le 8 février. — « Monseigneur courut le loup; voilà trois jours de suite qu'il le court, et qu'il va à 6 grandes lieues d'ici au laissé-courre. »

Le 7 mars, *à Versailles*. — « Monseigneur alla courre le loup et revint fort tard. »

Le 17 avril, *à Versailles*. — « Monseigneur alla courre le loup qui le mena fort près de Fontainebleau. »

Le 24 octobre, *à Fontainebleau*. — « Monseigneur prit le plus grand loup qu'il eust pris de sa vie. »

Le 27 octobre, *à Fontainebleau*. — « Monseigneur alla à la billebaude quêter un loup dans la forêt; il en trouva un, fit la plus belle chasse du monde et tua le loup. »

Le 2 octobre 1687. La cour allant à Fontainebleau, « Mon-

---

(1) Pendant cette année 1685, le grand Dauphin fit 62 chasses de loup avec son équipage, sans compter plusieurs chasses avec les chiens du Roi, de M. de Vendôme, etc.

seigneur partit avant le jour pour courre le loup en chemin. »

Le 1er mars 1688, *à Versailles*, « monseigneur courut le loup qui le mena fort loin d'ici, il n'arriva qu'à onze heures du soir. »

Le 8 juin 1689, *à Versailles*. — «Monseigneur alla courre le loup avec Madame dans la forêt de Livry et n'en revint qu'à dix heures du soir. »

Le 11 juillet suivant.—« Monseigneur courut le loup dans la forêt de Sénart avec Madame. La chasse les mena près de Fontainebleau, d'où Madame revint ici (à Versailles). Monseigneur s'opiniâtra à la chasse, força son loup à la nuit, et revint coucher à Villeneuve-Saint-Georges. »

Le 5 mai 1698, *à Versailles*.—« Monseigneur courut le loup et le manqua. Il a déjà couru ce loup-là huit fois sans le pouvoir prendre. »

Le 18 octobre suivant. — « Le Roi d'Angleterre (Jacques II) courut le loup avec Monseigneur, il en vit prendre un et puis revint dîner avec le Roi. Monseigneur en vit prendre un second, et au retour de la chasse il mangea chez Madame la princesse de Conty. »

Le 7 avril 1699. — « Il y eut à Meudon une chasse de loup fameuse avec les chiens de M. de Vendôme. »

Le 15 juin 1699, *à Versailles*. — « Monseigneur courut le loup et fit une chasse fort rude. »

Le 22 janvier 1700. — « Monseigneur courut le loup dans la forêt de Marly et fit donner un relais de la meute de M. le comte de Toulouse, qui chassèrent (*sic*) fort bien avec ceux de Monseigneur. »

Le 18 octobre 1701, *à Fontainebleau*. — « Monseigneur et M. le duc de Bourgogne allèrent à 4 lieues courre le loup avec les chiens de M. de Vendôme. »

Le 19 et le 23 février 1704, *à Versailles*. — « Monseigneur courut le loup et la chasse le mena fort loin. »

Le 21 octobre 1704, *à Fontainebleau*. — « Monseigneur courut le matin un loup qui battit toute la forêt et qui ne fut pris que fort tard. »

15 mai 1710, à *Marly*. — « Monseigneur et monseigneur le duc de Berry prirent un loup à la porte de Pontchartrain et furent reçus par M. le chancelier. »

NOTE C.

La devise du bel faucon (extrait du *Roman des déduits* de Gace de la Buigne.)

FAUCONNERIE.

Le faucon est sor (1) et ramage (2)
Sain et entier, de gros plumage
De large frege, bas assis
Plus bel en est à mon devis
Pié de butor a, ce me semble
Longue et bien coulourée sangle (3)
Et le talon et le charnier.
Le petit doit soit bien croisez,
Les ongles noirs comme corbeaux,
De quoy il a le pied plus beau.
Jambe courte et un peu grossette
Cuysse de faisan rondelette
Et si a si large lamet (4)
Que pou y pert (5) ce qu'il y met.
Gros bec, dont la cire (6) ressemble
De couleur à la dicte sangle.

---

(1) *Sors*, roux, on donnait cette épithète aux jeunes faucons, à cause de leur couleur.

(2) *Ramage*, jeune faucon qui commence à se brancher.

(3) Gorge.

(4) Le *lamel* ou l'*amel* était l'orifice d'un pressoir. Ce mot doit signifier ici le gosier de l'oiseau de proie.

(5) Paraît.

(6) Peau qui recouvre la base du bec.

Grands narines, hardy visaige,
En manière d'aigle sauvaige
Grosses espaules et long vol,
Et fait la bosse sur le col,
Grosse plume, faucon revers
N'est pas de plumage divers
Car est de blanches plumes lées (1)
De vermeil à point coulourées
Et si la nature party
Tellement qu'il est bien party
Mais sachés que petit s'en fault
Qu'il ne soit si grand qu'ung gerfault

NOTE D.

Diatribe du même contre les autoursiers.

Mais garde ne face manoir
En la chambre des fauconniers
Les malgracieux astruciers.
Oncques je ne les peux aymer
Et pour ce ung peu en veuil parler
Ils sont mauldis en l'escripture
Car de compaignie n'ont cure,
Mais tous seulx vont en leur deduyt
Car ne veullent qu'on leur ennuyt
Et portent voulentiers mantel
Pour la couverte de l'oysel,
Affin qu'ils puissent mieux trahir
L'oysel qu'ils veullent enhayr
Et quant ils vont à la rivière
Cuydes tu qu'ils voysent derrière
Les faulconniers, mais tout devant
S'en yront tousdis tabourant (2)

(1) Larges.
(2) Battant du tambour.

Qui les orroit (entendrait) battre et férir
Tabour, et verroit bondir
Oyseaulx, sachez qu'à l'environ
Rien ne remaint pour le faulcon
Car n'y a ruyssel ne fossé
Que tous ne soient tabouré.
Si pry aux seigneurs terriens
Qu'ils les lyent de deux liens,
L'ung quant il yra en rivière
Que l'austrucier voise derrière
Et l'autre que les bisilons (1)
Soient gardez pour les faucons
Et que à l'autour plus nulz n'en preignent
Les austruciers, mais ne se faignent
De prendre butours et badians, etc.

(Suit une liste d'oiseaux déjà citée dans le texte, page 189.)

....Bien puis parler de l'autrucier
Quant chascun luy sçait reprochier
Et l'on voit ung mal taillé
A grosse cheville de pié
Et longue jambe sans pomel
Ainsi faictes comme d'ung tretel
A qui nature a trop haut mis
Les os des anches et assis
Les espaulles en trop haut lieu
Qui n'a pas le col au meillieu
Quant on se veult de luy mocquer
On dit : esgard, quel autrucier !

-----

(1) Oiseau inconnu.

NOTE E.

États de la grande fauconnerie et de la fauconnerie du Cabinet en 1785. (Extraits de l'*Almanach de Versailles* pour l'année 1785.

GRANDE FAUCONNERIE.

Grand fauconnier de France.

M. le comte de Vaudreuil.

Gentilshommes.

M. Cadot.   M. Goubladot.

Premier vol pour milan.

M. Hubert de Corcy, *Capitaine Chef.*
M. Cochet des Chanais, *Lieutenant Aide.*
Un Maître Fauconnier, un Porte-Duc, cinq Piqueurs.

Second vol pour milan.

M. Hubert de Corcy, *Capitaine Chef.*
M. de Meuville, *Lieutenant Aide.*
Un Maître Fauconnier, un Porte-Duc, cinq Piqueurs.

Vol pour héron.

M. Clerguet de Loiset, *Capitaine Chef.*
M. de Beaurepaire, *Lieutenant Aide.*
Deux Maitres Fauconniers, huit Piqueurs.

Premier vol pour corneille.

M. le comte de Vaudreuil, *Capitaine Chef.*
M. Honoré Borely, *Lieutenant Aide.*
Un Maître Fauconnier.

Second vol pour corneille.

M. de Maudoux de Bois-leRoi, *Capitaine Chef.*
M. de Paul, *Lieutenant Aide.*
Un Porte-Duc et sept Piqueurs.

Vol pour les champs.

M. Gaucherel, *Capitaine Chef.* M. son fils *en S.*
Un Maître Fauconnier et deux Piqueurs.

Vol pour rivière.

M. Gaucherel, *Capitaine Chef.* M. son fils *en S.*
M. Chevillard, *Lieutenant Aide.*

Vol pour pie.

M. Gaucherel, *Capitaine Chef.* M. son fils *en S.*

Vol pour lièvre.

M. Gaucherel, *Capitaine Chef.* M. son fils *en S.*
M. Pascaud, *Lieutenant Aide.*
M. d'Avrauge de Noiseville, *Secrétaire général de la grande
Fauconnerie.*
M. de la Roque, *Maréchal des Logis.*
MM. Marteau et Blondel de Jouvencourt, *Fourriers.*

FAUCONNERIE DU CABINET DU ROI.

M. le chevalier de Forget, *Capitaine général.*

Vol pour corneille.

M. Paillard de Clermont, *Lieutenant.*

Piqueurs. — Les S^rs

Noël *faisant le service de Maître Fauconnier*.	Le Bret.
Borely.	De Mars.
Dumont.	De Franqueville.
Jacquemin.	Perrot, *faisant le service de Porte-Duc*.

Vol pour pie.

M. le comte de Forget, *Lieutenant*.
M. Vielbans de Varanne, *Maître Fauconnier*.

Piqueurs. — Les S^rs

Le Marchand.	Cornœdus.
De la Groue.	

Vol pour les champs.

M. le vicomte de Forget, *Lieutenant*.
M. Louvet, *Maître Fauconnier*.
Les Srs Carayon et Besongne, *Piqueurs*.

Vol pour émerillons.

M. Varnier, *Lieutenant*.
M. Nauleau, *Maître Fauconnier*.
Les Srs Bonneau et Drouin, *Piqueurs*.

Vol pour lièvre.

M. Chauvelle, *Maître Fauconnier*.
M. Isnard, *Secrétaire de la Fauconnerie*.

NOTE F.

Chasses à tir de Louis XIV et des princes de sa maison, d'après le Journal *de Dangeau et le* Mercure galant.

En décembre 1684. — « Le Roi permet de tirer dans des battues à M. le Grand, au grand Maître, à M. de la Rochefoucauld et au chevalier de Lorraine. »

En 1686. — Le Roi va plusieurs fois à la chasse en calèche découverte ou dans une machine nouvelle qu'on lui a fait accommoder pour tirer sans descendre. Il met parfois pied à terre pour faire chasser sa chienne et tirer. (T. Iᵉʳ.)

« Le 26 octobre 1686, *à Fontainebleau.* — Le Roi a dîné à son petit couvert après la messe et puis est allé tirer et s'est plaint, même à la chasse, de la foule des gens qui le suivent, et les a assurés qu'ils ne faisoient point du tout leur cour en le suivant comme cela. »

Le 30 octobre 1686, *à Fontainebleau.* « Le Roi, au sortir de table, alla tirer en volant; il trouva, en cherchant des perdrix, un gros sanglier dans son quartier. Il mit une balle dans son fusil et le tua. »

10 mars 1693, *à Chantilly.* — « Sa Majesté chassa depuis 11 heures jusqu'à 6 heures du soir, et au retour, en rentrant dans le petit parc, M. le prince donna au Roi et à Monseigneur le plaisir d'une battue dans un petit bois d'où il sortit plus de 2,000 faisans et autant de perdrix. » (*Mercure* de mars 1693.)

8 avril 1695, *à Choisy.* — « Le Roi dîna de bonne heure et alla tirer dans la plaine, où il demeura quatre heures à cheval, malgré un vent fort violent et froid. » (T. IV, 244.)

29 mai, *à Chantilly.* — « Le Roi alla le matin à des battues avant dîner, et, en une heure qu'il fut dehors, il tua 50 lapins. L'après-dînée il retourna à la chasse et tua beaucoup de faisans. » (T. V, 182.)

En janvier 1696, *à Meudon.* — « Deux jours consécutifs, le

Roi va l'après-dînée avec monseigneur tirer des lapins dans les toiles. » (T. V, 194.)

29 mai 1696, *à Versailles*. — « Le Roi alla l'après-dînée tirer. Il prend plaisir à chasser avec quatre ou cinq chiennes qui vont toutes ensemble au même arrêt. Il y trouva une quantité prodigieuse de gibier, en tua beaucoup et en donna à ses grands officiers. » (*Ibid.*, 194.)

18 novembre, *à Versailles*. — « Le Roi alla tirer dans son grand parc. Madame la duchesse de Bourgogne et beaucoup de dames à cheval allèrent le voir tirer. Jamais on ne vit tant de faisans en l'air, le Roi en tua beaucoup et en donna à toutes les dames. » (T. XII, p. 10.)

4 novembre 1712, *à Marly*. — « Le Roi se promena tout le matin et alla tirer l'après-dînée ; en deux heures de temps il tua 50 pièces de gibier. » (T. XII.)

NOTE G.

Chasses à tir de Monseigneur.

6 janvier 1685, *à Versailles*. — « Monseigneur se promena en traîneau le matin et l'après-dînée, et alla tirer des canards dans la ménagerie. »

16 août 1685, *à Versailles*. — « Monseigneur alla tirer dans la plaine Saint-Denys et tua plus de cent pièces de gibier. »

20 août, *à Versailles*. — « Monseigneur alla tirer dans la plaine Saint-Denys avec quatre ou cinq courtisans et rapporta de sa chasse cinq cents pièces de gibier ; il en avoit tué six vingts pour sa part. »

7 et 9 mai 1695, *à Compiègne*. — « Monseigneur va dans la forêt tirer des marcassins. »

29 mai 1695, *à Chantilly*. — « Monseigneur alla tirer des faisans le matin de son côté, et l'après-dînée il tua des marcassins dans la forêt. »

NOTE H.

Chasses à tir des fils de Monseigneur.

18 novembre 1700, *à Versailles*. — « Le Roi d'Espagne (Philippe V, naguère duc d'Anjou) alla tirer des lapins, et au retour, il en donna 6 à l'ambassadeur qu'il fit entrer seul dans son cabinet et qui le remercia à genoux. »

27 mars 1703. — « Messeigneurs les ducs de Bourgogne et de Berry allèrent tirer dans la plaine de Saint-Denys, où ils tuèrent 150 lièvres, et ils eurent la sagesse de ne point tirer des perdrix, parce qu'elles sont à la pariade. » (T. XIV, 253.)

11 août 1705. — « Monseigneur le duc de Berry alla de Versailles à Livry en chassant et tua, lui seul, 294 pièces. » (T. VII, 425.)

28 janvier 1706. — « Messeigneurs les ducs de Bourgogne et de Berry allèrent tirer dans la plaine de Saint-Denys, et Monseigneur le duc de Berry tua 60 pièces de gibier, ce qui paroit incroyable, même aux meilleurs tireurs dans cette saison-ci. » (T. X, 19.)

Le 30 juillet 1706. — « Messeigneurs les ducs de Bourgogne et de Berry allèrent tirer dans la plaine de Saint-Denys où l'on tua 500 perdreaux. Monseigneur le duc de Berry en tua pour sa part près de 330 dont il rapporta bien 240, et pourtant il ne tira pas si bien qu'à son ordinaire, car il tira près de

700 coups, chose sans exemple, et n'en fut pas du tout incommodé. »

6 août 1706. — « Messeigneurs vinrent tirer dans la plaine Saint-Denys. Ils ne commencèrent leur chasse qu'à midi et il y eut 1,600 pièces de gibier tuées; monseigneur le duc de Berry en tua, pour sa part, 238. » (T. XI, 173.)

2 novembre 1706. — « Monseigneur le duc de Berry alla tirer avec ses pistolets, et il est si adroit qu'il a tué beaucoup de faisans et même quelques-uns en volant. » (T. XI, 241.)

30 août 1707. — « Monseigneur le duc de Berry ayant tué précédemment 36 pièces en volant à coups de pistolet, en tua, ce jour-là, 72. » (T. XI.)

NOTE I.

Chasses à tir de Louis XV, d'après Dangeau et les *Mémoires* de Luynes.

Le 2 juillet 1720. — « Le Roi apprend à tirer depuis quelques jours et y paroît déjà fort adroit. » (Dangeau, t. XVII, p. 314.)

21 juillet. — « Le Roi, au bois de Boulogne, tire 15 ou 16 coups et tue 3 lapins en courant, 2 tourterelles sur les arbres et 5 faisandeaux à qui on avoit coupé les ailes. » (*Ibid.*, 324.)

24 juillet. — « Le Roi envoie à M. le maréchal de Villeroy, un oiseau qu'il a tué à balle seule. » (*Ibidem*, 326.)

6 août 1737. — « Le Roi fut tirer hier dans la plaine Saint-Denys. Il tua 120 pièces de gibier et il y en eut en tout plus de 900 de tuées, le Roi ayant permis à tous ceux qui avoient l'honneur de le suivre de tirer.

« La même permission avait été accordée quelques jours auparavant à ceux qui accompagnoient le Roi dans la plaine de Grenelle et à Montrouge. » (*Mém.* de Luynes.)

21 août 1737. — « Le Roi me fit l'honneur de me dire que, quelques jours auparavant, à une chasse dans le petit parc de Rambouillet, il avoit tiré 60 pièces en une demi-heure. Il n'avoit manqué que quatre coups. »

5 janvier 1739. — « Chasse à tir dans le petit parc de Versailles. Sa Majesté permet au duc de Villeroy et au grand maréchal des logis Chamillart de tirer avec des fusils. »

15 août 1748. — « Le Roi chasse à tir dans la plaine Saint-Denys et dans le petit parc de la *Meutte* (*sic*). En trois jours on tue 3,000 pièces, dont 400 de la main de Sa Majesté. »

Le 2 septembre. — « Le Roi tire au petit parc (de Versailles) et tue 288 pièces. »

« Le 19 octobre. — « Le Roi dit que depuis le commencement des perdreaux il en a tué 1,000 ou 1,100 et en tout 3,500 pièces (1). »

« En août 1752. Le Roi tue de sa main 400 pièces entre le Roule et Neuilly. » (Luynes, t. X.)

NOTE K.

Quelques chasses à tir de Louis XVI, en 1786. (*Revue rétrospective*. 1ᵉ série, t. V.)

Le 4 janvier, tiré à Pissaloup, tué 219 pièces.

(1) En octobre 1751. « Le Roi a eu une petite attaque et indisposition de goutte ou de rhumatisme à Crécy, ce qui l'empêchoit de marcher, mais l'envie de chasser est si forte que le Roi s'est fait mener dans les champs dans son fauteuil roulant et qu'il a tué 200 pièces de gibier. » (*Journal* de Barbier, t. V.)

Le 14, tiré au Mail, tué 171 pièces.

Le 19, tiré aux Lisières, 334 pièces.

Le 24, tiré à Chevreloup, 215 pièces.

Le 28, tiré à la plaine de Chambourcy et aux petites Routes, 246 pièces.

NOTE L.

La chasse au renard avec les bassets, dans l'*Amoureux de quinze ans*, pièce composée à l'occasion du mariage du duc de Bourbon en 1771, par le chevalier de Laujon, secrétaire des commandements de ce prince.

LE MARQUIS. — LINDOR.

C'est un plaisir en aimant cette chasse
De chasser avec vos bassets.

LE BARON.

Ah quel plaisir, ah l'agréable chasse
Les braves chiens que vos bassets.

LINDOR.

Je crois, quelque chose qu'on fasse
Qu'on n'en a pas d'aussi parfaits.

LE MARQUIS.

Tu crois quelque chose qu'on fasse
Qu'on n'en a pas d'aussi parfaits ?

LE BARON.

Ma foi, quelque chose qu'on fasse
L'on n'en a point d'aussi parfaits !

LINDOR.

La bonne voix qu'a Mustaraut !

LE MARQUIS.

Et quelle quête a Fanfaraut!

LE BARON.

Mais vous avez un Murmuraut !

LE MARQUIS. — LINDOR.

Oh Murmuraut! oh Murmuraut !

LE BARON.

Quel chien !

LE MARQUIS. — LINDOR.

Bon chien !

ENSEMBLE.

Ah comme il chasse !

LE BARON.

Avec lui, jamais de défaut.
Gardez-le bien.

LE MARQUIS.

C'est de la race
Du vieux commandeur d'Egrivaut.

ENSEMBLE.

Ah quel plaisir, etc.

LE BARON.

Et votre grand piqueur normand ?

LE MARQUIS. — LINDOR.

N'est-il pas vrai qu'il est plaisant ?

LE BARON.

Peut-on ne pas rire
Quand on l'entend dire :
Où qu'ça va, mes valets,
Où qu·ça va
Et ahi, et ahi, c'est là
Qu'il a
Verdondaillé dans l'zozerets !

LE MARQUIS. — LINDOR.

Oui, c'est son ton, c'est sa manière...

LE BARON.

Quêté sur la taupinière...

LE MARQUIS. — LINDOR.

Oui c'est son ton, c'est sa manière...

LE BARON.

Toujours criant,
Sifflant, chantant,
A chaque instant : au coute, au coute
Et l'on est sûr dès qu'on entend
Vlau... qu'un renard passe à la route
Murmurant l'y mène à l'instant.

NOTE M.

Chasses aux toiles en Allemagne.

La chasse des grands animaux dans les toiles était la chasse
favorite des princes allemands. On lui donnait même le nom
de *chasse allemande* (*Deutsche Iagd*) par excellence. (Voir les
ouvrages de Tänzer, Pärson et Fleming déjà cités.)

Outre les houraillements qui se faisaient à peu près comme
en France, une des méthodes les plus goûtées consistait à
traquer des troupeaux innombrables d'animaux de toute espèce dans une pièce d'eau entourée de toiles, où ils étaient
percés de flèches ou arquebusés par le prince et ses courtisans,
montés sur des embarcations richement décorées ou sur des
tribunes.

On voit au château de Moritzburg, près Dresde, une de ces
chasses peinte au xvie siècle par Lucas de Cranach. Les chasseurs sont en bateau et armés d'arbalètes. Un autre tableau
du même maître, reproduit dans le bel ouvrage de M. de
Hefner (*Costumes du moyen âge chrétien*), représente une
chasse dans l'eau chez le comte de Mansfeld, en 1520. Les
chasseurs, richement vêtus et accompagnés de leur fol, portent de longues lances et sont dans une embarcation manœu-
vrée par des dames.

Au château de Moritzburg, on trouve encore un tableau plus
moderne, représentant une chasse sur l'étang voisin de la résidence. Des radeaux flottants servent de refuge à des ours qui
y sont attaqués par des chiens de force, tandis que des animaux de toute espèce rougissent autour d'eux les eaux de leur
sang. Dans l'œuvre de Ridinger des scènes analogues sont représentées avec tous leurs détails.

Mais ces chasses aux toiles dans l'eau ne suffisaient pas
pour satisfaire le goût de l'extraordinaire et du luxe bizarre qui
possédait tous ces souverains allemands. Les tableaux du
xviiie siècle conservés au château de Rastadt, près Bade, nous
initient à des raffinements dont l'étrangeté dépasse toute
croyance. Les animaux, poussés vers des bassins décorés de
constructions somptueuses, sont forcés de sauter dans l'eau en
passant par des fenêtres et des arcades ou en traversant des
feux d'artifices ; d'autres entassés dans des enceintes sont
bombardés à coups de grenades à main par des soldats ou fu-
sillés par les chasseurs, lorsqu'ils cherchent à s'enfuir en passant sur des galeries élevées ou des ponts suspendus.

Des sangliers, saisis au passage, sont affublés d'ailes et attelés à des chars, pendant qu'on tire des chats vivants dans des mortiers pour célébrer ces boucheries extravagantes, dignes des Romains du Bas-Empire.

NOTE N.

Chasse aux flambeaux dans les toiles. (Chantilly, 1782.)

Si l'on peut s'en rapporter aux mémoires de la baronne d'Oberkirch, dont l'authenticité n'est pas hors de doute, il y eut encore à Chantilly en 1782, une chasse aux flambeaux dans les toiles, à l'occasion de la visite du tsarévitch Paul (sous le nom de comte du Nord).

« Ce fut un coup d'œil ravissant. Toutes les dames étaient en calèche découverte, les princesses ensemble, les cavaliers galopaient aux portières ; on voyait des cerfs effrayés par les torches, la meute les suivait en aboyant, c'était féerique (1). » (T. I, ch. xiv.)

(1) Ce détail de la meute qui chasse les cerfs dans les toiles est fort suspect.

PIÈCES JUSTIFICATIVES.

PIÈCES JUSTIFICATIVES.

CHASSES A TIR DE LA MAISON DE CONDÉ.

N° I.

Récapitulation générale du gibier tué des chasses de S. A. S. Monseigneur le duc de Bourbon, de 1770 au 1ᵉʳ janvier 1779. (Extrait du Journal de Toudouze.)

Lapins,	2,278
Lièvres,	4,259
Perdrix grises,	11,941
Id. rouges,	1,048
Faisans,	8,899
Cailles,	208
Râles,	22
Bécasses,	86
Canards,	102
Vanneaux,	3
Grives,	47
Ramiers,	25
Courly,	10
Alouettes,	49
Becfigues,	7
Crapaux volans,	5
Biches,	57
Daims,	123

Faons de daims,	5
Chevreuils,	317
Faons de chevreuils,	27
Sangliers,	6
Marcassins,	5
Faons de biche,	6
Total général,	29,535

N° 11.

Récapitulation générale de tout le gibier tué par S. A. S. Monseigneur le prince de Condé des chasses de Chantilly, commancée (sic) en l'année 1748 jusqu'au 1ᵉʳ janvier 1779. (Extrait du même journal.)

Lapins,	5,392
Lièvres,	12,201
Perdrix grises,	18,334
Id. rouges,	3,058
Faisans,	24,087
Cailles,	400
Ralles,	52
Bécasses,	139
Bécassines,	16
Canards,	174
Oye d'Égypte,	1
Vanneaux,	4
Grives,	10
Rammiers,	42
Courly,	10
Becfigue,	3
Biches,	7
Faons de biche,	9
Daims,	20

Chevreuils,	506
Faons de chevreuil,	43
Sanglier,	1
Marcassin,	1
Geais,	2
Total général,	65,524

N° III.

Anecdotes et faits remarquables concernant les chasses à tir de Chantilly. (Extraits du même journal.)

Le 17 août 1769. Le Roi chasse à tir à Chantilly et tue 140 pièces, savoir 1 lapin, 4 lièvres, 58 perdrix grises, 2 rouges, 75 faisans.

Le 21 septembre 1776. « Chasse à tir aux daims à la Haute-Pommeraye. Monseigneur le duc tue 2 faons de daims et un chevrillard ; M. de Cayla, 1 ramier ; M. de Conty, 1 lapin ; les gardes, 7 daims, 2 biches, 1 faon de biche et 1 sanglier. »

Le 26 septembre. « Chasse à tir au même lieu. Monseigneur le duc tue 4 daines, 2 chevreuils, 2 faons et 1 faisan. M. de Conty, un lapin. Les gardes, 2 biches et 8 daims. »

Le 1er novembre. « Monseigneur le duc a chassé le matin dans le parc de Silvie avec ses bricquets, et y a tué 6 daims et 1 chevreuil. »

Le 9 novembre. « Monseigneur le duc a chassé le matin le daim dans le parc de Silvie, avec son nouvel équipage de bricquets, et y a tué 4 daims et 1 chevreuil. »

Le 14 novembre. « Chasse de Monseigneur le duc avec son équipage de *basset* (*sic*), dans la plaine de Saint-Maximin, au chevreuil. Il y en a eu 5 de tués et pris. »

Le 17 novembre. « Chasse de Monseigneur le duc avec ses bricquets à la garenne de Laversine, isle de Creil et Haute-Pommeraye. S. A. S tue 6 chevreuils, 2 daims et 1 faisan. »

Le 21 novembre. « Chasse de S. A. au bois de Bouvilliers avec ses bricquets et bassets. S. A. y a tué 1 chevreuil et 1 biche. Les gardes, 2 biches. »

Le 28 novembre. « Chasse du *petit équipage* de Monseigneur le duc dans les parcs du château. S. A. a chassé à la côte Grognon et y tué et pris 3 chevreuils et 4 faisans. De là, S. A. a chassé le daim dans la forêt de Chantilly et y a tué 7 daines. »

Le 1er décembre. « Monseigneur le duc, avec ses bassets, tue 3 biches et 3 daines. »

FIN DU TOME TROISIÈME ET DERNIER.

TABLE DES MATIÈRES.

LIVRE VI.

LA LOUVETERIE.

CHAPITRE PREMIER.

HISTOIRE, LOIS ET RÈGLEMENTS.

CHAPITRE II.

DES DIVERSES MANIÈRES DE CHASSER LE LOUP.

CHAPITRE III.

CAPTURE, ARMEMENT, ÉDUCATION ET HYGIÈNE DES OISEAUX-CHASSEURS.

CHAPITRE IV.

LIVRE VIII.

LA CHASSE A TIR.

CHAPITRE PREMIER.

Chasses avec les anciennes armes de jet.

CHAPITRE II.

CHASSE AVEC LES ARMES A FEU.

LIVRE IX.

CHAPITRE PREMIER.

CHASSE DES QUADRUPÈDES AVEC PIÉGES ET ENGINS.

CHAPITRE II.

GIBIER A PLUMES.

CHAPITRE III.

OISELLERIE.

LIVRE X.

CHASSES AVEC LE GUÉPARD DRESSÉ ET AUTRES CHASSES. (CHASSES SOUTERRAINES, CHASSES DANS LES HAIES ET DANS LES TOILES.)

CHAPITRE PREMIER.

CHAPITRE II.

CHASSES SOUTERRAINES.

CHAPITRE III.

CHASSES AUX HAIES ET AUX TOILES.

FIN DE LA TABLE DES MATIÈRES.

Paris.—Imprimerie de madame veuve BOUCHARD-HUZARD, rue de l'Éperon, 5.—1868.

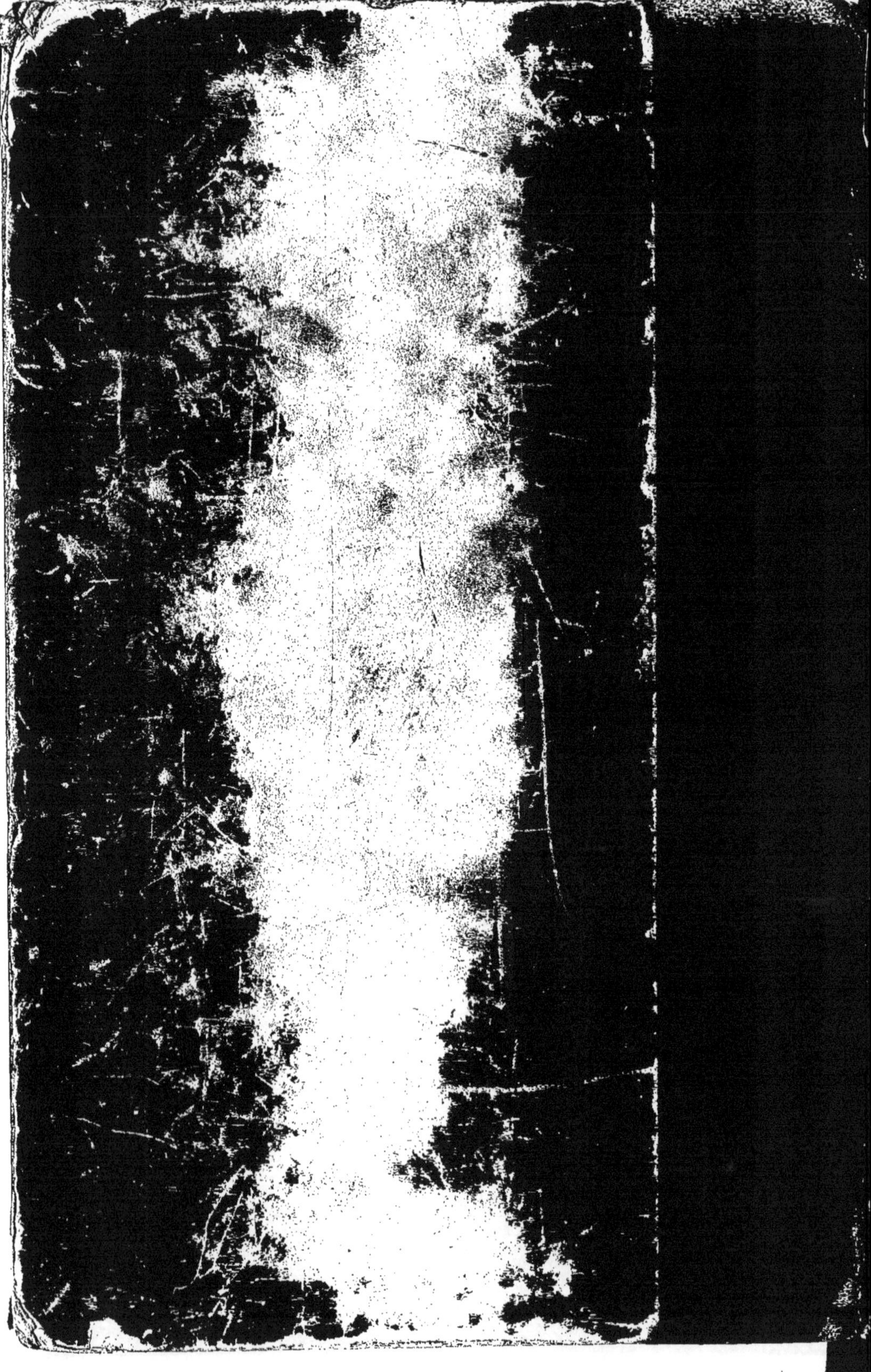

www.ingramcontent.com/pod-product-compliance
Ingram Content Group UK Ltd.
Pitfield, Milton Keynes, MK11 3LW, UK
UKHW010909160726
13695UKWH00007B/86